Cristine Bendix | Mit Fotos von Matthias Wasserschaff

Ein Jahr in unserem Landgarten

BLV

Bayerischer Landwirtschaftsverlag

Cristine Bendix | Mit Fotos von Matthias Wasserschaff

Ein Jahr in unserem Landgarten

Traumhafte Naturgarten-Inspirationen und wertvolles Gartenwissen

Für meinen Bruder, der mir die Schönheit englischer Landhausgärten näherbrachte.

Für meine Mutter, die mir die Leidenschaft fürs Gärtnern schenkte.

Wie gern würde ich mit euch ein einziges Mal nur durch diesen wunderbaren Garten gehen, um euch zu zeigen, was ihr in mir geweckt habt …

BLV

INHALT

7 Vorwort

11 Wie alles begann ...

15 Zu diesem Buch, Plan des Gaupeler Landgartens

16 Frühling im Landgarten

18 Februar – jetzt geht's los!

26 Schneeglöckchen läuten das Frühjahr ein!

30 Der Waldgarten

34 Arbeiten im März

42 Das Birkenwäldchen

44 Unsere Störche

48 April, April – der macht, was er will

56 Der Terrassengarten

62 Unseren Käfern wird es mulmig

63 Die Blänke

64 Tabelle: Pflanzen in der Blänke

66 Mai – wahrlich ein Wonnemonat

83 Der Gemüsegarten

85 Hühner

92 **Entstehung des Parkgartens 2012-2015**

102 Sommer im Landgarten

104 Im Juni blühen überall die Rosen

134 Wiesen

140 Rosen im Naturgarten

142 Der Juli bringt viel Trockenheit

160 Der weiße Garten

164 Tabelle: Lieblingsstauden im weißen Garten

168 Der Hausgarten

174 August – ein Monat ganz ohne Niederschläge!

182 Das Beth-Chatto-Beet

186 Wasser im Garten ist so lebenswichtig

188 Die Stumpery

192 **Entstehung des Parkgartens 2016-2018**

200 Herbst im Landgarten

202 Septemberregen bringt Segen und Ernteglück

214 Die Vogelhecke

215 Tabelle: Pflanzen für vogelfreundliche Hecken und Einzelpflanzungen

216 Vögel im Landgarten

224 Oktober - der Herbst ist der Frühling des Winters

232 Tabelle: Trockenresistente Pflanzen für die Staudenwiese im Sandbeet

236 Unsere Obstwiese

241 Streuobstwiesen

244 Laub - ein Geschenk der Natur an den Gärtner!

246 **Entstehung des Parkgartens 2019-2021**

252 Winter im Landgarten

254 Ab November - rein in die Winterpause!

264 Schnittgut tut dem Garten gut

266 Der Haselnussweg

267 Igel in Not

268 Eine gärtnerische Weihnachtsgeschichte

274 Artenvielfalt »pflanzen« - so geht`s ganz einfach!

282 Register

285 Literatur

286 Adressen und Bezugsquellen

286 Die Autorin, Dank

288 Impressum, der Fotograf

»Während der Mensch sich früher im Garten vor der Natur in Sicherheit brachte, müssen wir heute das im Garten in Sicherheit bringen, was von der Natur noch übrig ist.«

Hans von Trotha, Historiker, Journalist und Experte für Landschaftsgärten des 18.Jahrhunderts, beschreibt so seine Vision von den Gärten der Zukunft. Im Garten von Cristine Bendix und Dr. Matthias Wasserschaff ist diese Zukunft bereits Gegenwart. Im Münsterland haben sie ein Konzept verwirklicht, das im Gegensatz zur Umgebung steht, die von industrieller Landwirtschaft geprägt ist. Hier ist ohne jegliche Chemie ein Lebensraum für Menschen, Tiere und Pflanzen entstanden und das Vorkommen z.B. des bedrohten Laubfrosches zeigt, wie sich in einem »chemiefreien Raum« die Vielfalt der Tierwelt wieder entwickeln kann. Dabei steht die Pflanzenwelt im Vordergrund. Um das Wohnhaus ist auf 2,5 ha, angrenzend an ein Waldstück, ein gestalteter Garten entstanden, dessen größter Bereich von den Eigentümern als »Parkgarten« bezeichnet wird. Der Einfluss englischer Gartenkultur, die Cristine Bendix bei vielen Aufenthalten in britischen Herrenhäusern kennengelernt hat, ist deutlich spürbar. Großzügige Sichtachsen strukturieren den Garten und die Lage an einem lang gezogenen Hang macht es möglich, dass der Fernblick in die Landschaft mit den Baumbergen am Horizont ein zentrales Element des Gartens ist.

Die Lust an der Gestaltung und dem Experimentieren zeigt sich beim Rundgang. Es sind etliche »Gartenzimmer« entstanden, die jeweils einem Thema gewidmet sind wie z. B. der Birkenhain. Dort blühen im Frühjahr zu den weißen Stämmen passende Narzissen. Dazu gehört eine mit großem Aufwand angelegte Fläche für kalkliebende Wiesenflora und der durch Eibenhecken abgeteilte weiße Garten. Eine »Stumpery«, ein aus gerodeten Baumwurzeln aufgeschichteter Hügel, ist von Matthias Wasserschaff mit zahlreichen Farnen und Funkien bepflanzt und zeugt von seinen gestalterischen Fähigkeiten. Auf seine Herkunft von einem rheinischen Obsthof ist die große Wiese mit circa 120 Obstbäumen zurückzuführen. Mit den seit Kindertagen erlernten Kenntnissen betreut er diesen Teil des Gartens.

Jedes Wachstum wird beim Rundgang kommentierend zur Kenntnis genommen und erläutert. Begleitet werden wir dabei von zwei Hunden, die nach einem Leben auf den Straßen Griechenlands und Siziliens hier ein großzügiges Asyl gefunden haben. Das Storchennest im Obstgarten wird im Frühjahr regelmäßig besetzt und wer genauer hinsieht, erkennt auch die Bruthöhle für Schleiereulen in der Giebelspitze des mächtigen historischen Wirtschaftsgebäudes.

Nach einem Besuch dieses naturnahen Gartens wird jedem Besucher klar, dass das Schild der Organisation »Natur im Garten« am Eingang zum Gaupeler Landgarten seine volle Berechtigung hat.

Manfred Lucenz und Klaus Bender

Wie alles begann ...

Vor sicherlich 25 Jahren begann für den ersten unserer Freunde das Rentnerdasein. Ich erinnere mich genau, es war ein Sonntag, wann sonst hätten Matthias und ich die Zeit gehabt, gemeinsam zu frühstücken? Und wir stellten uns erstmalig die folgende Frage: Und was machen wir, wenn wir in Rente sind?

So entspann sich in etwa der folgende Dialog:
M: »Was machen wir dann mit all unserer Zeit?«
Ich: »Dann bekommen wir endlich einen Hund!«
M: »Ja, und dann gehst du zwei Stunden am Tag mit dem spazieren. Und ich fahre derweil mit dem Rad. – Und dann?«
Ich: »Und dann lese ich alle Bücher, die ich schon immer mal lesen wollte.«
M: »Okay. Abends noch zwei Stunden. Und dann?«
Ich: »Und wir machen den Garten ganz wunderschön!«
M: »Aber wie lange willst du denn den jetzt schon schönen Garten noch viel schöner machen? Und was machen wir mit all der Zeit, die dann noch übrig ist? Wir wollen doch auf keinen Fall so ein Rentnerpaar werden, das den halben Tag herumsitzt und schaut? Wir brauchen doch eine Aufgabe!«
Ich: »Okay. Dann kaufen wir uns irgendwo einen Bauernhof mit richtig viel Land und legen einen riesigen englischen Garten an!«
M: »Au ja, mit einer Obstwiese!«
Ich: »Und einem Birkenwäldchen!«
M: »Und einem Beerenobstgarten.« Und so ging es noch eine Zeit lang weiter!
Unsere Vision war geboren!

Tatsächlich war dieses leicht versponnene Gespräch der Anfang. Es wurde uns klar: Alt werden ohne eine richtige Aufgabe, die uns sowohl körperlich als auch mental auslasten würde und uns Seligkeit und Glück versprach, das wollten wir keinesfalls. Wir wollten auch nicht in unserem Haus bleiben, wir wollten einen Neuanfang, weit entfernt von einer Großstadt. Wir wollten neue Freunde kennenlernen, mit Gleichgesinnten unsere Hobbys, Gärten und Tiere, erleben und so das Glück, das sie uns schenken, durch Teilen verdoppeln. Wir wollten nicht zuletzt einmal noch etwas Großes schaffen, planen, kreieren, erhalten. Wir wollten schlichtweg unser eigenes Paradies erschaffen, für uns und die Tiere und Pflanzen um uns herum. Und genau das ist uns gelungen!

Niemals hätten wir in unseren Träumen gewagt, es uns so schön vorzustellen, wie es nun geworden ist. Das ist einfach so geschehen mit der Zeit. Aber, trotz all der Arbeit, die wir nicht verschweigen wollen, auch der Rückschläge und manches Mal des Ärgers, wir sind zum momentanen Zeitpunkt der Meinung, alles genau richtig gemacht zu haben. Und was die Zukunft uns bringen wird, das weiß eh niemand.

Hier in unserem Garten leben wir gemeinsam mit der Natur, wir kennen kaum einen Wochentag, arbeiten eh Tag für Tag, orientieren uns an dem, was ansteht, sind draußen bei Wind und Wetter, beobachten die Tiere und Pflanzen und erfreuen uns daran. Kaum ein Tag, der kein kleines oder größeres Glück in unserer Arche für uns bereithält.

Viele Gartenbesucher sehen nur immer die viele Arbeit. Dann sage ich ihnen Folgendes: »Wenn Sie vor einem Kunstwerk stehen, was denken Sie dann? Denken Sie: ›Gott, was war das für eine furchtbare Arbeit?‹ Oder denken Sie: ›Was hat der Künstler da Herrliches geschaffen‹, und geben sich den Gefühlen, die das Kunstwerk bei Ihnen auslöst, hin?« Warum denkt man dann immer nur an die Arbeit, wenn man in einem großen Garten steht? – Wir erleben den Garten mit allen Sinnen, jeden Tag neu und unendlich vielfältig. Wie schade, ihn nur auf das Arbeitspensum zu reduzieren!

Cristine Bendix und Matthias Wasserschaff

F
F
F
E
A
B
C
D
1
2
3
4
5
6
7
8
9
9
10
11
12
13
14
14
15
16
16
17
18
19
20
21
22
23
24
25
26
27
28

Zu diesem Buch

Plan des Gaupeler Landgartens:

[A] Terrassengarten
Der Terrassengarten ist der am meisten genutzte Bereich, vergleichbar mit einem Garten hinter einem kleinen Haus. Am großen Tisch nehmen wir allein oder mit Freunden Mahlzeiten ein und genießen den Ausblick in andere Gartenbereiche.

[B] Hausgarten
Bereich vor dem Haupthaus mit viktorianischem Glashaus, Rosenpavillon, dem großen Bauernbeet und der neuen Wegeführung. Von hier geht es zum Gemüsegarten. An der Ostseite des Hauses bietet eine Terrasse im Sommer angenehmen Schatten.

[C] Gemüsegarten
Großer Bereich mit Blumen- und vielen kleinen Gemüsebeeten. Hier steht das Tomatenhaus, in dem Tomaten, Pflücksalat, erste Radieschen und Gurken angezogen werden. Er ist von Gehölzen umgeben, die ihn vor Kälte schützen.

[D] Waldgarten
Ehemaliges Waldstück vor dem Eingangsbereich, das in Jahren zum Waldgarten wurde. Im Frühling beleben ihn unzählige Geophyten, im Sommer ist die kleine Steinbank am Waldteich eine besondere Ruheoase, um dem Vogelgesang zu lauschen.

[E] Parkgarten
Größter Gartenbereich mit Lindenallee, Blumenwiesen, vielen Beeten, dem weißen Garten, Birkenwäldchen, Baumkreis, Haselnussweg, wilden Gebieten mit Benjeshecken, Steinhaufen und Stumpery, umgeben von einer Vogelhecke. Höhepunkt ist das Storchennest.

[F] Obstwiese
Etwa 10.000 m^2 großer Bereich mit Hühnerstall und -auslauf. Auf der Streuobstwiese befinden sich circa 80 Obstbäume. Äpfel, meist alte Sorten, und Kirschen, Pflaumen, Birnen, Quitten.

(1) **Rosenlaubengang**
(2) **Viktorianisches Glashaus**
(3) **Rosenpavillon**
(4) **Kompost**
(5) **Allee**
(6) **Blaues Beet**
(7) **Staudenwiese**
(8) **Pinetum**
(9) **Raubritterbeete**
(10) **Rosa Beet**
(11) **Birkenwäldchen**
(12) **Haselnussweg**
(13) **Baumkreis**
(14) **Bogengangbeete**
(15) **Weißer Garten**
(16) **Wildstaudenbeete**
(17) **Sitzplatz langer Weg**
(18) **Steinpyramiden**
(19) **Steinhaufenbeet**
(20) **Magerwiese**
(21) **Stumperys**
(22) **Sitzplatz an Kopfweiden**
(23) **Blänke**
(24) **Akropolis mit Storchennest**
(25) **Beerenobstgarten**
(26) ***Hemerocallis*-Beet**
(27) **Beth-Chatto-Beet**
(28) **Hühner**

Willkommen in unserem Garten!

In diesem Buch nehme ich Sie mit auf eine Reise in unseren Garten. Dabei führe ich Sie durch ein Gartenjahr, erzähle von der Entwicklung des Parkgartens sowie von einzelnen Gartenbereichen, Pflanzen, Tieren und Naturgartenelementen.
Ich werde Ihnen darstellen, wie es uns gelungen ist, eine wirklich große, teils seltene »Artenvielfalt zu pflanzen«. Schön wäre es, wenn ich Ihre Herzen öffnen könnte für diese wunderbare Art zu gärtnern.

Cristine Bendix

Frühling im Landgarten

Im Frühling nehmen nahezu täglich neue Pflanzen ihren Platz auf der Gartenbühne ein, um dann spätestens im Mai ein erstes paradiesisches Blütenschauspiel aufzuführen.

Februar – jetzt geht's los!

Die Winterpause ist zu Ende. Im Februar beginnt das Gartenjahr mit ersten Arbeiten an Sträuchern, Rosen und Beeten. Aber wir genießen auch erste Blütenfreuden und die Ankunft unserer Störche.

Spätestens ab Mitte Januar bewege ich mich mit gebücktem Rücken bei den täglichen Gartenspaziergängen. Immer auf der Suche nach einem ersten Schneeglöckchen, das die neue Gartensaison einläutet. Oder auch nach dem ersten Austrieb einzelner Stauden. Manches Mal finde ich eine Knospe hier und dort. Die Christrosen (*Helleborus*) überall enttäuschen da nicht. Dann hält mich bald nicht mehr viel im Haus. Ich scharre quasi mit den Füßen und möchte anfangen, die Beete aufzuräumen. »Aber es ist noch zu früh!«, mahnt meine innere Stimme. »Warte noch. Los geht es erst Mitte Februar.« Bis dahin hab ich Hausarrest und genieße die Winterpause.

Viel zu schneiden

Matthias hat es da leichter. Er ist schon den ganzen Januar im Garten, um die vielen Obstbäume zu schneiden.
Im Februar steht dann der restliche Gehölzschnitt an. Bei uns gibt es diverse Hecken, die mit der Heckenschere ihren jährlichen Formschnitt erhalten. Mehrere Eibenhecken um den Terrassengarten, den weißen Garten, als Abgrenzung vom Komposthaufen zum Gemüsegarten, als Halbrund um den Sitzplatz an der Blänke im Parkgarten. Dazu kommen noch kleine Hecken im Eingangsbereich an der Hauswand und noch einige andere kleine Abgrenzungen. Zudem muss die Hainbuchenhecke, die die Bäume des Baumkreises optisch verbindet, geschnitten werden und eine davon ausgehende Wegbegrenzung ebenso. Da gibt es mehr als genug zu tun für den Mann.
Dann gibt es vor allem die viele Hundert Meter lange Vogelhecke, die unseren gesamten Garten nach Osten, Süden und Westen begrenzt. Hier werden jeweils die dreijährigen Äste herausgenommen und gleich wieder zwischen das Dickicht eingefügt. So, dass die Büsche sich stets von unten her verjüngen und sich mit den Jahren ein undurchdringliches Dickicht entwickeln kann, in dem viele Vögel und Kleinsäuger Nahrung und Unterschlupf finden. Zum Schluss wird auch im Haselnussgang das dreijährige Holz entfernt, das dann in der Totholzhecke Verwendung findet.

Rosenschnitt

In unserem Garten gibt es in nahezu allen Beeten Rosen. Es gibt außerdem einen von Ramblern überwachsenen Pavillon im Hausgarten, einen Rosenlaubengang im Terrassengarten und einen berankten Bogengang im Parkgarten. Hinzu kommen noch die Kletterrosen, die unsere Hauswand schmücken, und jede Menge Wildrosen im Park. Außerdem ranken an etlichen Stellen Rambler in große Bäume. All diese Rosen wollen im Februar beschnitten werden.
Da ich in jedem Jahr mehr Schwierigkeiten mit der Arthrose in meinen Händen habe, war ich unend-

---

OBEN Im Februar beginnt der Rückschnitt der Stauden im weißen Garten, wegen der vielen Frühlingsblüher. Außerdem ist es schön, einen geschlossenen Gartenteil »fertig« zu sehen.

UNTEN Dann folgt der Terrassengarten. Auch wegen der Geophyten und weil ich ihn aus Küche und Wohnzimmer im Blick habe und täglich sehen will, wie er sich entwickelt.

OBEN Dann machen wir uns Beet für Beet an den Rückschnitt. Bei circa 75 Beeten muss es verhältnismäßig schnell gehen. Da muss man einfach mal mit der Heckenschere ran und alles »niedermachen«. Macht Spaß!

MITTE Hier erkennt man sehr gut die Methode der Flächenkompostierung. Besonders das abgeschnittene Laub der großen Gräser kann man einfach auf dem Boden verteilen. Es erfüllt wunderbar seinen Zweck und man sieht es sehr bald nicht mehr.

UNTEN Wenn das erledigt ist, müssen die vielen, vielen Rosen geschnitten werden und dann geht es auf die Knie. Die Fugen zwischen den Steinen in Wegen und Terrassen müssen entunkrautet werden.

lich froh, dass ein Gärtnerfreund, dem ich absolut vertraue, diese Arbeit in diesem Jahr komplett übernommen hat. An fünf Tagen hat er sich durch den gesamten Garten geschnitten. Mir blieb die Arbeit, das Schnittgut auf diverse Totholzhecken und Haufen zu verteilen. Was für eine piksige Angelegenheit! Aber dennoch, danke für die große Arbeitserleichterung!

Beete aufräumen

In den Beeten gibt es jetzt natürlich auch eine Menge Arbeit, denn wir lassen sie im Herbst unangetastet, damit Insekten in den Stängeln überwintern können und die Vögel genügend Futter in den abgeblühten Samenständen finden. Gräserbüschel eignen sich für Igel ganz herrlich als Winterschlafzimmer und viele Pflanzenteile verrotten schon von allein in einem feuchten Winter.
Wie anders sehe ich es in vielen Gärten bei Bekannten. Da heißt es: Herbstzeit – Aufräumzeit! Da werden verblühte Stauden zurückgeschnitten, das störende Laub wird aus allen Ecken gefegt oder gepustet und mühevoll zum Kompost oder schlimmer noch zum Wertstoffhof gebracht: Im schlimmsten Fall wird alles von einem Laubsauger klein gehackt – mit seinen vielen lebenden Bewohnern. Jedes Ästchen wird eingesammelt und es darf nichts liegen bleiben. Der Garten muss

ordentlich sein für den Winter. Dann strahlen sie mich an und sagen: »Guck, ich habe schon alles sauber gemacht!« Das hat mit einem Naturgarten leider nur sehr wenig zu tun! Es mag vielleicht dem einen oder anderen gefallen, für die Natur in unseren Gärten ist es eine tödliche Falle.
In unserem Garten muss ich in den Beeten, in denen viele Blumenzwiebel gesetzt wurden, für meine Begriffe eh schon zu früh, nämlich im Februar, damit beginnen, sie abzuräumen. Denn in solchen Beeten möchte ich die austreibenden Zwiebelblüher nicht zertreten. Also beginne ich Mitte Februar in diesen Bereichen als Erstes damit, die vorjährigen Pflanzenteile abzutragen. Jetzt kommt die elektrische Akku-Heckenschere zum Einsatz. Mit ihr zerschneide ich alle abgestorbenen Pflanzenteile in 20-Zentimeter-Stücke und verteile sie dann als Flächenkompost gleichmäßig auf den Beeten.

Kompostieren im Beet

Früher habe ich Unmengen von Schnittgut nach dem Rückschnitt mühsam Schubkarre für Schubkarre durch den ganzen Garten zum Komposthaufen gefahren, um dann alles in kurze Stöckchen zu schneiden, weil sonst die Rotte nicht in einem Jahr vollzogen werden kann. So hatte ich in kürzester Zeit Unmengen an Kompost aufgehäuft, den mein armer Mann dann mehrfach umsetzen musste. Was für ein arbeitstechnischer und ökologischer Wahnsinn! Dann klärte mich eine befreundete und äußerst erfahrene Staudengärtnerin auf. »Warum trägst du zuerst alle abgestorbenen Pflanzen ab, um die Beete dann danach mit Kompost wieder zu düngen? So machst du dir doppelte Arbeit!«
Seither werden die klein geschnittenen Staudenreste sofort wieder auf die Beete verteilt. Hier gewährleisten sie einerseits weiterhin Schutz für Insekten und kompostieren andererseits von allein während der nächsten Wachstumsperiode unter den sich schnell entwickelnden Stauden. Den Beeten werden nur einige Beikräuter entnommen, der Rest bleibt an Ort und Stelle. Außerdem beschattet das zerkleinerte Material in einem sehr sonnigen Frühjahr, in dem es kaum einen Millimeter Regen gibt, den Boden und schützt ihn zumindest etwas vor einer zu früh auftretenden Trockenheit. Und die Bodenlebewesen haben gleich zu Beginn des Jahres genügend Futter, um sich zu vermehren.
Auf diese Weise entsteht mit den Jahren eine wunderbar lockere Erdschicht. Okay, bei unserem extremen Lehmboden dauert es noch ein paar Jahre länger, aber insgesamt hat sich die Bodenqualität in den Beeten schon sehr verbessert. Ich kann dieses Vorgehen nur empfehlen.

Frühes Blütenglück

Ganz herrlich blühen noch immer die vielen Schneeglöckchen. Zu ihnen gesellen sich die wilden Krokusse, von denen ich vor zwei Jahren 1000 Stück in die Wiese des Hausgartens gepflanzt hatte. Leider gehören sie anscheinend zur Lieblingsspeise unserer zahlreichen Wühlmäuse, sodass sie nur recht vereinzelt wieder auftauchen. Aber dort, wo sie blühen, sieht man sofort, wie sich die ersten Wildbienen laben. Ich hoffe sehr, dass sich die Krokusse dort ansiedeln werden, wo

Eigentlich haben wir beste Voraussetzungen dafür, dass sich die wilden Krokusse massiv vermehren könnten. Feuchter Boden, volle Sonne. Wenn da nicht die gefräßigen Wühlmäuse wären.

Mein Birkenwäldchen im ersten Blühwunder. Die frühen Osterglocken malen die Sonne zwischen die weißen Stämme, so wirkt es erleuchtet, auch an dunklen Tagen.

Familie Maus ihnen nicht mit Messer und Gabel zusetzen wird. An diversen Stellen in der Obstwiese und auch im Birkenwäldchen habe ich nun schon Einzelexemplare entdeckt, die niemand dorthin gepflanzt hat. Mit den Jahren werden sie sich dann dort etablieren, wo sie eine Überlebenschance haben, so mein Hoffen.

An Weiberfastnacht fanden wir im Birkenwäldchen die erste Osterglocke in voller Blüte. Matthias hat die Osterglocken dann auch flugs in »Altweiberglocken« umgetauft. Ob wir aus Pfingstrosen noch Osterrosen machen werden, bleibt bislang offen. Inzwischen jedenfalls blühen die 'Tête-à-Tête' überall am Rand des Waldgartens, wo wir einige Töpfchen noch vor unserem Umzug ausgepflanzt hatten. Sie haben sich schon recht gut vermehrt, obwohl sie im absolut trockenen Karst stehen. Es scheint ihnen genau so zu gefallen. Zusammen mit den blühenden Alpenveilchen (*Cyclamen*), dem Großen Schneeglanz (*Chionodoxa luciliae*) und den bodendeckenden Immergrün (*Vinca*), den Buschwindröschen (*Anemone nemorosa*) und einigen wenigen Sibirischen Blausternen (*Scilla siberica*) sieht der ansonsten völlig unbepflanzte und im Sommer eher mit Wildkräutern zugewachsene Wegrand spätestens in zwei Wochen einfach herzallerliebst aus.

Die Ankunft unserer Störche

Große Erwartungen haben wir immer in Bezug auf die Störche. Im ersten Drittel des Monats sollte Herr Storch angekommen sein. Und er war pünktlich. Am 7. Februar vormittags hörte Matthias während der Gartenarbeit ein erstes Klappern. Er kam zu mir gelaufen und meinte: »Guck mal raus! Herr Storch hat es schon mal geschafft!« Aber – oje – das Nest war noch nicht gerichtet. In jedem Jahr, Ende Januar bestenfalls, mieten wir uns einen Hubsteiger und dann wird von Matthias und einem Freund der letztjährige »Kompost«, der sich

über das Jahr im Nest gebildet hat, entfernt. Das ist stets eine Arbeit, um die sich niemand reißt. Bei meist bitterer Kälte mehrere Stunden in der Höhe stehen, um Halbgefrorenes aus dem Nest zu holen. Ach nee! Aber was tut man nicht alles für das Wohlergehen dieser wunderbaren Tiere?
Nach dem Ausmisten werden neue Zweige ins Nest gelegt und darauf frisches Stroh oder Heu verteilt. So – quasi mit neuer Bettwäsche frisch bezogen – übernimmt Ehepaar Storch das Nest am liebsten. Nun mussten wir abwarten, bis Herr Storch am 12. Februar zur Arbeit flog, und derweil unsererseits die Renovierungsarbeiten verrichten. Sehr zufrieden mit dem Ergebnis legte er sich abends in sein frisch gemachtes Bettchen zum Schlafen.
Schon drei Tage später, am 15. Februar, hörten wir bei der Arbeit im Garten ein doppeltes Klappern. Jetzt war Frau Storch auch angekommen. Was ist das immer für eine Freude – bei ihnen und bei uns. Irgendwie ist das stets der Beginn des Gartenjahres. Dieses Mal fiel es auch pünktlich auf den Beginn meiner Arbeitszeit im Garten. Jedes Mal stehen uns die Tränen in den Augen, wenn wir den beiden eine Weile zusehen. Sie klappern wirklich mindestens eine halbe Stunde lang, immer wieder, vor lauter Wiedersehensfreude. Dann legt sich Frau Storch ins Nest und muss sich ein wenig erholen vom anstrengenden Flug.
Nach diesem Wiedersehen sind die beiden unglaublich zärtlich miteinander. Sie kraulen sich gegenseitig mit den Schnäbeln und es werden kleine Leckereien gesammelt, mit denen sie einander verwöhnen. Diese zärtliche Nähe erleben wir erst wieder, nachdem die Kinder die Eltern im August verlassen haben.

Erst wenn unsere beiden Storcheneltern aus der Ferne zurückgekehrt sind, bin ich beruhigt. Manches Mal dauert es bis zu vier Wochen, bis die Dame nach dem Herrn ankommt.

TIPPS

1. Auch der Gehölzschnitt verschwindet nicht aus unserem Garten. Im Gegenteil, er versorgt ihn mit weiterem **Nist- und Überwinterungsmaterial** für viele Insekten, Vögel und Kleinsäuger. Einige größere Holzstücke werden auf Beeten und unter Bäumen verteilt. Hier finden Regenwürmer, Spinnen, Käfer, Molche, Raupen und Falter einen Unterschlupf. Aufgeschichtet zu kleinen Haufen können vor allem Vögel bei sehr schlechtem Wetter Deckung finden. Größere Mengen Schnittgut werden bei uns zu Totholzhecken zwischen in den Boden eingeschlagenen Pfählen aufgeschichtet. Sie werden zu Reihenhaussiedlungen für Singvögel, vor allem der Zaunkönig liebt solche »Hecken«.
2. Im Frühling werden die Pflanzenreste möglichst spät, gern mit einer Heckenschere, grob abgetragen. Dann werden sie in Stücke, nicht kleiner als zwanzig Zentimeter lang, zerteilt und auf den Beeten verteilt. Entnommen werden lediglich einige Beikräuter, die sich über den Winter entwickeln konnten. Alles andere bleibt als **Flächenkompost** liegen. Es wird schon im nächsten Monat von nachwachsendem Staudengrün verdeckt sein und sich mit der Zeit zersetzen. So entnehmen wir den Beeten keine wichtigen Nährstoffe und wir müssen nicht kompostieren oder gar düngen.

Schneeglöckchen gibt es bei uns quasi überall. Der ganze Wald ist voll davon und sie vermehren sich enorm in jedem Jahr. Damit es nicht so »eintönig« ist, pflanze ich in letzter Zeit überall in den wilden Bereichen *Cyclamen* dazwischen.

Schneeglöckchen läuten das Frühjahr ein!

Pflanzenwissen

Kaum ist der Neujahrstag vorüber, kaum werden die Tage ein klein wenig länger, schon zieht es mich hinaus in den Garten auf der Suche nach den ersten winzigen Schösslingen der Schneeglöckchen.

In diesem milden Winter wurde ich bereits Mitte Januar fündig. Dann höre ich die Worte meiner Mutter, einer so leidenschaftlichen Gärtnerin, die mir die Liebe für das Gärtnern quasi in die Wiege gelegt hat: »Jetzt haben wir den Winter fast schon geschafft! Es beginnt ein neues Gartenjahr!!!«
Im Januar ist das erste aufkommende Grün fast nur für mich sichtbar. Ich kenne ein paar Ecken im Waldgarten, im Unterholz, geschützt von einer dichten Blätterdecke, da kann man früh schon das Erwachen der kleinen Glöckchen entdecken und mit ihnen das Versprechen, dass es bald wieder Frühling wird.

Bereits am 1.1. gehe ich traditionell in den Garten auf Schneeglöckchenjagd. Zumindest ein winziges Grün von ihnen möchte ich mit meinen Augen erbeuten. Dann beginnt mein Frühling.

Galanter Frühblüher

Wie bei den in Gärten, Wäldern und Parks am häufigsten vorkommenden Schneeglöckchen, handelt es sich auch bei unseren um *Galanthus nivalis* (aus dem Griechischen: gala – Milch, anthos – Blüte, nivalis – Schnee).
Dieses ausdauernde Narzissengewächs, ursprünglich aus Mittel- sowie Südeuropa und Kleinasien stammend, wurde wohl im 17. Jahrhundert von Mönchen in die Klostergärten geholt. Die weißen Blumen galten als Symbole der Reinheit und schmückten traditionsgemäß am 2. Februar zu Mariä Lichtmess die Altäre. Noch heute findet man die größten verwilderten Schneeglöckchenvorkommen in der Nähe alter Klöster. Von dort aus hat sich das Pflänzchen wegen seiner leichten Vermehrbarkeit in unsere Gärten und auch in die Natur verbreitet.
Zu unserem Land gehören auch wenige Hektar Wald. Was habe ich mich gefreut, als ich im ersten Winter hier wahre Massen von Schneeglöckchen fand. Bei uns im katholischen Münsterland wachsen sie nahezu überall, auch an vielen verwilderten Stellen und in den Wäldern. Deshalb war es ein Leichtes, jedes Jahr eine Schubkarre voll von verblühten Glöckchen aus dem Wald zu holen und sie in alle möglichen neu entstandenen Beete zu verimpfen. So kommt es, dass wir nun im Waldgarten, dem ersten Gartenbereich, der bereits vor

In jedem Jahr gehe ich in unseren Wald und entnehme hier und da ein paar wilde Schönheiten, die ich danach überall in den Beeten verteile. Ein wahrer Schatz!

unserem Umzug in seinen Grundzügen entstand, stellenweise ein Meer von Schneeglöckchen finden können. Es ist eine Freude zu sehen, wie sie sich von Jahr zu Jahr weiter vermehren.
Aber nicht nur mich und unsere Besucher machen diese ersten magischen Pflänzchen glücklich, die glockenförmigen Blüten dienen als wichtige erste Nahrung für früh ausfliegende Insekten.
Die ganze Pflanze ist giftig, jedoch gleichzeitig auch Heilpflanze. Ihr wird Galantamin entzogen, das als Mittel gegen Demenz gilt.
Bleibt noch die Frage, warum es diesem kleinen Pflänzchen möglich ist, bei solch kalter Witterung, teils mitten im Winter, auszutreiben und zu blühen? Das liegt an der Besonderheit, dass diese Pflanze in der Lage ist, aus Stärke Glycerin zu produzieren, und damit über ein körpereigenes Frostschutzmittel verfügt, das den Gefrierpunkt in den Zellen um circa fünf Grad nach unten verschiebt.

Wenn Schneeglöckchen wandern

Wie immer nehme ich mir auch für dieses Jahr vor, die bereits recht groß gewordenen Horste zu vereinzeln, um neue zu begründen und die Vermehrung damit quasi anzuheizen. Ob ich dazu kommen werde? Es ist gerade im frühen Frühling immer so viel zu tun an allen Gartenecken und -enden … ich bin da skeptisch. Man sollte es jedoch tun, wenn man sich schnell über weiße Teppiche von Schneeglöckchen freuen möchte. Aber auch ohne mein Zutun wird sich der kleine Frühlingsmelder im Garten weiter ausbreiten. Denn nach dem Verblühen lockt ein süßer Nährkörper am

Hat jemand schon ein solch zauberhaftes, gefülltes, kleines Blütchen gesehen? Diese mir unbekannte Sorte bekam ich einst von einer Freundin. Sie vermehrt sich sehr langsam.

Samen Ameisen an. Sie tragen die Samen fort, fressen die Süßigkeit und lassen die eigentliche Frucht irgendwo liegen. So sorgen sie für eine weite Verbreitung der wichtigen ersten Insekten-Futterpflanze, und ohne unser Zutun werden die zarten Blütenteppiche von Jahr zu Jahr dichter und malerischer.

Schneeglöckchenfieber

Was in den 1960er-Jahren in England begann, breitet sich nun mehr und mehr auch in Deutschland aus: das Schneeglöckchenfieber! Denn neben den vergleichsweise schlichten *G. nivalis* gibt es inzwischen viele Hundert Sorten gezüchteter Varietäten, die auf speziellen Börsen für oft schwindelerregende Preise im gern auch dreistelligen Bereich angeboten werden. Pro Zwiebel, versteht sich. Diese kleinen Schätze gleichen dann allerdings auch geradezu kleinen Kunstwerken und die Galantophilen können sich nicht satt daran sehen und über die Vor- und Nachteile der einen oder anderen Züchtung ausgiebigst philosophieren.

Ausflug zu den Sneeuklokjesdagen

So bin auch ich immer ein klein wenig gefährdet, wenn ich in jedem Jahr die Gartensaison mit einem Besuch des für mich schönsten Vorfrühlingsgartens in Holland, dem Garten von de Boshoeve in Wolfheze, und die dort stattfindenden Sneeuklokjesdagen besuche. Dort gibt es neben dem erwähnten herrlichen, alt eingewachsenen Garten eine Menge Verkäufer, die alles um das Thema Schneeglöckchen anbieten. Aber ganz besonders ist, dass man dort alles trifft, was in der Gartenszene Rang und Namen hat, und es ist ein ständiges »Hallo!« nach rechts und links, gefolgt von vielen angenehmen Gesprächen.

Ich fahre in jedem Jahr mit drei Gartenfreundinnen immer schon am ersten Tag dorthin, wenn sie öffnen. Eine der Damen, sie hat einen ganz herrlichen Garten in Münster, ist eine leidenschaftliche Sammlerin und sie muss!!! immer die Erste sein. Denn sie kennt die Händler alle gut und jenseits des Verkaufs von Pflanzen gibt es noch einige Schätze, die unter der Theke nur mit Freunden getauscht werden. Und da muss sie dann schnell sein, sonst sind die Schätze in anderen Gärten gelandet. Sie hat an die 250 verschiedene Schneeglöckchen-Sorten, kennt sie alle mit Namen und liebt sie fast wie Kinder.

Nicht nur Schneeglöckchen

Ich kann mich da zwar nicht wirklich hineinversetzen, aber es macht Spaß, die nun schon ältere Dame »im *Galanthus*-Fieber« zu erleben und zu begleiten. So war es auch dieses Mal ein herrlicher

Bei den frühen Alpenveilchen (*Cyclamen*) verbindet sich eine reizende Blüte ab Februar mit besonders schmuckvollem Blattwerk. Sie schenkt uns so ein erstes Bunt in den Beeten.

Gartensaisonauftakt. Ein Schneeglöckchen kaufe ich auch immer. Aber wirklich nur eines, und zwar von ganz links. Von da, wo die Preise noch einstellig sind. Das teuerste Töpfchen hatte in diesem Jahr die Zahl 200 am Schild stehen, sicherlich weil es besonders mickrig war? Och nee, das ist nichts für mich!
Aber ich habe eine Kiste mit Alpenveilchen (*Cyclamen*) gekauft. Sie machen sich gut im Waldgarten und auch ansonsten unter Bäumen. Ich habe schon riesige Knollen, die ich vor 7-8 Jahren gepflanzt habe. Herbst- wie Frühlingsblüher. Da erstehe ich jetzt immer mal ein Kistchen, um auch die abwegigen Stellen aufblühen zu lassen.
Außerdem habe ich ein paar Wildtulpen erstanden als Versuchsballon. Bin sehr gespannt, ob die was werden. Werden sie zu Mäusefutter oder zum Blühteppich? Aber das Teuerste war ein großer Rhabarber-Anzuchttopf aus Terracotta. Ich habe zehn dicke Rhabarberpflanzen, aus denen ich jedes Jahr den ersten frischen Saft koche. Wenn ich sie unter einem solchen Topf anziehe, kann ich sie zwei Wochen früher ernten und die Stangen sind viel zarter, wenn man ihnen solch ein Teil auf den Kopf stülpt. Sie wachsen herrlich weiß und ganz lang und zart. Jetzt habe ich drei Töpfe. Jedes Jahr kommt einer dazu. Wir Gärtner sind schon ganz schön verrückt. Sollte ich in sieben Jahren einmal alle Töpfe haben, stehen auf Rhabarberpflanzen im Wert von 50 € Anzuchttöpfe im Wert von 1000 €. Die spinnen, die Gärtner. Aber diese Töpfe sind, einmal alt und moosig geworden, einfach ein solcher Schmuck im Gemüsegarten ... ich mag sie so gern ... eigentlich viel lieber als Rhabarber selbst.

Der Waldgarten

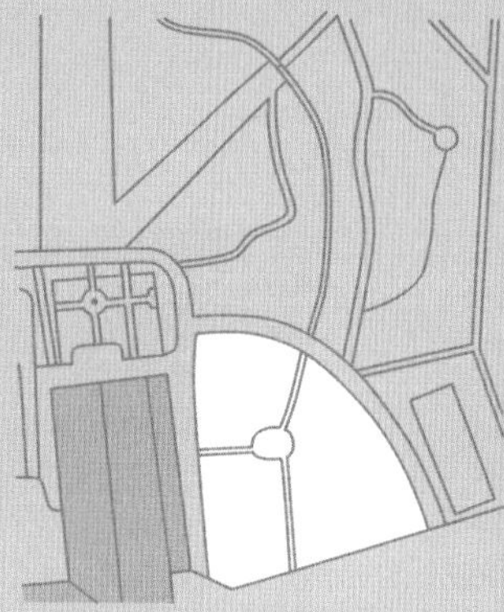

Gartenbereiche

Neben unserer Scheune gab es beim Kauf der Hofanlage ein kleines Waldrondell. Um auf den Hof zu kommen, musste man die Zufahrt nehmen, die in einem Rundweg um ebendiesen kleinen Wald verlief. Das war sozusagen der Wendehammer für alle Fahrzeuge.

Nachdem wir uns entschieden hatten, die Scheune zu Wohnzwecken auszubauen, war klar, dass wir die Zufahrt verlegen müssten, denn wir wollten nicht alle ankommenden Fahrzeuge vor dem Wohnzimmerfenster vorbeifahren lassen. Außerdem wollten wir »unseren Vorgarten« vor dem entstehenden Eingangsbereich zwischen Scheune und Remise ein wenig netter gestalten. Aus Wald sollte ein Waldgarten entstehen.

Der Anfang

2012 wurden dem kleinen, runden Wäldchen circa die Hälfte der doch recht großen Bäume entnommen, um den Bereich ein wenig lichter zu gestalten. Die riesige, über hundert Jahre alte Kastanie gegenüber unserer Eingangstür blieb natürlich stehen. Seither »ärgert« sie uns rund ums Jahr mit immer neuem Abwurf von Blatthülsen, Blütenblättern, stacheligen Fruchtbechern, Kastanien in unendlichen Mengen, jeder Menge Hölzchen bei jedem kleinsten Wind und Unmengen, nein riesigen Unmengen von Blättern im Herbst.

Die anderen Bäume im Waldgarten unterstützen sie in ihrem unseligen Tun. Besonders die Ahorne werfen Tausende von Samen ab, die schneller auskeimen, als man gucken kann. Und wenn man diese wirklich vielen Tausend Schösslinge nicht zeitnah ausreißt, Hunderte auf jedem Quadratmeter, dann schießen sie geradezu hinterhältig ihre Wurzeln in den steinigen Boden und sind nur noch unter Aufbietung enormer Kräfte wieder zu entfernen.

Man unterschätzt also den Einsatz, den ein paar Hundert Quadratmeter kleines Waldgärtchen von einem verlangen. Tatsächlich ist dieser Gartenbereich einer der arbeitsintensivsten überhaupt. Und es ist immer ein kleiner Stich, wenn Besucher sagen: »Na ja, hier zumindest haben Sie ja nicht viel zu tun!«

Nach der Entnahme der überzähligen Bäume hat unser Gärtner dann das Gelände ein wenig modelliert. Es wurde ein kleiner Waldteich ausgegraben, der als Naturteich nicht immer Wasser führt. Gespeist wird er mit dem Dachwasser, das durch einen Zufluss in den Garten geleitet wird. Der Aushub des kleinen Gewässers wurde in der Nähe zu einem kleinen Hügel aufgeschichtet, der zu einem reinen Hostahügel werden sollte. Inzwischen haben die Schnecken ihr Bestes getan und die meisten der Pflanzen mehrfach mit Strunk und Stiel gefressen. So wurde die Pflanzung in jedem Jahr mit anderen schattenliebenden Stauden ergänzt, wie Elfenblumen (*Epimedium*), Schlüsselblumen, Farnen, Rodgersien (*Rodgersia*), Eisenhut und vielen anderen.

Auf der südlichen Seite des Hügelbeetes haben sich die Schneeglöckchen inzwischen flächig ausgebreitet. Und zum kleinen Waldteich hin haben sich einige Schlüsselblumen von allein angesiedelt, was mich besonders freut. Im Teich selbst wachsen inzwischen einige Sumpf-Schwertlilien, aber auch die haben lange gebraucht, bis sie sich wirklich heimisch fühlten.

Bei der Modellierung wurden Gräben gezogen, die bei Regen das massig abfließende Wasser des großen Hofbereiches in den Teich einleiten. Alle entstandenen Wege wurden mit Rindenmulch bedeckt und einige kleine Brücken über die Gräben gelegt. So entstand ein kleiner Gartenbereich mit einzelnen, abgegrenzten Beeten. Wir haben dort zwei Bänke aufgestellt, die zum Sitzen und Meditieren einladen.

Der Waldgarten bekam erste Strukturen mit Wassergräben, einem kleinen Teich und einem Hügel. Außerdem wurde ein Wegenetz angelegt und mit Rindenmulch belegt.

Bepflanzung - Herausforderung und Überraschung

Die Bepflanzung stellte sich leider als sehr problematisch heraus. Der gesamte Waldgarten war absolut durchwurzelt und ohne Hacke konnte man kein Schneeglöckchen in die Erde bringen, geschweige denn die vielen Gehölze wie - z.B. diverse buntlaubige Fächerahorne und etliche Heckenkirschen (*Lonicera*) in Varietäten. Es wurden außerdem einige Hortensien gepflanzt, die sich jedoch während der sehr trockenen Jahre 2018 und 2019 nicht halten konnten. Genauso erging es auch den alten Rhododendronstöcken und einigen Azaleen und Kamelien. Entweder man muss bei Trockenheit täglich einen ganzen Wald wässern oder sich damit abfinden, dass einiges einfach an der falschen Stelle gestanden hat, und sich davon verabschieden.

Besonders möchte ich zur Pflanzung von Winter-Heckenkirschen, (*Lonicera* x *purpusii*) raten.
Wir haben in den letzten Jahren sicherlich 15 verschiedene gepflanzt. Sie begeistern mit gleich mehreren Vorteilen für Mensch und Tier: Zum einen kann man sie auch in wirklich dunkle Bereiche unter großen Gehölzen anpflanzen, wo sie mit den Jahren langsam zu herrlichen Exemplaren von zwei Meter Höhe und Breite heranwachsen. Sie brauchen tatsächlich auch zu Zeiten großer Trockenheit kaum einmal eine Wassergabe, sind bei uns wirklich trockenresistent. Keine Ahnung, wie ihnen das als Flachwurzler gelingt.
Bereits im Winter sorgen sie für wunderbaren, an Honig erinnernden Duft.
Zwischen Dezember und April, je nach gepflanzter Sorte, sind die Büsche bereit, frühe Insekten mit

OBEN Heute ist der Waldgarten ein Höhepunkt im Frühlingsgarten. Wir haben Unmengen in ihn hineingepflanzt und nun erfreut er uns mit einer montatelangen bunten Blütenfülle. Diverse *Acer palmatum* unterstützen das Farbenspiel.

UNTEN Manches Mal sitze ich in eine Wolldecke gekuschelt auf dieser Bank, eine Tasse Kaffee in der Hand, und erfreue mich, wie die aufgehende Sonne den Blüten ihre Farbe gibt. Dazu der herrliche Gesang der Vögel. So sollte ein Morgen beginnen.

Nahrung zu versorgen. Dann kann man sich kaum sattsehen an den Tausenden cremeweißen Blüten. In milden Wintern verbleibt sogar das Laub an den Büschen.
Der ganze Busch ist wild verzweigt und es sitzen gern die Vögel darin. In älteren Exemplaren haben wir auch schon Nester gefunden. Dann können die Vögel in unmittelbarer Nähe auch noch die im Herbst reifen Beeren picken. Alles in allem, für alle ein perfektes Gehölz!
Im Frühjahr 2013 überraschte uns unser Gärtner mit Hunderten von gepflanzten Hasenglöckchen (*Hyacinthoides non-scripta*). Wenn ich gegen Ende April in England bin, liebe ich die blauen, duftenden Wälder so sehr. Aber leider wachsen die klassischen Bluebells bei uns nicht. Dennoch können wir jetzt in einigen Beeten in jedem Jahr unser blaues Wunder erleben. In den letzten zehn Jahren haben diese dankbaren Pflanzen sich enorm vermehrt.
Im letzten Jahr habe ich noch einmal einige Hundert Osterglocken gepflanzt. Ich versuchte es mit der Sorte 'Jack Snipe'. Alle bisherigen Versuche mit dieser doch eigentlich unverwüstlichen Zwiebelpflanze waren auf Dauer nicht von Erfolg gekrönt. Außer der Sorte 'Tête à Tête' sind nahezu alle anderen im Laufe der Jahre verloren gegangen. Nun, man wird sehen, ob die neue Anpflanzung jetzt erfolgreicher sein wird.
Die übrigen Beete wurden in den letzten Jahren, seitdem sich der Boden enorm verbessert hat und damit leichter bepflanzbar wurde, Stück um Stück mit vielen Stauden bepflanzt. Ich hoffe, dass sich innerhalb der nächsten Jahre auch in diesem Gartenbereich, der uns wirklich bisher enorm viel Mühe machte, eine geschlossene Pflanzendecke entwickeln wird.
Besondere Freude bereiten mir im zeitigen Frühling die Massen von Lungenkraut (*Pulmonaria*) und Beinwell (*Symphytum*). Beides Pflanzen, die als Bienenweide frühe Insekten nähren und die sehr lange blühen. Außerdem sind sie recht trockenresistent.
Ein weiterer Schwerpunkt ist geplant. Nachdem mir ganz zu Beginn etliche alte Christrosen (*Helleborus*) aus dem Garten meiner verstorbenen Mutter von einem Schädling vernichtet wurden, hatte ich nicht mehr recht den Mut, sehr viel Geld für den Kauf dieser Pflanzen auszugeben. Nach jetzt nahezu zehn Jahren haben sich die damals verbliebenen Stauden dermaßen gut erholt und auch vermehrt, dass ich nun in jedem Jahr zwanzig neue Exemplare kaufen und einsetzen werde. Die ersten zwanzig Pflanzen habe ich bereits von meinem liebsten Staudenhändler, Stauden Stade, im nahe gelegenen Borken erstanden.

MORGENDLICHE RUHE

Insgesamt wurde der Waldgarten inzwischen vor allem zur Frühlingszeit mein allerliebster Gartenbereich. Nichts kann man sich schöner vorstellen, als ganz in der Früh mit einer guten Tasse Kaffee auf einer der Bänke zu sitzen und dem Gesang der Vögel zu lauschen.
Es ist ein Gefühl absoluten Friedens, das sich dann in mir ausbreitet und mir Kraft gibt für den Rest des Tages. Dann vergisst man eine Menge ... und wenn sich morgens die ersten Strahlen der aufgehenden Sonne schräg durch die Bäume ergießen, dann bekommt der Garten einen mystischen Hauch, der einen total erfüllt, und dann breitet sich das reine, pure Glück aus.

Arbeiten im März

Den ganzen Monat über haben wir damit verbracht, die Beete abzutragen, das Schnittgut zu zerkleinern und als Flächenkompost zu verteilen.

In den ersten Beeten beginnen die Zwiebelblüher bereits damit, ihr Grün auszutreiben. Erste Osterglocken blühen im Waldgarten, vor allem im Birkenwäldchen, und einige kleine Restbestände in den Beeten. Immer wieder könnte ich weinen, wenn ich sehe, was von den Tausenden von Zwiebeln, die wir innerhalb der letzten Jahre eingepflanzt haben, übrig geblieben ist. Aber so ist es nun einmal. Unsere Wühlmäuse fressen sich einen dicken Bauch. Sicherlich kann man nicht alle fehlenden Zwiebeln in ihre kleinen Schuhe schieben. Auch unser Boden dürfte dazu beitragen, dass es den Zwiebeln nicht gut geht über die Jahre. Unser sogenannter Fünf-Minuten-Boden, bestehend aus Lehm und in dreißig Zentimeter Tiefe auch aus undurchdringlichem Mergel, ist entweder viel zu nass, sodass die Zwiebeln faulen, oder er trocknet im Sommer derartig aus, dass sie vertrocknen. Sollten sie nicht in den »fünf Minuten«, in denen der Boden die richtige Konsistenz hat, neue Brutzwiebelchen gebildet haben, sieht es schlecht aus mit der nächsten Generation. Leider kann ich daran nicht wirklich etwas verändern.

Im März gibt es eine echte Strafarbeit zu erledigen, die sowohl zeit- als auch arbeitsintensiv ist. In unserem Garten gibt es mehrere Hundert Quadratmeter offen verlegter Steinwege und Terrassen. Und überall müssen die Fugen von Unkraut befreit werden. Da heißt es, jeden Tag für eine Stunde auf die Knie zu gehen und sich der Demutsübung zu widmen. Ich habe wirklich alles versucht, außer natürlich den Einsatz von Gift. Aber am besten geht es tatsächlich mit einem alten Küchenmesser. Man bekommt die Beikräuter so ganz gut herausgeschnitten. Möglichst nach einem Regenguss, dann hat man es leichter.

Mit den Jahren wachsen zwischen den Steinen Moospolster, die meine Freunde sind. Denn dort, wo die Fuge vermoost ist, hat es das Beikraut schwerer, Wurzeln zu bilden. Diese Arbeit, die noch weitere 2-3 Mal im Jahr wiederholt werden muss, ist wirklich eine echte Plage. Aber wenn dann alle Steine wieder frei liegen, freut sich das Auge des Gärtners und es macht wieder Spaß darüberzugehen.

LINKS Aus den vor Jahren gepflanzten Zierkirschen sind inzwischen große Bäume geworden, die im März über und über rosa blühen. Aus der Küche und dem Arbeitszimmer habe ich einen direkten Blick auf diesen herrlichen Blütenschmuck.

Arbeit im Gemüsegarten

Im März wird es auch Zeit, die Beete im Gemüsegarten vorzubereiten. Die Pflanzenreste aus dem letzten Jahr werden entfernt, die Beete mit abgelagertem Pferdemist vom Nachbarn gedüngt und alle Beete unter Hinzufügung von etwas Kompost durchgearbeitet. Ich freue mich stets, wenn die vielen kleinen schwarzen Beete vor mir liegen, wie unbeschriebene Schultafeln im Klassenzimmer. Nie kann man sich vorstellen, welche Pflanzenvielfalt schon in wenigen Wochen dort wachsen wird.

Da ich zwar Gemüsegärten liebe, aber nicht gern in ihnen arbeite, übernehmen das zum Glück liebe Freunde. Sie widmen sich mit großer Akribie jedem Beet. Ich zeichne nur verantwortlich für einige Blumenbeete an Stellen im Gemüsegarten, in denen nichts gut wächst, weil es zu schattig oder zu trocken ist.

Inzwischen wächst der erste Feldsalat im kleinen Tomatenhaus, die ersten Radieschen und der Pflücksalat sind eingesät. Der Ernteerfolg im Ge-

OBEN Hier wachsen schon im März die ersten Salatpflänzchen heran, die im Februar im Treibhaus vorgezogen wurden. Auch Kohlrabi gehört zum Gemüse, das sehr früh im Jahr geerntet werden kann. So sind wir stets mit frischem Grün versorgt.

MITTE Scharbock ist ein mittelalterlicher Name für Skorbut. Eine Vitaminmangelkrankheit, die früher oft im ausgehenden Winter vorkam. Das kleine Scharbockskraut ist voller Vitamin C und so wurde es fleißig als Salat gegessen.

UNTEN Etwas später blüht *Prunus serrulata* 'Kanzan', meine liebste Lieblingszierkirsche. Ihre Blüten, die sie in jedem Jahr mehr und reichlicher verschenkt, sind einfach so zuckersüß und puschelig. Außerdem gefällt mir das zarte Rosa sehr gut.

müsegarten, natürlich rein biologisch bearbeitet, ist sehr verschieden. Es gab schon Jahre, in denen ein jeder Besucher, der nicht schnell genug im Auto war, mit einer dicken Tüte Gemüse zwangsbeglückt wurde, weil wir in den Mengen ertranken. In anderen Jahren wuchs kaum etwas, im letzten regenreichen Jahr haben die Schnecken viel Freude gehabt am reichlichen Nahrungsangebot – wir Menschen eher weniger. Ich bin gespannt, was uns das kommende Jahr bescheren wird.

Blütenfreude

Der März ist auch der Monat, in dem sich die Wiese im Hausgarten in ein rosa Blütenmeer verwandelt. Gerade jetzt, da ich im Arbeitszimmer sitze und diese Zeilen schreibe, schaue ich aus dem Fenster und sehe in eine rosa Wolke auf der Wiese.

Genau so hatte ich es mir vorgestellt, als ich vor acht Jahren die sechs Zierkirschen bestellte und dann locker verteilt in den ehemals gepflegten Golfrasen pflanzte.

Nun schauen wir von Mitte Februar bis Anfang Mai auf die nacheinander erblühenden, in jedem Jahr größer werdenden rosa Blütenträume. Es ist einfach ergreifend schön. Und ich erinnere mich noch gut daran, wie ungläubig der Architekt

schaute, als ich mit ihm um genau den richtigen Platz für das Küchenfenster kämpfte.
Es musste genau an der Stelle eingebaut werden, an der ich jetzt auf die zuerst blühende Frühlings-Kirsche (*Prunus subhirtella*) der Sorte 'Autumnalis' blicke, wann immer ich aus dem Fenster sehe. Mit ihr beginnt unser eigenes Kirschblütenfest für Herz und Seele auf Gaupel.
Die Schneeglöckchen sind längst verblüht, die Krokusse ebenso im Vergehen. Nun blühen einige Schachbrettblumen, einige wenige Osterglocken und der blaue Schneeglanz (*Chionodoxa*) durchzieht die Wiese hier und da. Jetzt freue ich mich schon darauf, dass mich das Wiesen-Schaumkraut im April in diesem Bereich beglückt.

Gelbe Teppiche

Ein winziges Pflänzchen, das mich im März immer wieder froh macht, möchte ich noch aus den Ecken des Gartens ins Zentrum der Beachtung heben: das Scharbockskraut (*Ranunculus ficaria*). Viele Menschen kennen diesen winzigen Geophyten gar nicht, und wenn er sich bei ihnen einfindet, wird er als nicht genehm ganz oft ausgerissen und vernichtet. Das ist mir völlig unbegreiflich. Hier bei uns hat er sich von allein eingefunden, der ganze uns umgebende Wald leuchtet im März gelb, was einfach nur zauberhaft anmutet.
Nun vermehrt sich das Kraut in allen möglichen Beeten, in den Wiesen und ganz besonders freue ich mich, wenn es aus den Steinfugen leuchtet wie winzige kleine Lichtpunkte. Nie bedrängt es andere Pflanzen, eh wird es selten einmal höher als fünf Zentimeter, und nach der Blüte, im April, spätestens Anfang Mai, verwelkt es und zieht sich komplett ein. Das Wildkraut überdauert die nächsten Monate dann in neu gebildeten Wurzelknöllchen im Boden, ohne störend zu sein.
Die nektarführenden Blüten werden sehr stark von Insekten angeflogen und sind so wichtig in dieser frühen, für ihre Ernährung schweren Zeit. Wir laden in unseren Garten alle ein: die früh blühenden Geophyten und die Insekten. Letztere finden hier zum Glück überall einen reich gedeckten Tisch.

Auf dem Trockenen

Jetzt im März wäre Pflanzzeit. Leider hat uns unser Handwerker trotz vieler Versprechen sitzen lassen. Er hat bei einer Arbeit eine Hauptleitung zu den 18 Wasserstellen, die wir im Garten verteilt haben, gekappt und schafft es nicht, diesen Fehler wieder zu beheben. Und das im wärmsten und trockensten März aller Zeiten. Seit Wochen schiebt Matthias mit Wasser gefüllte Schubkarren durch den Garten, um verpflanzte Büsche und Bäumchen zu bewässern. Es ist wie verhext. Da ich weder ihn zusätzlich belasten möchte noch die Kraft habe, es ihm nachzutun, habe ich bisher jede Neuanpflanzung oder Verpflanzung vermieden. Aber auch mit solchen Unbilden muss man fertig werden, wenn man ein solch großes Anwesen hat wie wir, denn irgendetwas ist immer. Und immer heißt es: improvisieren!

Sind Schachbrettblumen kleine, von der Natur erschaffene Kunstwerke? Ich hätte so gern eine ganze Wiese voll davon. Aber es ist einfach zu trocken in den letzten Sommern.

Inzwischen sind beide Störche aus dem Winterquartier wieder eingetroffen.
Vater Storch sammelt unaufhörlich neues Material für sein brütendes Weibchen.

Aber einen Garten ohne Regen zu erhalten und ohne wässern zu können ... an dem Punkt wird es wirklich schwierig. Ich hoffe nun auf die nächste Woche. Irgendwann muss doch diese Kleinigkeit wieder behoben werden ... und dann kann ich mit besserem Gefühl an den April denken.
Wenngleich mir dieses Wetter schon wieder Angst macht. Bisher hatten wir in allen Dürrejahren genau diese Situation: Bereits im Vorfrühling baute sich ein extrem stabiles Hoch nach dem nächsten auf und es gab einfach wochenlang keinen Regen. Nach dem letzten, wirklich perfekten Jahr, das so war »wie früher«, mit Temperaturen nie über dreißig Grad und Niederschlägen in nahezu jeder Woche, befürchte ich wieder ein Dürrejahr wie 2019 oder noch schlimmer 2020 ohne Niederschlag, bei Temperaturen um 40 Grad über sechs Wochen. Damals haben wir versucht, die gefährdeten Pflanzen durch Gießen zu erhalten, oft erfolglos. So etwas oder gar noch Schlimmeres mag ich nicht wieder erleben. Da macht dann das Gärtnern keinen Spaß mehr. Aber wir werden uns daran gewöhnen müssen. Die Menschheit ändert ja nicht ihr egoistisches, konsumgelenktes Verhalten. Da brauchen wir uns keiner Hoffnung hinzugeben, dass der Klimakatastrophe Einhalt geboten wird. Also bleibt mir nur noch, auf Regen und nicht zu große Hitze zu hoffen. Und mehr und mehr müssen die Beete angepasst und mit trockenresistenten Pflanzen bepflanzt werden.

Vögel haben auch Probleme

Sehr gut gefällt das trockene Wetter allerdings unseren Störchen. Seit dem 24. März brütet Frau

Das Ehepaar Schleiereule findet den Falkenkasten viel zu eng und nimmt doch wieder den Eulenkasten im Dachboden. Da können die Jungen sich besser ausbreiten.

Storch. Sie legt immer im Abstand von drei Tagen ein Ei, insgesamt 3-4 Stück, und brütet etwa einen Monat lang.

Herr Storch sitzt ganz oft nur auf dem Rand des Nestes und beobachtet den Himmel genau. Denn immer wieder kommen fremde Störche und wollen das Nest übernehmen. Manches Mal sind es richtige Horden von bis zu sechs Jungstörchen, die über dem Nest kreisen, und unser Pärchen klappert wie verrückt, um sie zu vertreiben.

Es ist in jedem Jahr eine aufregende Zeit. Man bindet sich ungemein an diese Tiere, die wir nun viele Jahre kennen, und wenn die Jungen erst einmal geschlüpft sind, dann fiebert man mit, wenn es Probleme gibt. Es gibt so viele Gefahren, die lauern und einem glücklichen Storchenjahr im Wege stehen können ...

Im letzten Jahr ist die Brut der Schleiereulen ausgefallen, weil eine während der späten Kälteperiode verhungert ist. Nun scheint die übrig gebliebene Eule einen neuen Partner gefunden zu haben. Sie sitzen abends im ausgesparten Dreieck der Holzverkleidung und ihre weißen Hinterlassenschaften auf der Terrasse zeugen von mehr als einem Vogel. Die Eulen können durch das »Eulendreieck« in den Dachboden fliegen, wo wir ihnen einen Nistkasten aufgestellt haben. Vielleicht werden im Sommer wieder sieben Eulen zuerst dort oben ihre Flugübungen machen und uns abends dann zischend und fauchend wie kleine Schlangen begrüßen.

Auch den Steinkauz habe ich im März des Öfteren gehört. Hoffentlich wird in der Steinkauzröhre, die in einem alten Apfelbaum angebracht ist, bald wieder Steinkauznachwuchs wohnen.

LINKS Die Hundszahn-Lilie fanden wir hier und dort im Waldgarten und im Karstgebiet neben der Remise. Unser Gärtner Jürgen hatte sie heimlich gepflanzt, um uns zu überraschen.

OBEN In Opas Garten gab es Hunderte von Küchenschellen. Nach vielen Versuchen habe ich im Beth-Chatto-Beet endlich den richtigen Platz für sie gefunden. Hier versäen sie sich willig.

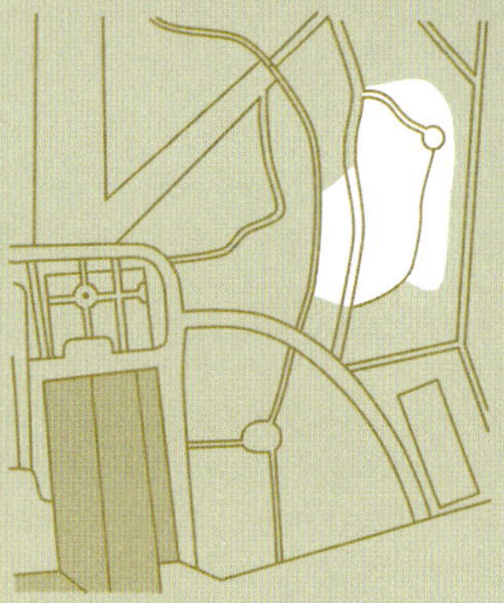

Gartenbereiche

Das Birkenwäldchen

Seit meiner Kindheit liebe ich Birken. Die hellen Stämme, die von Weitem leuchten, das erste zarte Blattgrün im Frühling, es hatte für mich stets etwas Hoffnungsfrohes, war ein Synonym für den beginnenden Frühling – für Licht, Sonne und Draußensein.

Im elterlichen Flur gab es ein Bild von Johann Heinrich Vogeler, dem Worpsweder Maler, das eine junge, wunderschöne Frau in einem kleinen Birkenwald zeigt. Der Titel »Frühling« prägte mich anscheinend bereits in jungen Jahren.
In meiner ehemaligen Heimat, im Rheinland, ist es Brauch, dass man seiner Angebeteten zum 1. Mai eine kleine Birke, geschmückt mit vielen bunten Bändern, an den Balkon oder besser noch an den Schornstein bindet. Ich habe »meine Jungs« immer überredet, dies bitte niemals für mich zu tun. Eine sterbende junge Birke war für mich kein schönes, sondern eher ein trauriges Schauspiel.

Die Hauptblüte der Dichternarzissen liegt zeitlich zwischen der Osterglocken- und der Präirielilienblüte. Mit den Birken zusammen ergibt es eine märchenhafte Anmutung.

Wie viele meiner Lieblingsbäume wurden so Jahr für Jahr sinnlos gefällt? Viel eher bat ich um ein bewurzeltes Exemplar, sodass sich in unserem damaligen Garten bereits ein kleiner Birkenhain entwickeln durfte.

Birkenträume

1991 folgte ich einer Einladung nach Russland. Wir fuhren während 24 Stunden mit der Bahn von Moskau nach Wolgograd, am 21. Juni, dem längsten Tag des Jahres. Fast die ganze Fahrt verbrachte ich damit, aus dem Fenster zu schauen. Ich wusste, dass ich etwas Einmaliges erlebte. Denn die Fahrt ging nahezu die gesamte Strecke über Hunderte von Kilometern durch Birkenwälder. Was liebte ich dieses schöne Land! Von da an war mein Traum stets gegenwärtig: Sollte ich je über genügend Platz verfügen, ich wollte gern ein ganzes Birkenwäldchen haben!
Auf einigen unserer Gartenreisen nach England durfte ich erleben, dass auch andere Menschen eine Vorliebe für diese herrlichen Bäume haben. Vor allem die schneeweißen Stämme der Himalajabirke (*Betula utilis* var. *jacquemontii*) werden hier recht häufig als stilistisches Mittel eingesetzt. Vor Jahren dann besuchten wir den Garten Anglesey Abbey in der Nähe von Cambridge und dort sah ich es dann, »mein ultimatives Birkenwäldchen«! So eines wollte ich auch haben – unbedingt – egal wann!
Nachdem wir dann vor gut zehn Jahren unser Anwesen gekauft hatten, mit dem vielen Land dabei, war die Zeit für mich gekommen, meinen lang ersehnten Traum wahr werden zu lassen. Ich bekam von meinem Mann 65 Himalajabirken. Für jedes Jahr, das wir miteinander verbracht hatten und zu

Vor Jahren kauften wir einen »gemischten Sack« Zwiebeln diverser Osterglocken. Nicht alle Sorten fühlten sich wohl. Aber die, die bleiben mochten, vermehren sich allmählich.

Etwas später zeigt sich das Birkenwäldchen im dritten Farbenrausch. Unzählige Prärielilien lösen mit ihrem Blau den weißen Reigen ab und es entstehen völlig neue Eindrücke.

verbringen gedenken, eine! (Wenn denn alles gut geht.) Ich finde, manches Mal zahlt sich Geduld einfach aus …

Bunte Blüten im Birkenwald

Innerhalb der letzten Jahre haben wir immer mal wieder einige Hundert diverse Sorten Osterglocken, Dichternarzissen (*Narcissus poeticus*) und Prärielilien (*Camassia leichtlinii*) zwischen die Bäume gepflanzt. So ergibt sich nun bereits im Februar ein ganz zauberhaftes Bild, wenn sich die ersten frühen Osterglocken zwischen den weißen Birkenstämmchen als kleine sonnige Lichtpunkte zeigen. Später dann, wenn Hunderte weiße Dichternarzissen im aufkommenden frühen Wiesengrün tanzen und sich die Sonne in den frischen Birkenblättchen fängt, ist es ein komplett anderes, unbeschreiblich herrliches Bild.

Dann kommt die Zeit, in der mich ein jeder Weg in den Parkgarten mehrmals täglich durch diesen zauberhaften Gartenbereich führt, weil ich mich nicht sattsehen kann an so viel Schönheit. Wenn dann zuletzt im April die Prärielilien in diversen Blautönen die Regie übernehmen, verändert sich das Bild ein letztes Mal. Dann sind die Birken nahezu belaubt und Hunderte blaue Blütenstände erleuchten das aufkommende Wiesengrün. Insgesamt hat sich aus diesem Gartenbereich ein märchenhafter Frühlingshöhepunkt entwickelt, der mich Jahr für Jahr erneut davon überzeugt, dass man seine Träume mutig leben sollte. Es lohnt sich wirklich.

Tiere im Garten

Unsere Störche

Seit nunmehr sieben Jahren teilen wir in jedem Jahr etwa sieben Monate lang unseren Garten mit Störchen. Es ist eine wechselvolle Verbindung, die uns viel Freude, aber auch Sorge und Trauer gebracht hat.

Nachdem wir 2014 auf unseren Hof gezogen waren, konnten wir bei Spaziergängen regelmäßig Jungstörche auf den angrenzenden Feldern beobachten. Mit Entsetzen erfuhren wir davon, dass ein beginnender Nestbau auf einem Telegrafenmast durch Zerstörung unterbunden worden war. Damit stand für uns der Entschluss fest: Wir würden im Garten einen Storchenhorst anbieten!
Ein Anruf bei der Unteren Landschaftsbehörde und wir hatten schnell den entsprechenden Telegrafenmast, der als Unterkonstruktion dient. Ein Schreiner vom NABU erklärte sich bereit, unentgeltlich ein Nest zu bauen. In einer Harakiri-Aktion haben wir mit Helfern vom NABU gemeinsam den Mast aufgestellt und das Nest stand nach einigen angstvollen Stunden, in denen wir nicht sicher waren, ob uns der Mast nicht erschlagen würde, bevor er sicher in seiner Grube festgestampft war.

Die erste Storchenfamilie

Nur zehn (!) Tage später saß im Nest ein Storchenmann. Welche Freude! Immer wieder bekam der junge Herr Damenbesuch, aber irgendetwas schien nicht zu stimmen. Wir schauten uns das einige Jahre lang an, bis wir uns im Winter 2017/18 entschieden, ein zweites, größeres Nest zu bauen und gegen das alte auszutauschen. Erneut kam zwei Wochen später unser Storchenmännchen und zwei weitere Wochen später kam die erste Dame, prüfte das neue Nest ... und blieb!!
Wir waren außer uns vor Aufregung und Freude und es gab keinen Tag, an dem wir nicht die Störche mit dem Fernglas beobachteten. Nach circa sechs Wochen begannen sie mit der Brut. Einige Zeit später konnten wir die ersten kleinen, wackeligen Köpfchen sehen. 2018 war jedoch ein Jahr der großen Dürre und unsere Störche kamen früh in Not, sodass sie schließlich aus Futter-

LINKS Es gehört zu den absoluten Höhepunkten, dass ein Storchenpaar jedes Jahr in unserem Garten brütet. Das Leben dieser wunderbaren Vögel aus nächster Nähe zu beobachten, ist eine unglaubliche Freude und es macht uns einfach glücklich.

RECHTS Im Jahr nach unserem Umzug stellten wir ein Storchennest auf, erst zwei Jahre später fand unser Storchenmännchen eine geeignete Dame. Seitdem gibt es in jedem Jahr Nachwuchs, dessen Entwicklung wir täglich beobachten dürfen.

Mit der Zeit wird das Innere des Nestes ein wenig ungemütlich. Dem kann man abhelfen mit »neuer Auslegware«. Für alle Hausarbeiten ist immer Herr Storch zuständig.

mangel das erste Küken von dreien aus dem Nest warfen. Es war eine sehr schwere Zeit für die uns inzwischen ans Herz gewachsenen Tiere und ihre Kinder. Es gab kein Wasser mehr in der Natur und viel zu wenig Futter.

Die Abstände, in denen die Elterntiere zum Nest kamen, dauerten immer länger; bis zu acht Stunden. In brüllender Hitze mussten die schwächer werdenden Kinder ohne Wasser und Futter in ihrem Nest ausharren. Uns war klar, dass das nicht mehr lange gut gehen konnte, und wir erkundigten uns bei einer Storchenstation in Rheine, wie wir helfen könnten. »Sie können entweder der Natur ihren Lauf lassen, dann werden die Jungen wohl nicht überleben, oder Sie müssen Hühnerküken zufüttern!« So geschah es.

Anfangs legten wir im Garten die bei einem Falkner erworbenen Küken aus. Der Plan ging auf. Die Storcheneltern sammelten sie auf und brachten sie zum Nest. Sehr schnell jedoch lernten die Elstern, die auch ihre Kinder füttern wollten, dass da ein Mann mit leckeren Küken durch den Garten ging, und sie klauten binnen Minuten alle. Also mussten wir es irgendwie schaffen, das Zubrot selbst ins Nest zu bekommen.

Matthias wurde zum Storchenpatenonkel und fütterte morgens und abends einem jeden Jungstorch circa zehn Hühnerküken. Sie wurden vorher gut gewässert, damit auch ein wenig Flüssigkeit in die Jungvögel kam. Es war gar nicht so einfach für den auf der obersten Sprosse der höchsten Obstleiter stehenden Mann, die Küken gezielt in das immer noch mehrere Meter höher befindliche Nest zu werfen. Zu Beginn kamen auf einen Treffer an die zehn Fehlversuche. Aber mit der Zeit wurde mein Mann zum besten Hühnerkükenhochwerfer der Nation und die Storchenkinder lernten schnell, sich sehr weit aus dem Nest zu lehnen, um die Küken schon aus der Luft aufzufangen. Sowie die Jungen gelernt hatten zu fliegen, kamen sie schon früh am Morgen zum Schlafzimmerfenster, um zu betteln. Das war einfach zu schön.

Auf diese anstrengende Weise haben wir es zumindest geschafft, diese beiden Jungvögel zu retten, deren Eltern zuletzt gar nicht mehr zum Nest kamen, um zu füttern. Sie brauchten ganz sicher das wenige an Nahrung, das sie finden konnten, für ihr eigenes Überleben. Die Jungen verließen uns sehr spät, wir hatten schon Angst, dass sie bei uns überwintern würden. Aber gegen Ende August blieb das Nest dann immer länger leer. Wie auch immer, sie lernten auch ohne ihre Eltern, sich selbst mit Nahrung zu versorgen. Anfang September schraubten sie sich eines sonnigen Morgens, den Aufwind nutzend, hoch und höher in die Lüfte, und wir wussten, dass sie uns jetzt für immer verlassen würden. Das war ein schweres Gehenlassen. Aber so ist es wohl immer, wenn die Kinder erwachsen werden ...

Störche können trauern

Es folgten zwei gute Storchenjahre, in denen wir einmal drei, einmal zwei Vogelkindern beim Groß- und Größerwerden beobachten konnten. Die Serie von Erlebnissen, die wir machen durften, ist unbeschreiblich.

2021 hatten wir ein regenreiches Jahr mit besonders viel später Kälte und Nässe im April. Bereits sehr früh lag dann ein totes Storchenkind vor dem Nest. Es hatte kaum ein wenig Flaum und es war den Eltern wohl nicht gelungen, es genügend zu wärmen. Wir hatten gerührt beobachtet, wie die Eltern mit ihren breit geöffneten Schwingen versuchten, ihre Kinder vor den schlimmsten Güssen zu schützen.

Anfang Mai sahen wir zum Abend noch die ganze Familie. Vater und Mutter fütterten die beiden Jungen fleißig. Es folgte eine Nacht mit nahezu fünfzig Millimeter Niederschlag. Am nächsten Vormittag hörten wir unsere Altvögel ständig klappern. Sie stocherten im Nest herum. Die Sonne kam heraus und die Regenperiode war zu Ende. Aber die Kleinen hatten diese letzte regenreiche Nacht nicht überlebt.

Seither weiß ich es ganz genau: Störche können trauern! Mindestens eine Woche lang haben die Eltern immer wieder ihre toten Jungen beklappert. Das Klappern der Störche zeigt ihre Erregung an. Sie klappern vor Freude, wenn sie sich wiedersehen. Sie klappern vor Angst und Wut, wenn fremde Störche das Nest bedrohen, und nun weiß ich, dass sie auch vor Trauer klappern.

Mit all diesen Geschichten versteht man vielleicht, dass die Ankunft dieser majestätischen Vögel, die ich seit meiner ganz frühen Kindheit vor fast fünfzig Jahren hier zum ersten Mal wieder gesehen habe und die ich jetzt so nah erleben darf, ambivalente Gefühle in uns auslöst. Zuerst natürlich große Freude, danach jedoch auch immer ein wenig Angst, ob denn in diesem Jahr wohl bitte alles gut gehen möge.

Mit etwa fünf Wochen können die Jungen allein gelassen werden. Dann warten sie, dass die Eltern Futter bringen.

April, April – der macht, was er will

Und das hat er! Er begann mit einer geschlossenen Schneedecke und einigen Frostnächten. Und das, als die ersten Obstbäume zu blühen begannen. Ab morgen soll es wieder Sommer werden, mit Tageshöchsttemperaturen um die 20 Grad.

Die so herrlich gewachsene Kirschpflaume, auf deren Früchte wir uns in jedem Jahr freuen, weil sie zu leckerster Marmelade verarbeitet werden können, scheint es wieder erwischt zu haben, da sie sehr früh blüht. Einige Pflaumen öffnen auch schon ihre ersten Blüten, sind aber insgesamt wohl gerettet, für dieses Mal.

Zum Glück war der Brunnenbauer hier und hat dafür gesorgt, dass wir überall im Garten wieder Wasser haben. Wer weiß, wie schnell wir es bei der nächsten Umpflanzaktion brauchen werden, aber wir werden es sicher bald brauchen.

Aufräumarbeiten

Matthias war auch wieder sehr fleißig. Er hat zusammen mit Jürgen, unserem befreundeten Gärtner, der uns immer mal hilft, eine sehr groß gewachsene Weide an der Blänke gefällt. Sie bedrohte bereits die Obstbäume auf der benachbarten Obstwiese und beschattete außerdem die Blänke zu sehr. Die bei uns ansässigen Laubfrösche möchten ein freies, sonniges Ufer haben und dazu möglichst viele Büsche im Hinterland. Das heißt, wir tun gut daran, die Uferbereiche ziemlich freizuhalten, wenn wir die kleinen grünen Märchenprinzen und -prinzessinnen hier bei uns weiterhin ansiedeln möchten.

Das war wieder eine ordentliche Plackerei, denn gefällt ist solch ein Baum ja schnell, aber das Schnittgut einer 15 Jahre alten Weide zusammenzuschneiden und aufzuschichten, dauert viele Stunden. Die Weide wurde etwa in der Höhe von einem halben Meter abgesägt und wird nun als »Fußweide« eine neue Lebensaufgabe bekommen. Außerdem musste die ehemals in einen abgestorbenen Apfelbaum gepflanzte Rose 'Apple Blossom' hochgebunden werden, nachdem der große Februarsturm sie mitsamt dem toten Baum umgelegt hatte. Zuerst war geplant, sie an drei alten, jetzt neu aufzustellenden Eichenbalken hochzubinden. Die Balken sahen auch sehr schön aus. Als ich eine Stunde später den Herren Kaffee brachte, bot sich mir jedoch ein gänzlich anderes Bild. Sie hatten eine andere Idee gehabt. Die größte Obstleiter (sehr teuer!!!), die Jahr für Jahr schwerer zu werden schien, sodass Matthias sie allein kaum noch in die Bäume brachte, wurde nach dem Motto: »Kann man ja eh kaum noch benutzen!« als Rosenstütze geopfert. »Und schau, wie schön sie sich hier auf der Obstwiese einfügt ...« – Ja, tut sie, aber eine Rosenstütze im Wert eines halben Tausenders, da musste ich schon ein wenig schlucken. Aber wenn es Matthias gefällt und er so einen guten Grund hat, das schwere Teil nicht mehr hin und her tragen zu müssen, dann will ich mich also auch

---

OBEN Die Kirschpflaumen blühen sehr früh, noch im späten März. Sie sind die erste Blütenpracht, das erste größere Nahrungsangebot für Insekten. Bei üppiger Blüte hoffen wir auf große Erntemengen und viele Marmeladengläser im Schrank.

UNTEN Im April zeigt sich der Terrassengarten in einem ersten Höhepunkt. Die in jedem Jahr üppiger werdende Blüte der Zieräpfel (*Malus* 'Red Sentinel') bildet eine optische Einheit mit den vielen Tulpen in den darunter liegenden Beeten.

Sind sie nicht so süß, die Blüten der *Pulsatilla*? Sie kommen mit absoluter Trockenheit in karstigem Boden gut zurecht.

darüber freuen. Und wirklich, sie fügt sich ganz herrlich organisch ein.
Gegenüber dem Waldgarten, auf dem Weg zur Remise gab es einen Gehölzstreifen, der völlig mit Brombeeren, Quecken und Brennnesseln durchwachsen war. Ein Bereich, der jahrelang in die Rubrik »Da müssten wir auch mal ran!« gefallen und nahezu untergegangen war. Im letzten Jahr nun erreichten die Brombeerruten jedoch Höhen von vier bis fünf Metern in den Rosen und Büschen. Jetzt war eindeutig Zapfenstreich. So hat Jürgen »mal eben« in einem Vormittag das gesamte Totholz ausgeschnitten, die Büsche beschnitten, die Brombeeren auf einem Streifen von circa 15 Meter Länge ausgegraben, die Brennnesseln rausgehackt und einen breiten Streifen unter den Gehölzen freigearbeitet. Jetzt sieht es schon besser aus.
Ich sage es ja immer - solche Jungs, die mal so richtig anpacken können, die muss man pflegen. Die wachsen heutzutage kaum noch nach, im Gegensatz zu den Brombeeren und Brennnesseln.

Endlich Pulsatilla!

Das Beth-Chatto-Beet ist voll mit Küchenschellen! Wie oft schon habe ich versucht, diese Pflanzen

BRENNNESSELN

Brennnesseln kennt jeder, und sicherlich gibt es bei den meisten von uns einen großen Raus-damit-Reflex! Verständlicherweise. Denn niemand möchte mit ihnen in näheren, schmerzhaften Kontakt kommen. Dennoch gibt es in unserem Garten jede Menge davon und ich betrachte sie mit respektvoller Freude, denn sie sind nicht nur sehr gesund für uns, sie sind auch eine unglaublich wichtige Futterpflanze für Schmetterlingsraupen.
In jedem Jahr bittet mein Bruder mich um die Osterzeit um seine geliebte **Brennnesselsuppe**. Sie schmeckt sehr lecker und ist eine echte Vitamin-C-Bombe. Außerdem ist Brennnesseltee - leider weit weniger lecker - ein gutes Heilmittel gegen Gelenkbeschwerden. Auch die **Samenstände** sind ein richtiges Superfood. Manches Mal sammele ich sie im Spätsommer, um sie als nussige Ergänzung zu einem frischen Salat zu braten.
Äußerst bekannt und beliebt bei Gemüsegärtnern ist der **Brennnesselsud**. Dafür werden Brennnesseln geschnitten, mit Wasser aufgesetzt und man lässt sie einen Tag oder zwei ziehen. Danach hat man einen tollen **Dünger** für Tomaten und Gurken mit dem Ergebnis, dass man viel zu viele von ihnen ernten und verarbeiten muss.
Aber richtig wichtig ist die Pflanze für unsere Schmetterlinge. In Deutschland konnte man bereits Raupen von etwa fünfzig Arten an dieser Gourmetpflanze entdecken. Darunter häufige Arten wie Admiral, Tagpfauenauge, C-Falter und Kleiner Fuchs. Aber auch seltene Nachtfalter brauchen die Nessel als **Futterpflanze**, genau wie jede Menge anderer Krabbeltiere wie die Nesselwanze, der Nesselrüssler usw. Wo so viele Insekten sind, stellen sich auch die Spinnen ein und alle zusammen sorgen für einen reichlich gedeckten Tisch für unsere Vögel.
Beruhigend zu wissen, dass die Nesseln nicht teuer gekauft und angepflanzt werden müssen. Ganz sicher kommen sie von ganz allein. In unserem Garten sind sie herzlich willkommen! Und wenn ich mich mal wieder ordentlich verbrannt habe, dann denke ich daran, dass unser Schmetterlingsparadies nicht möglich wäre ohne diese biestigen Gesellen.

in meinen Gärten zu etablieren? Nie ist es gelungen, denn der Standort war immer total verkehrt. Jetzt im Trockenbeet vermehren sie sich Jahr um Jahr und es ist eine Pracht. Das finden die Bienen übrigens auch. Zum Beweis findet man selten ein Glöckchen ohne eine pelzige Besucherin.
Die Küchenschelle (*Pulsatilla vulgaris*) ist eine typische Trockenpflanze. Sie steht im Schutt und Sand vor dem Mäuerchen und wird dort niemals gegossen. Anscheinend findet sie das super, denn sie vermehrt sich rege und mäandert durchs Beet. Ich lasse sie stehen, wo immer sie mag.
Und unsere Störche brüten. Häufig bekomme ich jetzt Rückmeldungen von Freunden und Bekannten, die regelmäßig im Umkreis einen unserer Adebare sehen und mir versichern, dass sie dann immer an uns denken. Was für eine hübsche Zugabe! Und immer kommen natürlich die Fragen: Geht es den beiden gut? Wie haben sie die Frostnächte überstanden und gar den schlimmen Sturm neulich? Nun, ich kann leider wenig erhellende Antworten geben. Wir müssen abwarten. Sie brüten jetzt seit gut drei Wochen und zum Wochenende könnte es sein, dass wir die erste Fütterung beobachten können. Dann könnte das erste Kind schlüpfen – puh … wie aufregend.
Gestern haben wir gesehen, wie einer nach der schweren Brut-Arbeit einmal einfach so – nur zum Spaß – die Flügel ausstreckte, um sich im Aufwind in immer neuen Kreisen hoch und höher treiben zu lassen. Es war ein solch wunderbares Bild. Man konnte den riesigen Vogel kaum noch ausmachen am Himmel. Da hat mal jemand die Gunst der Winde zu einem Spazierflug genutzt. Wie schön muss es sein, das zu beherrschen!

Waldsee mit Trauerweide

Neben dem Gartengrundstück besitzen wir ein paar Hektar Wald. Dort gibt es einen kleinen Waldsee mit einer winzigen Insel darin. Jetzt brüten auf diesem See wieder die Kanada-Gänse und ein Entenpaar. Also schleiche ich mich nun oft dorthin, um zu sehen, ob es schon Küken gibt. Der ganze Bereich sieht um diese Zeit, in der die angrenzende Trauerweide ihr frisches Grün hervorbringt, geradezu unwirklich schön aus. Wenn ich morgens mit den Hunden vom Spaziergang in den Wald komme, verweile ich stets einen kurzen Moment und inhaliere tief den herrlichen Anblick. Dieser See hat eine eigene Geschichte. Früher schon, bei all unseren Reisen nach England, haben wir in sehr vielen Parkanlagen herrliche Seen mit gewaltigen Trauerweiden gesehen. Und immer hat sich folgender Dialog zwischen mir und Matthias wiederholt. In romantischen Träumen versunken, beim Anblick des herrlichen Bildes sagte ich dann: »Schaaaatz?« – »Jaaaa?« – »Wenn wir unser Traumhaus bekommen, werde ich dann auch einen See haben mit einer Trauerweide?« – »Na klar!«, antwortete der Mann dann müde, wie es seine Art ist, wenn ich wieder ein wenig herumspinne … Nachdem wir unser Haus im Frühjahr gekauft hatten, haben wir uns bei einem Besuch entschieden, nun aber erst einmal genau das Gebiet abzugehen, um zu sehen, was wir da eigentlich alles erstanden hatten. Und bald schon kamen wir zu der Stelle, an der es mir den Atem verschlug. Wir standen vor einem kleinen See mit einer Insel, flankiert von einer riesigen Trauerweide!!! Davon

Ein Leben lang wünschte ich mir einen kleinen See mit einer riesigen Trauerweide im Hintergrund. Eigentlich war es ein unrealistischer Wunsch, aber er hat sich dennoch erfüllt.

Unsere Haustiere sind Familienmitglieder. Sie finden in unserem Garten »mit Blick auf die Magerwiese« ihre letzte Ruhe. Mit ihnen auch Hühner, Schleiereulen, Eichhörnchen usw.

hatten wir nichts gewusst. Mir schossen die Tränen in die Augen und ich wusste sofort: »Jetzt bist du zu Hause angekommen!« Und ich hauchte, mit meinen Gefühlen kämpfend: »Schatz! Was ich mir immer gewünscht habe. Ein See und eine Trauerweide!« Und was sagte der Mann darauf? – »Hab ich dir doch versprochen!« Oh Mann, Männer! Aber vergessen werde ich das dennoch nie und genießen kann ich das wunderbare Bild für den Rest meiner Tage.

Abschiede

Schon immer haben wir unsere verstorbenen Tiere in unseren Gärten beerdigt. Das war schon so bei meinen Großeltern und bei meinen Eltern. Und alle Katzen, die wir je hatten und haben werden, bekommen hier im Garten nun auch ein Grab. So oft hatte ich in den großen Anwesen Englands vor Tierfriedhöfen gestanden. Dort werden die verstorbenen Familientiere mit einem kleinen Grabstein geehrt. Oft las ich dort rührende Worte, wie »Kitty - beloved cat.« Stets hatte ich dann das Gefühl, dass viele Briten ihre Tiere mehr ehren und achten, als es hier in Deutschland oder gar in südlicheren Gefilden der Fall ist. Jedenfalls hatten wir bereits bei der ersten Grobplanung unseres Gartens einen kleinen Bereich im »Warmen U« als Tierfriedhof vorgesehen.

In den letzten acht Jahren mussten wir drei unserer geliebten Fellkinder gehen lassen. Jetzt wollte ich endlich die englische Tradition hier aufgreifen. Ich ging zum Steinmetz und bestellte drei kleine Grabsteine, die die Männer in der letzten Woche zu Kopf der kleinen Wiesengräber einarbeiteten. Nun muss das Gelände noch egalisiert und dann regelmäßig gemäht werden. Man mag uns ja gern für verrückt erklären, aber mich machen die kleinen Steine froh. Sie erinnern mich jedes Mal an die verstorbenen Schätze. Nicht, dass ich sie je vergessen könnte, aber nun berührt mich der Blick in ihre Richtung ein klein wenig mehr. Und möglicherweise erreiche ich mit den Steinen bei Gartenbesuchern das Gleiche, was ich in England immer wieder erlebt habe. Vielleicht halten sie einen Moment inne, erinnern sich ihrer Schätze und verweilen einen Moment in dieser Erinnerung, ganz nah bei ihnen.

Noch ein neues Beet

Das neue Beet ist fertig bepflanzt! Gott, was war das für eine blöde Arbeit. Unser Freund Jürgen war sich nicht zu schade, einen ganzen weiteren Vormittag damit zu verbringen, mit der Grabegabel die etwa fünfzig Quadratmeter neu entstandenes Beet zehnzentimeterweise durchzuarbeiten und von Brennnesselwurzeln zu befreien. Anschließend hat Matthias uns mit dem Hoftrecker ein paar Schaufeln Komposterde auf das Beet geworfen und meine Gartenfreundin Petra und ich haben diesen verteilt.
Danach konnte die Pflanzaktion beginnen. Gut, die ersten 75 Elfenblumen (*Epimedium*) hatte ich vom Staudenhändler bekommen. Die machten ja noch Spaß. Jürgen hatte uns schon einige Beinwellableger (*Symphytum grandiflorum*) aus seinem Garten mitgebracht, Petra im Kofferraum Lungenkrautableger (*Pulmonaria officinalis*). Nach dem Pflanzen war leider noch immer jede Menge Beet übrig. Da es einerseits nicht zu viel Geld kosten sollte, wir andererseits eh sehr viele Pflanzen aus den Beeten entnehmen mussten, die sich in andere Stauden eingewachsen hatten, gingen wir dann daran, alle Beete vom Braunen

Storchschnabel (*Geranium phaeum*) zu befreien, der sich üppigst in schattigen Bereichen versamt und entwickelt hatte. Das bedeutete doppelte Arbeit oder dreifache: Stauden ausgraben, Löcher mit mühsam vom ganz anderen Ende des Gartens angefahrener Erde auffüllen, Stauden einpflanzen. Richtig Spaß bekommt man, wenn sich üppig ausbreitende Stauden in andere hineinwuchern. Dann muss der Staudenwust gewässert werden und man versucht vorsichtig, die Pflanzen auseinanderzuoperieren. Nicht meine Lieblingsarbeit, ganz ehrlich! Aber gut, nach vielen Stunden haben wir es endlich geschafft.

Das Beet wird im Herbst noch mit vielen Zwiebeln bestückt - so ist der Plan - und dann hoffe ich, dass in spätestens zwei Jahren keine Erde mehr sichtbar ist und die wilden Frühlingsstauden für frühe Insekten einen großen Teller mit Nahrung bereitstellen. Jedenfalls - wenn man bedenkt, dass ich auf keinen Fall noch ein neues Beet anlegen wollte - hat ja mal wieder perfekt geklappt mit den guten Vorsätzen.

Bei just diesen Arbeiten hörten wir die Falken rufen. Sie haben jetzt ihren Nistkasten besetzt. Ein wenig mussten sie sich noch mit einem Taubenpaar, das ebenfalls großes Interesse am preiswerten Wohnungsangebot zeigte, streiten, aber nach einem Tag war die Sache unter den Tieren geklärt. Nun bleibt nur noch, den Eichhörnchen zu erklären, dass sie bitte die Eier oder auch die Brut dieses Mal im Nest belassen - das Ergebnis ist noch offen.

Große Freude bei den Störchen

Das erste Storchenküken ist geschlüpft! Wir haben im Garten gearbeitet, als wir plötzlich sehr starkes Klappern beider Störche vernahmen. Nix wie hin zum Nest! Und dann sahen wir es tatsächlich: Beide Eltern beugten sich über das Nest, klapperten wie wild ihr Glück aus sich heraus und pickten mit den Schnäbeln ganz vorsichtig im Nest ein wenig hin und her.

Nun gilt es, doppelt die Daumen zu drücken, dass dem Kleinen und allen hernach ausschlüpfenden Jungen nichts passieren mag. Es sind diese Momente, die uns so unglaublich anrühren und einen für einige Mühen so sehr entschädigen.

Und was gibt es noch?

Eine gute Nachricht: Die Obstblüte scheint in diesem Jahr auch nicht von Spätfrösten gefährdet. So können wir auf eine reiche Ernte hoffen.

Jubeln vor Glück könnte ich im Moment bei jedem Blick aus dem Küchenfenster. Der Terrassengarten hat seinen ersten Höhepunkt. Die Zieräpfel stehen in voller Blüte und darunter blühen 400 Tulpen in den vier Beeten. Dazu dann das frische Grün der aufwachsenden Stauden - ein wunderbarer Anblick, der nicht schöner sein könnte. Allerdings mussten wir hier bereits zweimal ausgiebig wässern, denn seit nun vier Wochen hat es gerade einmal sechs Millimeter geregnet und die nächsten zwei Wochen ist auch kein Regen angesagt. Jetzt ist es an der Zeit, alle Beete einmal gut zu wässern. Wir nehmen uns täglich ein bis zwei vor. Sonst haben die Stauden keinen guten Start

VEREDELUNGEN

Matthias hat mit seiner allerliebsten Lieblingsarbeit begonnen. Er veredelt Obstbäume. Da es leider oft passiert, dass man bestimmte Obstsorten bestellt, dann aber ganz andere Sorten bekommt, weil die Bäume falsch ausgezeichnet sind, ist das die einzige Möglichkeit, sich wirklich »sein« Obstsortiment anzulegen. Richtig ärgerlich ist es, dass man ja erst nach Jahren, wenn der erste Apfel am Baum reift, den Fehler bemerkt. Dann muss man den bereits wunderbar gewachsenen Baum wieder zusammenschneiden, um schließlich von Freunden und zuverlässigen Stellen die hoffentlich richtigen Reiser auf die Bäumchen zu veredeln. Eine Arbeit, die meinem Mann wirklich große Freude bereitet.

Mir tut es leid um die schon großgewachsenen Bäume. Aber ich gebe zu, die veredelten Reiser wachsen mit so großer Kraft in die Höhe, dass man nach einigen Jahren fast nichts mehr sieht. Endlich kann man sich an den herrlichen und richtigen Früchten satt essen.

OBEN Auch der kleine Merlin, Alis Bruder, ist mit 15 Jahren schon ein Senior. Was ihn jedoch nicht davon abhält, mich regelmäßig bei der Gartenarbeit aufs Beste zu unterstützen.

UNTEN Unser Mondo auf dem Weg zur nächsten dicken Backe. Er wurde für die Jagd gezüchtet. Da es bei uns verboten ist, Reh und Hirsch zu jagen, konzentriert er sich jetzt auf Bienen.

LINKS Ali, mein Seelenkater, ist alt und krank. Er ist ein Diabetiger. Aber er geht jeden Tag raus und verbringt viel Zeit im Terrassengarten.

Der Terrassengarten

Nachdem wir uns entschieden hatten, die Scheune zu unserem Wohnhaus auszubauen und zu beziehen, begannen die Überlegungen zur Anlage eines Terrassengartens. Für mich sah es lange Zeit so aus, als müsste ich die Quadratur des Kreises erfinden.

Gartenbereiche

Denn die leicht erhöhte Scheune lässt den Blick weit ins ein wenig abfallende freie Gelände schweifen. Etwas, was wir uns nicht nehmen lassen wollten. Gleichzeitig ist der Gartenbereich vor den großen verglasten ehemaligen Scheunentoren auch genau der, in dem man sich geborgen und umfangen fühlen möchte. Niemand fühlt sich auf einer erhöhten freien Terrasse wohl, wenn man sich wie auf dem Präsentierteller befindet. Also drehten sich meine Gedanken zu diesem wichtigsten Gartenbereich noch lange Zeit im Kreis, nachdem alle anderen Bereiche des Gartens zumindest auf dem Papier schon fertig geplant waren.

Klosterbeete

In unserem früheren Hausgarten, im Süden Kölns, hatte ich bereits ein kreisrundes viergeteiltes Beet angelegt, alle Beete mit Buchs eingefasst, die Wege gepflastert, die Mitte mit einer bepflanzten Amphore betont. Solch einen klar gegliederten, an alte Klostergärten erinnernden, formalen Gartenteil wollte ich hier auch wieder anlegen. Dann hatte ich immer ein Bild im Kopf vom Rosengarten in Mottisfont Abbey, dessen Mittelpunkt ein kleines, rund gemauertes Wasserbecken bildet, betont mit einer Raubritterrose. Hier saß ich oft und jedes Mal kam ich mir vor wie die Prinzessin im Märchen »Froschkönig«. Diese beiden Stilelemente waren also schon einmal gesetzt. Vier Beete, alle gleich groß, in der Mitte ein kleines, rundes, ummauertes Wasserbecken. Die Wege sollten mit alten Backsteinen – genau wie die Terrasse – gepflastert werden. Um die vier Beete in gerader Ebene anlegen zu können, musste der abfallende Bereich leicht terrassiert und der höher liegende Terrassenbereich mit einem Mäuerchen abgefangen werden. Nun betritt man die Beete über ein kleines gemauertes Treppchen. Die parallel zur Terrasse liegenden Wege sollten irgendwohin führen. Also wurden an ihren Endpunkten kleine Halbrunde ausgepflastert, mit Bänken bestückt und nun kann man von hier wunderbar geschützt den Terrassengarten aus ganz anderen Perspektiven genießen.

Bepflanzung

In die Mitte der vier Beete wurden je ein Zierapfel *Malus* 'Red Sentinel' gepflanzt. Mein absoluter Lieblingszierapfel. Er blüht überaus üppig im Frühling, bekommt eine nur lockere Krone, sodass er die darunter liegenden Beete zwar beschattet, aber nur leicht. Er entwickelt einen so zauberhaften Fruchtschmuck im Herbst und erfreut außerdem noch mit einer bunten Herbstfärbung der Blätter. Die winzigen roten Äpfelchen, die in großen Mengen an den Ästen hängen, zieren den ganzen Winter über als roter Schmuck den Baum. Erst nach dem ersten Frost scheinen sie für die Amseln essbar. Dann ernähren sie diese Vögel über Wochen. Also, sollte ich je in einem winzigen Garten nur einen kleinen Baum pflanzen können, ich pflanzte genau diesen.

OBEN Kurz nach Fertigstellung erkennt man die Struktur des Terrassengartens sehr gut. Noch fehlen Torpfosten und Tore. Die erhöhte Terrasse soll durch die Tore auch später den Blick in die Ferne ermöglichen, die Hecke den Gartenbereich einfrieden.

UNTEN Ein paar Jahre später zeigt sich ein gänzlich anderes Bild. Die Rose 'Aspirin' umgibt die Terrasse, die Rambler haben den Laubengang erobert und alles umgibt eine Eibenhecke.

Es ergeben sich ständig neue Bilder, die immer wieder komplett anders sind, je nachdem, aus welcher Ecke man schaut. Eines schöner als das nächste.

In den Beeten und drum rum

Eingefasst hatte ich die Beete zuerst mit *Ilex crenata*, der Japanischen Stechpalme. Ein ebenso teures wie erfolgloses Unterfangen. Die Pflanzen wollten über Jahre nicht richtig anwachsen. Vor zwei Jahren entschied ich mich für einen zweiten Versuch. Der Ilex wurde entfernt und zur Einfassung kleiner Beete im Gemüsegarten verwendet. Dafür erstand ich mehrere Hundert kleine Eiben der Sorte 'Renke's Kleiner Grüner'. Bereits im ersten Jahr konnte ich mich über mehr Wachstum freuen als in all den Jahren zuvor beim Ilex.
Alle Beete wurden schon ganz oft mit etlichen Zwiebelblumen bestückt. Man sollte es eigentlich aufgeben. Denn sie kommen nur zu geringem Anteil im Frühling aus der Erde. Wir versorgen ja gern die Vögel mit Bergen von Vogelfutter, aber die Wühlmäuse mit Bergen von Zwiebeln mag ich ungern füttern. Ich kenne Gärtner im Freundeskreis, die in jedem Jahr mehrere Tausend Tulpenzwiebeln in Töpfe pflanzen, die sie dann unter großen Mühen in die Erde bringen. Das sieht so unglaublich zauberhaft aus im Frühling, dass ich immer wieder vor Neid ganz grün werde, aber ich werde das definitiv nicht anfangen. Dann ziehe ich mich auf das einmal von Prinz Charles in Highgrove gehörte Zitat zurück: »You should garden with nature, not against!« So oder so sehen die Beete in jedem Frühling, Sommer und Herbst überaus zauberhaft aus. Sie wurden und werden weiterhin üppigst bepflanzt (oft auch zu üppig ... von wegen der Gier ...), aber es lohnt sich. Die Beete in Pastelltönen sind ein Traum über Monate hinweg und haben eine ganz wunderbar romantische Anmutung.

Im Herbst pflanze ich in die Beete dieses Bereichs je 100 Tulpen. Einige aus den Vorjahren kommen dazu, viele verspeisen die Wühlmäuse schon im ersten Winter.

Auf der Terrasse und am Haus

Die Terrasse selbst, das war mir schnell klar, sollte in einem Meer von weißen Rosen untergehen. Dafür wählte ich die Rose 'Aspirin', die zweimal im Jahr sehr zuverlässig blüht. Einmal im Juni über und über in Weiß und komischerweise im Herbst ein zweites Mal in zartem Rosé. Zusammen mit den an der Hauswand emporrankenden Kletterrosen 'Hella' ist das ein Traum in Weiß, der ankommenden Besuchern während der Hauptblütezeit den Atem stocken lässt. Als Unterpflanzung für die Rosen hat sich die Katzenminze 'Snowflake' durchgesetzt, die sich gern versamt und auch größere Trockenheit gut verkraftet, dabei schon im Frühling Mengen von Hummeln anzieht.

Hinter dem Eingangstor, unter den beiden Fenstern des Gästezimmers, gibt es noch ein schmales Beet, in dem sich mehrere *Euphorbia characias* ssp. *wulfenii* versamt haben. Die Mutterpflanze ist während einer großen Kälte abgestorben, aber einige Sämlinge haben es geschafft, zu überleben. Ich liebe diese Pflanze besonders. Sie schmiegt sich gut an die Hauswand und blüht bereits im Februar bis in den Frühsommer hinein. Das zarte Grün-Gelb der Blüten ist einfach nur zauberhaft. Außerdem wurden in diesem Beet noch eine Säckelblume (*Ceanothus*), eine lachsrosa blühende Zierquitte (*Chaenomeles japonica*) der Sorte 'Cameo' und eine übrig gebliebene 'Aspirin' gepflanzt. Auch machen sich zwei Lorbeerblättrige Zistrosen (*Cistus laurifolius*) ganz hervorragend. Als Bodendecker haben sich mehrere Katzenminzen aus den Aspirinbeeten versamt. Entstanden ist ein kleines, aber mit der Zeit ganz wunderbar

englisch anmutendes Beet, das die Fenster nicht besser einrahmen könnte.

Vorsicht bei der 'Kiftsgate'

Nun gab es aber noch das Problem: Wie sollte der restliche Bereich des Terrassengartens gestaltet werden? An die Zukunft gedacht, haben wir uns entschlossen, einen barrierefreien Weg anzulegen, der durch ein die Klosterbeete umgebendes Mäuerchen abgetrennt ist. Dahinter entstanden dann zwei eher schattige Beete, die einen ersten Höhepunkt im frühen Frühling haben, wenn etwa zwanzig *Helleborus* darin aufblühen. Die andere Seite sollte durch einen mit diversen Ramblern bewachsenen Laubengang eine einfriedende Atmosphäre schaffen.

Bepflanzt hatten wir mit mehreren Exemplaren der Rose 'Perennial Blue' und mit sowohl einer 'Kiftsgate' in Weiß als auch einer in Violett. Oje. Großer Fehler. Ich wusste es eigentlich besser und man hatte mich auch gewarnt. Aber die Gier nach schnellem Wachstum hatte meinen Verstand gefressen. Man kann eine Rose 'Filippes Kiftsgate' eigentlich nirgendwohin pflanzen. Selbst im Garten Kiftsgate gibt es keine mehr. Sie ist einfach zu wüchsig. Mindestens fünf Meter äußerst stacheliges Gestrüpp kommt in jedem Jahr binnen kürzester Zeit aus den zurückgeschnittenen Stöcken. Und der stachelige Rückschnitt ... Nein, das ist wirklich kein Vergnügen! Nach fünf Jahren sollte sie weichen. Dafür musste ein gestandener Kerl anrücken. Matthias und ich hätten es nur mit einer Stange Dynamit geschafft. Also merke: Niemals eine 'Kiftsgate' in die Nähe von was auch immer pflanzen. Sie übernimmt das Regiment binnen kürzester Zeit. Die violette Form kann man nehmen. Sie ist einigermaßen im Zaum zu halten, blüht sehr schön offen und ist eine unglaubliche Bienenweide.

LINKS Nach unglaublichen drei Jahren waren die Rambler so stark gewachsen, dass sich dieses Bild ergab. Auf der linken Seite sieht man die weiße 'Kiftsgate'. Sie ist extrem starkwüchsig und schiebt locker Triebe von fünf Metern in einem Jahr.

Prinz Ali als Rosenkavalier. Er nutzt alle Liegeplätze auf der Terrasse sowie die beiden Bänke zwischen den Klosterbeeten.

Mit Weitblick und doch abgeschirmt

Übrig blieb immer noch die Frage, wie wir denn letztendlich gleichzeitig einen offenen und einen geschlossenen Gartenbereich schaffen konnten. Denn einerseits wollten wir den Parkgarten mit der Allee überblicken und andererseits sollte der Terrassengarten uns umfangen. Die Antwort war eine klassische Hecken- und Torlösung.

Durch mehrere schmiedeeiserne Tore hat man immer den Blick in die Ferne und dank einer den Garten umgebenden Eibenhecke, die, noch im Wuchs befindlich, jetzt circa 1,40 Meter hoch ist, haben wir den erwünschten Schutz. Die Quadratur des Kreises ist also geglückt! Wir fühlen uns sehr geborgen innerhalb der Hecke und können dennoch immer über diese und durch die Tore in die Weite schauen.

Im Laufe der Jahre sind die alten Backsteine, die als Baumaterial benutzt wurden, vermoost und mit einigen Flechten überzogen. Die eine oder andere Fuge wurden wegen des Kalkes von brütenden Spatzen angepickt. Der ganze Garten bekommt nun eine alte Anmutung. Mehr und mehr sieht er genauso aus, wie ich ihn mir gewünscht habe – wie ein alter westfälischer Bauerngarten. Und das größte Kompliment, das man mir als Besucher machen kann, ist es zu sagen: Ach, dieser Gartenteil ist aber schon alt, nicht?

Unseren Käfern wird es mulmig

An der Blänke stirbt eine der alten Tannen. Sie hat nahezu keine Nadeln mehr. Alle meinen: »Der Baum muss weg! Der ist nahezu tot. Der nutzt niemandem mehr.« Aber stimmt das denn wirklich?

Inzwischen hat es sich ja herumgesprochen, dass man Totholz im Garten an manchen Stellen hinlegen oder liegen lassen soll. Denn es ist ein wichtiger Futterlieferant für etliche Tiere, vor allem für Käfer.

Totholzbesucher

Von enormem ökologischen Wert sind allerdings auch alte, absterbende oder bereits tote Bäume. Es ist sogar so, dass bei einem langsam absterbenden Baum die Artenvielfalt über die Jahre und Jahrzehnte hinweg insgesamt höher ist als bei allem anderen Totholz. Wir sehen das ganz deutlich bei unserer Tanne: In ihrer Rinde zeigen sich jetzt bei ihr jede Menge Alterungsmerkmale wie Risse und Abplatzer und in jeder dieser Unebenheiten tummelt sich das Leben. Jeder Hohlraum wird zum Rückzugsort für unterschiedlichste Insekten. Diese wiederum ziehen die Vögel an. Spechte klopfen auf der Futtersuche die lockere Rinde ab und hauen Höhlen in das Stammholz. Die Insekten zersetzen die Zellulose, koten in die kleinen Rillen und Nischen und ziehen wieder Mikroorganismen und Pilze an, die ihr weiteres Werk vollbringen. Diverse Würmer, Schnecken, Asseln und Tausendfüßler steigen nun in das vermodernde Holz, es mietet sich für Jahrzehnte eine Großstadt voll von Individuen in unserer absterbenden Tanne ein. Und wenn genügend Zellulose abgebaut ist, nimmt eine kleine Armee von Käfern ihr Festmahl ein, den entstandenen Holzmulm, für Jahre!

Eine der schönsten Tannen aus der ehemaligen Weihnachtsbaumplantage. Die Trockenheit hat sie sterben lassen. So wird es nahezu allen Nadelbäumen in den nächsten Jahren ergehen.

Lebensraum

Es wird also so sein, dass wir die völlige Zersetzung unserer Tanne in den nächsten 20–25 Jahren, unserer statistisch zu erwartenden Lebenserwartung, nicht mehr erleben werden. Aber wir werden für Unmengen an Tieren, Pflanzen und Pilzen einen Lebensraum schaffen. Und im Frühling pflanze ich auf jeden Fall einen schnell wachsenden Rambler dran. Er wird das alte Gerüst noch lange halten können. So wird unsere Tanne in ein paar Jahren zehn Meter hoch mit einem Rausch von bienenweidenden weißen Blüten in die Ferne leuchten. Sie wird uns alle noch überleben, die tote Tanne.

Die Blänke

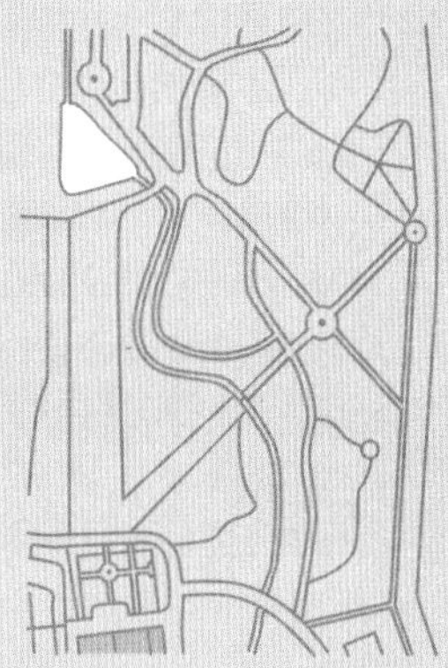

Gartenbereiche

Eine Blänke ist kein Teich, sondern ein Gewässer, das als Naturteich so konzipiert ist, dass es alle paar Sommer einmal trockenfallen soll, damit sich im Wasser keine Fische ansammeln. Denn die würden den Amphibien und ihrer Kinderschar gefährlich werden.

Warum entschieden wir uns überhaupt für einen so großen wasserführenden Bereich? Nun, Wasser braucht ein jedes Lebewesen! Also wollten wir allen fliegenden, laufenden und krabbelnden Tierchen in unserem Garten genügend davon anbieten. Unter dem Storchennest hat sich die Blänke mit den Jahren wunderschön zu einem wichtigen Feuchtbiotop entwickelt, zu einem wahren Dorado für Pflanzen und Tiere.

Dass wir nur wenige Jahre später bereits im späten Frühjahr kaum noch Wasser in der Blänke haben würden, weil es schlichtweg kaum noch regnet in letzter Zeit, damit hatten wir für eine ferne, aber keinesfalls für eine so nahe Zukunft gerechnet. Zunächst war die Blänke stets mit reichlich Wasser gefüllt. Und zu unserer Freude breitete sich ein stattlicher Bestand von Brunnenkresse (*Nasturtium*) aus. Genug, um immer frischen Salat ernten zu können. Auch andernorts entwickelten sich die wilden Bereiche, sodass die ersten Vögel einzogen, denn sie fanden jetzt genügend Nahrung vor, da wir bei der Pflanzung von Büschen und Kleinbäumen stets darauf achteten, beerentragende heimische Sorten zu wählen. Gemäht wird auch nicht mehr die gesamte Fläche, sondern nur noch die Wege, damit in den sich langsam ausbreitenden Wildstauden und Gräsern niemand gestört wurde.

Totenkopfschwärmer

Ein besonderes Erlebnis war eine Sichtung des Totenkopfschwärmers (*Acherontia atropos*), eines Nachtfalters, der eigentlich nur in Südeuropa vorkommt. Damals entschieden wir uns, dass wir entlang des Nord-Süd-Weges eine Wildblumenwiese haben wollten. Hier sollten viele Insekten eine Heimat und Futter finden.

FLEDERMAUS UND UHU

Im Sommer ist die Zeit gekommen, an der kleinen Steinbank das Erwachen der Fledermäuse zu beobachten, kaum dass es dämmert. Sie sausen wie die Verrückten über den Teich, aber natürlich auch über den gesamten Garten. Jetzt müssen sie aber einmal schleunigst ihr spätes Frühstück einnehmen. Und unter den großen Tannen habe ich schon mehrfach ein handtellergroßes Uhu-Gewölle gefunden. Auch so sind die weißen Hinterlassenschaften dieses imposanten Vogels nicht unauffällig, aber zu sehen bekomme ich ihn leider nicht.

Pflanzen

Im Sommer blühen an der Blänke diverse Sumpf-Schwertlilien (*Iris pseudacorus*), vor allem die heimische, gelb blühende vermehrt sich üppig. Aber ich erfreue mich auch an den nicht heimischen blauen und weißen Varietäten. Sie verzaubern die Blänke zu einem magischen Ort. Bald schon werden wir in den die Blänke an der Ostseite umgebenden Sträuchern und Brombeeren die ersten winzigen Laubfröschchen entdecken können.

Auf einem größeren Gebiet im Rohboden wächst inzwischen die Vogel-Wicke (*Vicia cracca*) und verwebt sich mit der Wiesen-Platterbse (*Lathyrus pratensis*), was aussieht wie ein großer Blumenstrauß. Man möchte gar nicht fortsehen! Im feuchten Bereich unten in der Blänke wächst unfassbar viel Igelkolben (*Sparganium*). Sie sind hier mit Rohrkolben (*Typha*), Seggen (*Carex*) und Binsenarten (*Juncus*) vergesellschaftet.

PFLANZEN IN DER BLÄNKE

DEUTSCHER NAME	BOTANISCHER NAME	HÖHE	BLÜTEZEIT	BESONDERHEITEN
Beinwell	*Symphytum officinale*	100-120 cm	Juni-Juli	hübsches Laub, Bienenweide
Blut-Weiderich	*Lythrum salicaria*	100-120 cm	Juni-August	blüht sehr früh
Echtes Mädesüß	*Filipendula ulmaria*	100-120 cm	Mai-Juni	herrliche Blüten
Großblütige Braunelle	*Prunella grandiflora*	100-120 cm	Juni-Juli	blüht sehr früh, bildet Ausläufer
Schmalblättriges Weidenröschen	*Epilobium angustifolium*	100-120 cm	Juli-September	blüht sehr früh, Raupenfutter
Sumpf-Kratzdistel	*Cirsium palustre*	100-120 cm	Juni-Juli	Nektarpflanze
1 Sumpf-Schwertlilie	*Iris pseudacorus*	100-120 cm	Juni-August	blüht sehr früh, wunderschön
Sumpf-Wolfsmilch	*Euphorbia palustris*	100-120 cm	Mai-Juni	schöne Herbstfärbung
Tüpfel-Johanniskraut	*Hypericum perforatum*	100-120 cm	Juni-Juli	blüht sehr früh, Pollenpflanze
Vierkantiges Weidenröschen	*Epilobium tetragonum*	100-120 cm	Juni-September	hübsches Laub, Blüte unscheinbar
Vogel-Wicke	*Vicia cracca*	100-120 cm	Juli-September	blüht sehr früh
Wiesen-Platterbse	*Lathyrus pratensis*	30-60 cm	Juni-August	blüht im Sommer
Wiesen-Schafgarbe	*Achillea millefolium*	30-50 cm	Juni-August	Insektenmagnet
Wiesen-Schwertlilie	*Iris sibirica*	60-100 cm	Mai-Juni	breitet sich aus
Zottiges Weidenröschen	*Epilobium hirsutum*	50-100 cm	Juni-August	breitet sich aus
ORCHIDEEN				
Breitblättrige Ständelwurz	*Epipactis helleborine*	40-50 cm	Juni-August	versamt sich
4 Breitblättriges Knabenkraut	*Dactylorhiza majalis*	20-40 cm	Juni-Juli	versamt sich nach Jahren
SUMPFBEREICH				
Ästiger Igelkolben	*Sparganium erectum*	60-100 cm	Juli-August	schöne Früchte
Breitblättriger Rohrkolben	*Thypha latifolia*	130-150 cm	Juli-August	schöner Früchtestand
Echte Brunnenkresse	*Nasturtium officinale*	5-10 cm	Mai-Juni	essbarer Salat
5 Europäische Wasserfeder	*Hottonia palustris*	10 cm	Mai-Juni	Rote Liste: gefährdet
Froschlöffel	*Alisma plantago-aquatica*	40-60 cm	Juni-August	aufregender Blütenstand
Pfennigkraut	*Lysimachia nummularia*	5-10 cm	Mai-Juni	breitet sich aus, Rote Liste: extrem selten
3 Sumpfdotterblume	*Caltha palustris*	15-30 cm	April-Juni	blüht früh
Sumpf-Schaumkraut	*Cardamine dentata*	30-40 cm	April-Juni	blüht sehr früh, Rote Liste: gefährdet
Tannenwedel	*Hippuris vulgaris*	10-30 cm	Juni-August	sieht aus wie Nadelwald
2 Wasserhahnenfuß	*Ranunculus aquatilis*	10-20 cm	April-August	giftig

1

2

3

4

5

Mai – wahrlich ein Wonnemonat

Der Mai ist sozusagen der Wachstumsmonat, jetzt geht alles ganz schnell. Die Wachstumsgeschwindigkeit bei den Stauden nimmt rasant zu. Und die Beete füllen sich von Tag zu Tag mehr.

Habe ich vorige Woche noch gedacht: »Ah, da solltest du aber unbedingt noch ein paar Pflänzchen hineinsetzen!« – frage ich mich heute schon: »Wohin noch mal?« Auch kommen nun mit Macht die ersten Blütenträume ans Licht.
Die meisten Staudenbeete haben sich nun nahezu komplett geschlossen. Wenig Platz zwischen den Pflanzen bedeutet wenig Beikraut, das Platz findet, sich auszubreiten. Jetzt besteht die Hauptarbeit in den Beeten darin, sie vom sie umgebenden Wiesengrün abzugrenzen. Beide Pflanzenarten, die Gräser der Wiese und die Stauden der Beete, haben die verheerende Neigung, das jeweils benachbarte Territorium einzunehmen. Aber insgesamt hält sich die aufzuwendende Arbeitszeit pro Beet im Rahmen.

Das neue Beet

Anfang Mai hat sich das neue Beet gut entwickelt. Alle Pflanzen sind gut angewachsen und beginnen sich breitzumachen, wie es sein soll. Matthias war ein fleißiger Gießer und hat so den Pflänzchen zu einem wirklich tollen Start verholfen. Nun muss sich alles im Laufe des Jahres schließen.

OBEN Seit meiner Kindheit liebe ich die englischen Bluebells so sehr. Ganze Wälder leuchten im Mai von Weitem in Blau. Ich wollte zumindest so etwas Ähnliches haben und so wurden Hunderte von Hasenglöckchen in den Waldgarten gepflanzt.

UNTEN Vor zehn Jahren wurden einige wenige *Geranium nodosum* auf den Waldhügel gepflanzt. Sie versamen sich enorm und so ergibt sich nun im Mai ein blauer Zauber, der sich über alles legt. Eine perfekte Pflanze für den trockenen Schatten.

Leider stellt sich nun auch heraus, dass eine Forsythie, die bereits beim Kauf des Hauses an der Stelle stand, und eine von uns gepflanzte Wildrose der Sorte 'Maigold', die üppigst früh im Mai meterhoch ihre gelben, offenen Blüten für die Bienen öffnete, an einer Krankheit nahezu eingegangen sind. Ich habe nun beides stark heruntergeschnitten und zumindest bei der Rose hoffe ich noch. Um die ökologisch nichtsnutzige Forsythie sorge ich mich ehrlich gesagt nicht so.

Pinetum und Waldgarten

Neben dem neuen Beet kommt nun bei gemähter Wiese das kleine Pinetum ganz neu zu Ehren. Wir pflanzten es vor Jahren als Windblocker für den Terrassengarten und nun sind die Bäume wirklich schon groß und schließen sich teilweise bereits. Alles überragend der Mammutbaum, den Matthias zum 60. Geburtstag von Kollegen als Topfbäumchen geschenkt bekommen hatte. Jetzt hat er sich bereits zu einem prächtigen Exemplar entwickelt. Im Waldgarten blühen zu meiner Freude die Waldhyazinthen. Sie vermehren sich prächtig. Der einzige Wermutstropfen ist die Tatsache, dass es sich nicht um die englischen Blue Bells (Hyacinthoides non-scripta) handelt, die gefühlt ganz Großbritannien Anfang Mai in ein blaues Licht führen, sondern um die bei uns Hasenglöckchen genannten *Hyacinthoides hispanica*. Ich habe immer wieder versucht, die englischen zu bekommen. Aber auch wenn man genau diese bestellt – bekommen tut man meist die spanische Variante. Also will ich zufrieden sein mit dem, was ich habe. Sie vermehren sich gut in unserem Waldgarten und es ist eine

Die Magerwiese hat im Mai ihren ersten Höhepunkt, die Margeriten blühen mit den Knautien um die Wette, während diverse Kleesorten im Verblühen dem unteren Bereich Farbe geben.

große Freude, sie zu sehen und auch zu riechen. Überhaupt! Der Waldgarten ist in diesem Jahr so schön. Leider kann die Magie, die er aussendet durch kein Foto eingefangen werden. Wir haben in den letzten Jahren so viel in ihn hineingepflanzt - jetzt dankt er es uns. Es findet sich nahezu keine unbedeckte Stelle mehr. Auch wenn es nicht so üppig blüht wie in den anderen Beeten, es ist dennoch ein herrliches Ambiente. Besondere Freude macht mir in dieser Zeit der sich überall versamende Knotige Storchschnabel (*Geranium nodosum*). An so vielen Stellen kommen blühende Sämlinge zum Vorschein und der Hügel neben dem Teich sieht aus, als sei er mit feinstem blauen Schleier abgedeckt. Wunderschön, einfach herzergreifend. Einziger Negativpunkt: Der Buchsbaumzünsler hat einige bereits recht große Buchskugeln, die im blühenden Durcheinander für nötige Struktur sorgten, ratzekahl gefressen. Sie werden wohl nicht mehr zu retten sein. Ich werde sie im Herbst entnehmen und gegen Eiben, die mit der Zeit die gleiche Größe bekommen werden, ersetzen.
Auch an anderen Stellen hat der gefräßige Zünsler gut zugeschlagen. Zum Glück stehen die Buchse unter den Linden und die in der Nord-Süd-Achse noch relativ gesund im Grün. Sollten die einmal verloren sein, wird der Garten für viele Jahre an Struktur verlieren. Ähnliches habe ich gerade vor einigen Wochen auf dem Weg nach Cornwall gesehen. Wir machten halt in Tintinhull Garden und wollten das herrliche Entree mit den Buchsen rechts und links vom Zugangsweg zum Haus nach vielen Jahren einmal wiedersehen. Was wir jedoch sahen, waren Eiben, noch nicht groß genug, in Form geschnitten zu werden. Was für ein mageres Bild. Zu traurig. Ich denke allerdings, bin ich ehrlich zu mir selbst, auch wir werden diesen traurigen Weg noch einmal gehen müssen. Natürlich werden wir die Kugeln, um sie zu erhalten, nicht mit Gift besprühen. IN UNSEREN GARTEN KOMMT KEIN GIFT! Egal gegen wen oder was. Dann braucht es halt einmal ein wenig mehr Geduld und Fantasie, dennoch einen schönen Garten zu gestalten. Aber einfach kann ja jeder!

Parkgarten – blühende Fugenfüller

Vor einigen Jahren haben wir am Ende des »Langen Weges« im Parkgarten einen Sitzplatz mit Restbeständen von alten Sandsteinen, die vor der Scheune im Schotter gelegen hatten, anlegen lassen. In die oft breiten Fugen der Steine habe ich eine Samenmischung speziell für Fugen eingesät. Das Ergebnis war schon nach wenigen Wochen unglaublich. Zuerst blühten die Gänseblümchen (*Bellis perennis*), dann der Scharfe Mauerpfeffer (*Sedum acre*), später das Pfriemen-Mastkraut (*Sagina subulata*) und nacheinander frühblühender und gewöhnlicher Thymian (Niedergestreckter Thymian, *Thymus praecox*, und Arznei-Thymian, *T. pulegioides*). Ich kann nur jedem zu dieser Mischung raten, der keinen gesteigerten Wert darauf legt, ständig Beikräuter aus breiten Fugen zu jäten. Die Menge an Insekten, die dieses kleine Biotop vor allem während der Blütezeit des Thymians anfliegt, ist unzählbar. Ein reizender Nebeneffekt ist, dass sich die *Bellis* im umliegenden Wiesenbereich ganz stark vermehrt haben, sodass im Frühling dieser Bereich aussieht, als hätte es geschneit.

Blumenwiese

Ende Mai hat die Blumenwiese im Warmen U ihren zweiten Höhepunkt. Nun dominieren die

OBEN Im Mai erscheint der Waldgarten geradezu bunt. Die Fächerahorne schmücken ihn mit buntem Blattschmuck und die Hasenglöckchen unterstreichen mit ihrem Blau das farbige Bild. In mehreren Bereichen blüht der Bärlauch in Weiß.

MITTE Fugen zwischen Steinen neigen dazu, schnell zu verunkrauten. Das versuche ich zu verhindern, indem ich sie bepflanze. Zum Glück gibt es eine Saatgutmischung extra für diesen Zweck. So blüht es hier von April bis in den späten Sommer.

UNTEN Eine Stumpery benötigt mehr Pflege, als man denkt. Pflanzt man die falschen Farne, breiten sie sich dermaßen aus, dass man kaum noch etwas von den Baumstümpfen sieht. Deshalb muss man immer wieder einzelne Farne entnehmen.

Farben Weiß und Violett. Ein Meer von Magerwiesen-Margeriten (*Leucanthemum vulgare*) hat das Zepter übernommen, darüber schweben die ersten Wiesen-Witwenblumen (*Knautia arvensis*). Im Unterbau sieht man noch das Gelb des verblühenden Wundklees (*Anthyllis vulneraria*). Einzelne Exemplare von Wiesen-Pippau (*Crepis biennis*) und Wiesen-Bocksbart (*Tragopogon pratensis*) zeigen sich mit gelben Tupfern. Es gibt keinen Tag, an dem ich nicht kurz in diesem herrlichen Gartenteil verweile.

Farngartenrenovierung

Matthias hat viel Zeit in der Stumpery verbracht. Etliche Farne mussten entnommen und versetzt werden, weil sie sich zu gut vermehrt haben. Insgesamt bemerkt man nun nach circa sechs Jahren, dass eine Stumpery keine Anlage für die Zukunft ist. Die aufgeschichteten Baumstümpfe tun das, was sie tun sollen: Sie verrotten, weil etliche Tiere sich ihrer als Nahrung bedienen.
Es beginnt mit der Holzwespe, die fein säuberlich vom Oberholz Reihe für Reihe die erste Schicht abträgt, um damit ihre Nester zu bauen. Aber auch viele Käfer ernähren sich von Mulm, dem sich zersetzenden Holz. Wir denken bei Insektensterben immer sofort an Bienen und Schmetterlinge. Dass es jedoch mehrere Tausend Käfersorten gibt, von

denen viele vom Aussterben bedroht sind, hatte zumindest ich früher nicht im Blick.
Daher ist Totholz im Garten an möglichst vielen Stellen ein Muss. Zu wichtig ist seine Bedeutung als Lebensraum, besonders für das Larvenstadium von circa 1500 Käferarten. Nun dürften wir uns also eigentlich freuen, dass das Holz langsam zerfressen wird. Aber so ist er, der Mensch, da tut das Biotop, was es tun soll, und wir stehen davor und sagen: »Och, wie schade, die Stumpery löst sich auf.« Jetzt gilt es, wieder verstärkt aufzulegen. Wo immer wir alte Äste oder besser noch Baumstümpfe finden, werden sie eingefügt, damit wir wieder neue Nahrungsreserven für unser Käferbataillon bekommen.

BLUMENUMKRÄNZTE TIERGRÄBER

Die Magerwiese im Warmen U entwickelt sich prächtig. Zuerst einmal kommen nur einige Gräser und die Lichtnelken, aber schon sieht es ganz zauberhaft aus. Wunderschön ist nun der Blick auf die Gräber. Sie liegen eingebettet in Wildblumen – so hatte ich mir das vorgestellt. In Englands Friedhöfen sieht man so oft die herrlichsten Wildblumenwiesen die Gräber umspielen. Niemand würde auf die Idee kommen, sie dort zum Rasen zu mähen. Friedhöfe sollen ein wildromantischer Ort sein, an dem die Gräber in der Natur eingebettet ihren Platz finden. Zumindest für unsere Vierbeiner haben wir dies nun so umgesetzt. Jetzt sitze ich oft bei meinen Gartenspaziergängen auf der Bank und verweile ein Weilchen. Genieße das Summen der Insekten und gehe meinen Gedanken nach. Meist springt unser Gretchen zu mir auf die Bank. Sie liebt diesen Platz im Garten am meisten. Ich habe mir nie erklären können weshalb. Vielleicht weil es einer der wärmsten und geschütztesten Orte im Garten ist? Oder weil man hier die meisten Mäuse finden kann? Egal, ich freue mich jedenfalls, wenn sie mich urplötzlich besucht und eine lebende Katze streicheln ist etwas sehr Tröstliches, wenn man an die verstorbenen denkt.

Das rosa Beet

Im rosa Beet blüht momentan zum Glück die nächste, bogig überhängende wilde Rose. 'Marguerite Hilling'. Sie hat einen zarten, für mich gut erträglichen Duft und sieht für ein bis zwei Wochen mit ihren handtellergroßen Blüten an den meterlangen Zweigen einfach prachtvoll aus. Sie läutet jetzt die Zeit der Rosenblüte beeindruckend ein. Aber im rosa Beet haben anscheinend die Wühlschweine gewütet. Wühlmäuse konnten meiner Meinung nach nicht ein solches Schlachtfest hinterlassen. Die im Schatten liegende Seite sieht gut aus. Da kommen alle Pflanzen so hoch, wie sie es sollten und auch die wunderschöne Tulpe 'Merlot' blüht erneut recht üppig. Auf der in der Sonne liegenden Seite gibt es keine einzige Tulpe mehr und auch nahezu alle Stauden sind verschwunden. Ich begreife es nicht. Was für ein Ausfall. Das darf ich ganz eindeutig den Schnecken in die Schuhe schieben. Mistviecher. Auch in anderen Beeten gibt es größere Ausfälle. Viele im Herbst verpflanzte Stauden sind nicht wiedergekommen. Ein ganzer Streifen Teppich-Wiesenknöterich (*Bistorta affinis*) ist einfach verschwunden. Die verpflanzten Färber-Hundskamillen (*Anthemis tinctoria*) 'Sauce Hollandaise' sind gestorben. Das ist ein wahres Unkraut – eigentlich! Nun ist das Unkraut fort. Würde mir das mit Giersch (*Aegopodium podagraria*) einmal passieren, ich wäre glücklich. So erfasst mich reines, ungläubiges Staunen und Nichtverstehen.
Nun heißt es nachzupflanzen. Die Liste schneckenresistenter Pflanzen ist bereits geschrieben, nächste Woche geht es zum Staudenhändler meines Vertrauens und dann wird aufgerüstet. Das wollen wir doch einmal sehen, wer hier das letzte Wort hat. Aushungern werde ich diese bösen Schleimbeutel!

Der weiße Garten

Der weiße Garten erlebt jetzt seinen zweiten Höhepunkt. Die vielen *Allium* hatte ich schon erwähnt, aber auch die ersten blühenden Stauden machen sich breit. Vor allem machen sich die verschiedenen Storchschnabel (*Geranium*) überall

Der weiße Garten hat seine Ballsaison. Wenn das *Allium* blüht, sind die Stauden noch nicht wirklich weit. So hellen die weißen Bälle das viele Grün sehr schön auf.

gut: *G. maculatum* 'Album' durchzieht ganz herrlich das Grün der Nachbarstauden, *G. macrorrhizum* 'Album' macht sich in den schattigen Bereichen breit, aber mein liebstes ist *G. sanguineum* 'Album'. Es hat dicke weiße Polster gebildet und blüht wirklich strahlend weiß.

Wirklich gut macht sich auch die Akeleiblättrige Wiesenraute (*Thalictrum aquilegiifolium*) 'Album', die sich - leider in Zartlila – reichlich versamt, sodass wir die Sämlinge in anderen Beeten unterbringen können. Einigermaßen hält sich auch die weiße Akelei. Ihrem Namen alle Ehre macht die Große Sterndolde *Astrantia major* 'White Giant'. Sie hat sich wirklich breitgemacht und blüht nun auf. Sie wird uns die nächsten Monate lang mit ihrem Blütenflor erfreuen. Eine meiner weiteren Lieblingspflanzen ist die weiße *Iris sibirica* 'White Swirl', davon werde ich mir noch einige bestellen, so ich sie bekommen kann. Und bereits jetzt darf ich mich auf die vielen Päoniensorten freuen, die in dicken Knospen überall stehen und deren Aufblühen ich kaum erwarten kann.

Das Wildstaudenbeet

In einem der hinter dem weißen Garten liegenden eigentlich »gelben Beete« hat sich der Braune Storchschnabel (*Geranium phaeum*) derartig ausgebreitet und ist auch in den angrenzenden Wiesenstreifen entwischt. So blühen jetzt im Mai mehrere Quadratmeter dieses herrlichen Wildgeraniums. Und es ist ein unglaublich lautes Summen und Brummen in diesem Beet. Was für eine Freude für gleich zwei Sinne. *G. phaeum* kann schon einmal ein wenig zur sich aussäenden Pest werden, aber hier in diesem Beet haben wir uns zumindest zum momentanen Zeitpunkt entschie-

OBEN Die dunkel-lila Blüten dieses *Geraniums* kommen in verschwenderischer Vielfalt daher und sind ein wirklicher Schmuck.

LINKS Der braune Storchschnabel (*Geranium phaeum*) ist eine absolut unkomplizierte Pflanze, die sich schnell breitmacht.

den, ihm freien Lauf zu lassen. Dieses flirrend blühende Pflänzchen darf hier machen, was es mag. Ich stelle es mir wundervoll vor, wenn die angrenzenden Wiesenbereiche in Jahren meterweit von dieser wichtigen Nahrungspflanze durchzogen sein werden. Auch hat sich hier die wilde Gelbe Wiesenraute (*Thalictrum flavum*) versamt. Und so streiten sich nun gleich mehrere Wildpflanzen um den Platz. An diesem Streit beteiligen sich noch ein immer breiter werdender Streifen Wiesenknöterich (*Bistorta officinalis*) und ein Streifen Frauenmantel (*Alchemilla vulgaris*).
Es ist erstaunlich, wie wunderschön ein Beet fast nur aus Wildstauden ist. Ich kann eine solch vermeintlich einfache Staudenpflanzung nur empfehlen. Macht wenig Arbeit, erfüllt den viel geliebten Begriff »pflegeleicht« vollumfänglich und dient der Natur maximal. Und den Betrachter macht es glücklich! Mehr geht eigentlich kaum, oder?

Blänke

Am Rand der Blänke gibt es Arbeitsbedarf. Es haben sich nicht nur weitere Wildpflanzen ausgesät, wie das Maiglöckchen, das es sonst nirgendwo im Garten gibt, und auch das Weidenröschen. Vor allem haben sich aber die Baumschösslinge vermehrt. Es gibt eine Armada von kleinen Weiden, Erlen, Eichen, Tannen und anderen Baumkindern, die den Rand der Blänke bewalden wollen. Außerdem wächst an der Abbruchkante eine meterhohe Weide, die dort auch nichts zu suchen hat, weil sie uns die Sichtachse versperrt. Also, nächste Woche geht es dort weiter. Gut, dass bei uns keine Langeweile aufkommt.

Iris-Beet

Angrenzend an das Taglilien-Beet (*Hemerocallis*) gibt es noch ein kleines Iris-Beet auf einem sehr trockenen Lehmhaufen. Hier blühen nun nur noch vereinzelte Bart-Iris-Sorten, denn die stetig wachsenden Bäume nehmen dem Beet mehr und mehr die Sonne. Dafür breiten sich jetzt der Blutrote Storchschnabel (*Geranium sanguineum*) 'Tiny Monster' und der Kaukasus-Storchschnabel (*Geranium renardii*) 'Terre Franche' mit blauen Blüten und pelzigen Blättern flächendeckend aus. Und hier und dort blühen die wunderschönen Graslilien (*Anthericum liliago*).

Obst gibt es reichlich

Mit der Obstblüte hatten wir, von der Kirschpflaume abgesehen, großes Glück in diesem Jahr. Es gab keine einzige Nacht mehr Frost. Es ist eine solch herrliche Zeit, wenn der große Obstgarten üppig blüht. Dann führen mich meine Wege mehrmals am Tag durch diesen romantisch anmutenden Ort. Eigentlich müsste man einen großen Tisch aufstellen und unter den vor lauter Insekten brummenden Bäumen eine Kaffeetafel abhalten. Aber dafür ist es uns noch zu kühl. So bleibt es bei diversen Spaziergängen und wir füllen unsere Seelen mit diesen unbeschreiblichen Bildern, die so schnell vergehen. Kirschen gibt es reichlich.

Im Beerenobstgarten

Die letzte schlimme Arbeit ist gerade erledigt. Zum Glück hat sich unser Gärtnerfreund Jürgen erbarmt und die komplett zugewucherten Beete im Beerenobstgarten ausgehackt. Allein das Entfernen von vielen Schubkarren voller schwerer Erdbrocken war eine echte Männerarbeit, die Matthias, wenn auch mit übersichtlichem Spaß an der Sache, später erledigt hat. Nun müssen die wieder freigelegten Beete noch mit unzähligen Schubkarren voller Kompost belegt werden und dann darf die Beerenobsternte bald losgehen.
Im Mai hängen besonders die Johannisbeerbüsche sehr voll. Matthias, ein ausgewiesener Obstesser, liebt keine Frucht so sehr wie die Johannisbeere. Wenn sie reif sind, dann gibt es für ihn viele Abende nichts anderes als Johannisbeeren mit Vanillepudding. Das darf dann auch gern fünf Mal in der Woche sein. Mir unbegreiflich. Ich freue mich immer am meisten auf die Himbeeren. Leider stehen die Ruten inzwischen mehr und mehr im Schatten der sich schnell verbreiternden Baumkronen der Lindenallee, sodass der Ertrag von Jahr zu Jahr abnimmt. Auf Dauer werden wir für meine Lieblingsfrucht einen anderen Platz finden müssen. Aber in diesem Jahr warten wir erst noch einmal ab.

Der Gemüsegarten

Auch haben wir Anfang Mai einige Zeit im Gemüsegarten verbracht. Die Bohnenstangen zu stellen, ist für mich immer ein ganz besonderer Moment.
Ich weiß auch nicht, es muss eine alte Erinnerung sein an den früheren Opa-Garten. Aber es wird mir in jedem Jahr ganz warm ums Herz, wenn sie als Strukturgeber aufgestellt sind.

Der Beerenobstgarten nach der Fronarbeit. Beeren wollen »nackte Füße«, also muss der Boden um sie herum von Beikraut befreit und mit Kompost gemulcht werden.

Säen und setzen

Ein kleines Feld mit Buschbohnen ist auch bestellt. Ein zweites wird erst in zwei Wochen belegt. Mit zeitlicher Verzögerung säen heißt eine längere Ernte genießen! Die Erbsen sind längst gekeimt und nun sollen sie an ihren Reisern hochwachsen. Dankenswerterweise haben die Tauben uns dieses Mal nicht bei der Einsaat beobachtet, um dann die Hälfte der Samen wieder herauszupicken wie im letzten Jahr.

Die Kartoffeln sind gelegt und vieles andere ist direkt in die Beete ausgesät. Vor allem Möhren, Rote Bete und Salat. Jede Menge unterschiedlichster Salatsorten.

Zum Essen gibt es bereits seit geraumer Zeit frischen Pflücksalat aus dem Treibhaus und die Radieschen sind schon nahezu alle verputzt. Davon habe ich eindeutig zu wenige ausgesät in diesem Jahr. Dafür wurde an die Mairübchen gedacht.

Für Kartoffeln gibt es nur ein kleines Beet. Ich habe meinen Freund Johannes gebeten, für mich mitzupflanzen auf seinem Acker. Fast hätte es da ein Missverständnis gegeben. Er fragte: »Wie viel willst du haben?« Ich antwortete: »Ach, so zwanzig Kilogramm. Das wird reichen.« Er meinte Saatkartoffeln, ich meinte Ernte. Zum Glück fragte er sehr skeptisch nach, ob wir den ganzen Winter nur Kartoffeln essen wollten? Wir haben sehr gelacht. Ich sah ihn schon mit einem Anhänger voller Kartoffeln auf unseren Hof rollen. Das ist gerade noch mal gut gegangen.

Das Spanische Gänseblümchen

Im Gemüsegarten blühen bereits die ersten

IM UHRZEIGERSINN Im Gemüsegarten beginnt es zu wachsen. In vielen kleinen, leichter zu bearbeitenden Beeten wächst allerlei heran. Im Treibhaus wachsen die Tomaten und zu ihren Füßen Pflücksalat und Radieschen. Auf allen freien Plätzen säen sich Einjährige aus. Das macht das Bild bunt. Die Vogeltränke versinkt in Blüten.

Spanischen Gänseblümchen (*Erigeron karvinskianus*) in Beeten und Steinfugen. Seit ich dieses bezaubernde Pflänzchen zum ersten Mal in den Steinfugen englischer Gärten wie Sissinghurst und Great Dixter gesehen habe, träumte ich davon, sie hier in unserem Garten anzusiedeln. Das gelingt jährlich besser, weil sie die milder werdenden Winter leichter überstehen. Inzwischen wachsen sie in den Steinfugen der Terrasse, im Kies im Rosenpavillon, in der Bruchsteinmauer und zwischen den Steinen vor allem im Gemüsegarten. Sie dürfen sich versamen, wo immer sie möchten. Ich liebe diesen dankbaren Dauerblüher so sehr.

Erste Ernte

Ende Mai sind die Tomaten ins Tomatenhaus eingezogen, der Salat wird an manchen Stellen sogar so groß, dass er geerntet werden kann, bevor die Schnecken sich gütlich daran tun. Die Mairübchen konnten geerntet und verputzt werden. Ein paar Paprika gesellen sich zu den Tomaten. So richtig Erfolg hatten wir noch nie damit, aber sie gehören einfach dazu. Die Stangenbohnen sind gekeimt und wurden gleich ein Opfer der Schnecken. Der zweite Versuch wurde eingeleitet. Den Erbsen erging es ein wenig besser. Sie stehen circa 30 Zentimeter hoch und halten sich an den Stecken fest. Da gibt es tatsächlich ein wenig Hoffnung auf eine kleine Ernte.

Der Schnittlauch blüht praktisch überall. Es macht solchen Spaß, dieses problemlose Zwiebelgewächs in alle möglichen Lücken auszusäen. Und nichts geht über frischen Schnittlauch auf dem Butterbrot oder im Rührei. Davon kann man nie genug haben. Und die Blüten werden gern von Insekten angeflogen, sind gleichzeitig aber auch ein leckerer Snack. Der Spinat wurde abgeerntet und mit Rührei und Kartoffeln gefuttert, die Lauchzwiebeln haben keine tierischen Abnehmer gefunden und stehen hervorragend im Beet. Gleiches gilt für die Petersilie (*Petroselinum*). Der Rhabarber ist zum größten Teil geerntet und wurde gemeinsam mit Erdbeeren zu Marmelade und Kuchen verarbeitet. Der Rest wird nach und nach als Saft in Flaschen abgefüllt sein würdiges Ende finden.

Es gibt sehr viel Schnittlauch, weil ich so gern Schnittlauchbutter aufs Brot esse. Schmeckt auch mit Blüten ganz wunderbar.

Ein wenig Spargel konnten wir den acht Pflanzen entlocken. Die Kartoffeln stehen schon recht hoch im Grün, der Kohlrabi widersetzt sich tapfer den Angriffen der Schnecken und scheint es erst einmal geschafft zu haben. Wir sollten ihn rechtzeitig ernten, sonst kommen die Mäuse und tun es. Tatsächlich scheinen die ausgesäten Möhrchen bisher allen Angreifern zu trotzen.

Schneckenplage

Insgesamt sind aber auch in diesem Frühling die Schnecken wieder eine wahre Plage. Sie fressen viel zu viel auf. Natürlich benutzen wir keinerlei Gifte im Gemüsegarten, auch kein »ungiftiges« Schneckenkorn. Denn es tötet ja nicht nur die gefräßige dicke rote Wegschnecke, sondern auch ihre Feinde, die Weinbergschnecken, die gern die Eier

OBEN In der Kindheit wurde meine Liebe zu mancher Pflanze geprägt. Dazu gehört auch der Wiesen-Kerbel. Bei uns auf dem Gelände gab es keinen einzigen. Wie sehr habe ich mich gefreut, als ich den ersten sah. Heute ist er überall.

UNTEN Das Wiesen-Schaumkraut braucht einen feuchten Boden. Üppig wächst es nur noch an einigen Stellen auf der Wiese des Hausgartens im Schatten der Bäume. Sonst müssen die Aurorafalter und wir uns mit einigen Einzelexemplaren begnügen.

der Wegschnecke frisst und vor allem den Tigerschnegel, der zumindest Nacktschneckenkinder verspeist und so seine wesentlich gefräßigere Verwandtschaft ein wenig dezimiert. Gegen die Natur zu arbeiten, das kann nicht der richtige Weg sein, davon bin ich überzeugt.

Fazit
Nun, was soll ich resümieren? Mühsam ernährt sich das Eichhörnchen! Und ganz ehrlich? Würden unsere Nachbarn nicht einen Großteil der Arbeit übernehmen, ich hätte schon ein paar Staudenbeete mehr. Aber so freue ich mich enorm am Gemüsegarten, denn er ist und bleibt mit seinen vielen blumendurchmischten Beeten ein Fest fürs Auge. Auch wenn der Ertrag eher nicht die Ausgaben für Samen und Jungpflanzen deckt.

Blütenspaziergänge ...

Nahezu jeden Tag mache ich nun abends einen abschließenden Gartenspaziergang mit den Hunden. Es ist so herrlich lange hell jetzt, die Vögel jubilieren und ansonsten hört man bei uns nichts. Nur die Töne, die die Natur einem schenkt. Das ist besser als ein jedes Glas Rotwein, um sich für die Nachtruhe zu erden.
Überhaupt, der Duft im frühen Mai-Garten ist schon nahezu umwerfend. So viele verschiedene Gerüche durchziehen momentan das Gelände. Vor allen die Duftschneebälle (*Viburnum carlcephalum*) geben den duftenden Ton an. Und im Parkgarten gibt es einige davon. Dann beginnen auch die Nachtviolen (*Hesperis*) ihr duftendes Werk, eine Prise Fliederduft dazu, die Glyzinie am Balkon ist auch nicht zu überriechen ... da kommt schon einiges zusammen. Grund genug, mich besonders abends nicht zu lange im Garten aufzuhalten, weil ich von zu viel Duft leider gern mal Migräne bekomme. Aber wunderschön für all diejenigen, die es gut vertragen.

... durch Wiesen ...

Matthias hat nun schon mehrfach die Wege im Parkgarten gemäht und das Mahdgut zusammengerecht und fortgebracht. So hoffen wir, die wilden Bereiche mit den Jahren mehr und mehr auszumagern. Einerseits um den Graswuchs zu verlangsamen, andererseits um Wildblumen einzuladen. Das klappt zumindest in den Wiesenbereichen ganz gut. Denn auch hier wird maximal zweimal im Jahr gemäht und abgetragen.
Anfangs hatten wir keinen einzelnen Wiesen-Kerbel im Garten. Und ich liebe diesen Frühlingsblüher seit Kindertagen so sehr. Was freute ich mich über das erste Pflänzchen. Jetzt haben wir Hunderte, teils kapitale Exemplare überall verteilt stehen. Noch sieht es nicht so üppig aus wie überall in England im Mai. Dort findet man ihn vor allem an den Straßenrändern, wo er als hüfthoher Bewuchs flächendeckend ungehindert stehen bleiben darf. Bei uns in Deutschland wartet ja leider auf ein jedes maximal kniehohe Pflänzchen wegen der Verkehrssicherheit der frühe Tod durch den Mulcher der Straßenwacht. Fatalerweise gleich gemeinsam mit allen noch vorhandenen Insekten und ihren Eiern, als wenn's kein massives Insektensterben gäbe. Wir freuen uns jedenfalls sehr über diesen wichtigen Doldenblütler, auf dessen Blüten sich vor allem Käfer in großen Mengen tummeln.
Unser Wiesen-Schaumkraut (*Cardamine pratensis*), was in der Hausgartenwiese so überreich wucherte, ist leider immer mehr zurückgegangen. Nur noch Einzelblüten erfreuen uns und den Aurorafalter, der das Wiesen-Schaumkraut und die Knoblauchsrauke (*Alliaria*) dringend als Nahrungspflanze und zur Eiablage braucht. Ich denke, die trockenen Sommer, in denen wir die Wiese nicht gewässert haben, hat diesen Pflanzen zu sehr

zugesetzt. Ob sich der Bestand wieder erholen wird? Ich hoffe es sehr, bin jedoch in Anbetracht der Trockenheit, die wir nun schon wieder seit sechs Wochen haben, sehr skeptisch.

... vorbei an Elfen, die auf Spornen wippen ...

In vielen Beeten hat sich eine meiner Lieblingsstauden versamt, die Akelei (*Aquilegia*). Ich kannte sie bereits im Alter von vier oder fünf Jahren, weil sie überreich im Opa-Garten stand. Sie hatte für mich immer etwas von einer Märchenblume. So zart und so vielfältig unterschiedlich. Sie war die Heldin meines Gartenbeetes und mein Opa erzählte mir, dass in kühlen Nächten Elfen in den Blüten übernachten und sich an langen Sommerabenden mit den Insekten Geschichten erzählen würden. Und auf den Spornen säßen sie manches Mal und würden schaukeln oder wippen. Welch magische Pflanze wurde sie damit für mich.
So lässt es niemanden wundern, dass sie zur ersten Pflanze mit einem »schweren Namen« wurde, die ich kannte. Es gab vorher einige Pflanzennamen, die ich gelernt hatte. Aber das waren einfache Namen, weil sie aus anderen Worten zusammengesetzt waren, die ich schon kannte, wie Sonnen-Blume, Vergiss-mein-nicht, Gänse-Blümchen usw. Aber Akelei - das war ein erster komplett abstrakter Name. Ich konnte als kleines Kind schwer damit beeindrucken, ihn zu kennen.
Jedenfalls hat mich diese Pflanze durch alle meine Gärten begleitet. Immer begann es mit ein, zwei Ablegern von früheren Gärten, dem meiner Mutter oder von Freundinnen, und dann ging das lustige Mendelspiel seinen Gang. So geschah es also auch hier im Garten, dass ich sicherlich viele Hundert Pflanzen in den diversen Beeten zählen kann. Und mir scheint, keine einzige gleicht in Form und Farbe der anderen. Es ist mir nicht nachvollziehbar, dass es Gärtner gibt, die diese Zauberpflanze nicht mögen. Ich liebe sie, und wenn ich es mir aussuchen dürfte, was auf meiner Asche wachsen soll ... Akelei soll es sein, bitte! Der Rest ist mir egal.

Im Mai dominieren im rosa Beet zwei Pflanzen: *Allium* und Akelei! Ich habe die Akelei-Samen im Gemüsegarten gesammelt und hier ausgesät. Es ist für zwei Wochen eine einzige Pracht.

... entlang der Beete ...

In allen Beeten ist jetzt Prärielilienzeit (*Camassia*). Bei uns blühen sie in vielen Beeten und ich pflanze in jedem Jahr einige Hundert dazu, weil sie einfach zu schön sind. Besonders das Birkenwäldchen kommt nun durch ihre Blüten zu einem letzten Höhepunkt im Jahr.
Aber auch im weißen Garten sind sie etwas ganz Besonderes, weil ich mehrere Hundert Stück in Weiß bestellt hatte, die Zwiebeln im ersten Herbst in den Garten versenkte, in Vorfreude auf diese zusätzliche weiße Zwiebelblüte. Bereits in der Knospe erschienen sie mir reichlich dunkel im nächsten Frühjahr. Als ich die erste Blüte in herrlichem Blau entdeckte, wollte ich ohnmächtig werden vor Wut. »Die kommen alle wieder raus!«, fluchte ich. Aber viele Gartenbesucher, unter anderem eine befreundete Gartenfotografin, waren begeistert. Gott, wie wunderschön, all die weißen Blüten der anderen Stauden und Zwiebelgewächse und dann die blauen Blüten der Prärielilien dazwischen. Das ergebe eine solch herrliche Spannung

Ob ungefüllt blühend oder gefüllt, ob klein oder groß, ob weiß, rosa oder violett blühend, sogar in Gelb gefallen mir Akeleien. Ich liebe einfach alle Arten dieser uralten Pflanze. Sie sind so herrlich unkompliziert und bilden viele Samen aus, die ich überall dort hinwerfe, wo ich das Gefühl habe, es fehlen noch einige dieser Zauberblüten im Beet. Sie wachsen einfach überall, kommen mit großer Trockenheit zurecht und werden gern von Insekten besucht. Was bitte schön kann man mehr erwarten von einer Blume?

Während der Hauptblütezeit der Camassien geht unser inzwischen leider verstorbenes Tömchen genauso versonnen durchs Birkenwäldchen, wie ich es immer tue.

und sei letztlich viel schöner als die reinweißen Bilder. In Ordnung. Die blauen Präerielilien blieben. Und ganz ehrlich, sie sehen wunderschön aus bei all dem sie umgebenden Weiß. Manches Mal muss man aus der Not eine Tugend machen und dann mit ihr gut zufrieden sein.

Aber auch in den Terrassenbeeten machen die Prärielilien sich ganz herrlich neben den Tulpen und in diversen anderen Beeten. Da sie nicht von unseren Wühlmäusen gefressen werden, vermehren sie sich jedes Jahr und bereichern den Garten ungemein. Ich pflanze nur noch die Sorte *Camassia leichtlinii* 'Blue Danube', mit ihnen habe ich die besten Erfahrungen gemacht.

Jetzt ist außerdem »Ball«-Saison. Fressen uns die Wühlmäuse auch nahezu alle Blumenzwiebeln auf, mögen sie anscheinend die der diversen *Allium* nicht gern. Im rosa Beet blühen mehrere Hundert der Sorte 'Purple Sensation', die sich schon in den beiden letzten Jahren verdoppelt, teils verdreifacht haben. Im weißen Garten macht die Sorte 'Mount Everest' sich großartig, sodass ein wunderschönes Bild entsteht, wenn mehrere Hundert Blütenbälle über den ersten blühenden Stauden stehen.

Große Freude machen mir in diesem Jahr wieder die Rosen. Nachdem uns im letzten Jahr sehr späte Kahlfröste praktisch alle oberirdischen Triebe und einige Rosen auch ganz genommen hatten, haben sie sich nun nach zwölf Monaten gut erholt. Sie treiben ordentlich wieder aus und wir werden zwar eine sehr gemäßigte, aber dennoch recht ansprechende Rosenblüte erwarten dürfen. Vor allem die Rambler werden uns bald mit einer ansehnlichen Blüte beglücken, wenngleich

es sicherlich noch Jahre dauern wird, bis sie den Laubengang, den Rosenpavillon und die Pergola wieder komplett eingenommen haben werden. Das Gleiche gilt für die diversen Clematis.
Die Zeit der Rosenblüte stellt in unserem Garten ganz klar den Höhepunkt des Gartenjahres dar. Eine Zeit, auf die wir uns in jedem Jahr wie die Kinder auf Weihnachten freuen.

... unter Bäumen und Sträuchern

Beeindruckend ist in jedem Jahr die Blüte unserer über hundertjährigen Rosskastanie (*Aesculus hippocastanum*), die gegenüber der Eingangstür in nur vier Meter Entfernung steht. Was für ein imposanter Baumriese, der für unglaublich viele Tiere Nahrung und Lebensraum bietet. In ihm lebt es immer. Aber während der Blütezeit hört man das Brummen meterweit, weil sicherlich Tausende von Insekten ihn bevölkern. Jetzt, eine Woche später, hat man recht viel zu tun, die fallenden Blütenblätter wegzufegen. Aber das ist halt der Preis, wenn man sein Haus von einem Baumriesen beschützt wissen möchte. Ein Preis, den wir gern bezahlen.
Im Parkgarten, am Eingang des Warmen Us, steht noch ein kleiner Kumpel (die Rote Rosskastanie *Aesculus* x *carnea* 'Briotii'), der in den letzten acht Jahren auch bereits in recht imposanter Größe schon von Weitem mit seinen - in diesem Fall roten Kerzen - erfreut.
Enorm schön blühten und blühen die Schneebälle. Die Koreanischen Schneebälle (*Viburnum carlesii*) 'Aurora' sind verblüht und sie haben den benebelnden Duft mit sich genommen.
Die Gewöhnlichen Schneebälle (*Viburnum opulus*) blühen noch in der Vogelhecke und werden fleißig von Bienen angeflogen. Besonders schön sind die diversen Exemplare vom Japanischen Schneeball *Viburnum plicatum* 'Mariesii'. Sie sind sehr empfindlich und wir haben bereits mehrere durch ein Triebsterben verloren. Diejenigen, die jedoch bis drei Meter hoch gewachsen und gesund stehen, sind einfach eine Augenweide. Ich mag sie vor allem in den frühen Beeten als riesigen Blumenstrauß sehr gut leiden, wenn die im Sommer blühenden Stauden gerade erst ins Grün gehen.

Storchenkindergarten

Am 5. Mai hat Matthias vier Köpfchen im Storchennest gesehen. Drei etwas größere und ein winzig kleines, noch sehr wackeliges. Wir haben also vier Küken. Wie viele mögen es in diesem Jahr wohl schaffen, in den Süden zu fliegen?
Jedes Mal ist es so ein wunderbares Gefühl, die kleinen Schnäbelchen bei der Fütterung nach oben kommen zu sehen. Sie berühren bettelnd und fordernd die Schnäbel der Eltern. Nach so viel Betteln öffnen diese dann ihren Schnabel und entlassen ihre vorverdaute Beute in die nimmersatten Schnäbel der Küken.
Von Gleichberechtigung bei der Fütterung haben die Störche noch nie etwas gehört. Wer zuerst und am meisten einfordert, der bekommt am meisten. Also die Schnellsten, Gesündesten, Größten werden bevorzugt bedacht und damit weiterhin gefördert. Die Kleineren fallen durchs Raster und verhungern einfach. Das erscheint grausam, ergibt

Inzwischen sind die vor etwa zehn Jahren gepflanzten Baumkinder auf dem Gymnasium und auf dem Weg zum erwachsenen Baum. Vor allem in der Blüte machen sie nun wirklich was her.

aber natürlich für den Fortbestand der Art absolut Sinn. In Zeiten der Not, in denen das Futter nicht für alle reicht, da muss man Prioritäten setzen. Dann ist es besser, nur ein Kind durchzubekommen als drei so halberlei-dreiviertel, von denen dann keines den ersten langen Flug übersteht. Wir sind also sehr gespannt, wie viele Kinder uns im August verlassen werden.

Mitte Mai gab es ein sehr trauriges Erlebnis mit den Störchen. Morgens haben wir noch gesehen, wie die drei Kinder putzmunter waren, als sie gefüttert wurden, mittags lagen zwei Jungstörche tot unter dem Horst. Wir tippen darauf, dass die Elterntiere vergiftete Tiere zur Fütterung mitgebracht hatten. Zum Glück hat das Futter anscheinend nur für zwei der drei Jungstörche gereicht. Das dritte Storchenkind scheint wohlauf, das vierte sehr kleine Nachzüglerkind haben wir nie wieder gesehen. Das bedeutet, dass wir nun ein Einzelkind im Nest haben. Wie traurig ist das jetzt wieder. Es scheint, als wenn es in jedem Jahr eine andere Katastrophe bei den Störchen geben würde. So einen Vorfall hatten wir noch niemals, wir sind davon wirklich sehr mitgenommen. Matthias hat sich der beiden angenommen und sie auf unserem Tierfriedhof beerdigt.

Hier sind unsere drei Storchenkinder noch froh und glücklich während der Fütterung. Am nächsten Morgen schon liegen zwei davon unter dem Nest. Ein Schock für die Eltern und für uns.

Vorgestern habe ich den ersten Kuckuck in diesem Jahr gehört. Ich ging schon sehr früh am Morgen mit den Hunden spazieren und da war er, der ersehnte Ruf. Ich weiß nicht, woran es liegt. Jedes Mal, wenn ich ihn höre, muss ich lächeln. Der Ruf macht mich froh.

Aber er hat es nicht leicht durch den Klimawandel und in jedem Jahr befürchte ich, dass sein Ruf endgültig ausbleiben wird. Er hat es als Langstreckenflieger besonders schwer, denn er überwintert in Zentralafrika, südlich des Äquators. Und so erklärt es sich, dass er nur ein gutes Vierteljahr bei uns bleibt. Anfang Mai höre ich ihn zum ersten Mal und Anfang August muss er mit seinen Kindern schon wieder das Land verlassen.

Da er darauf angewiesen ist, seine Eier in die Nester von Wirtsvögeln zu legen, diese aber bedingt durch den Klimawandel immer früher mit ihrem Brutgeschäft beginnen, hat er es sehr schwer, noch Nester zu finden, in denen die Brut am Anfang steht. Auf genau diese ist er jedoch angewiesen, denn nur wenn das Kuckucksküken zuerst schlüpft, kann es die anderen Eier oder die neu geschlüpften Jungvögel aus dem Nest schieben. Wird es der Evolution gelingen, den Kuckuck überleben zu lassen? Nur Vögel, die früher nach Europa ziehen, werden sich zukünftig noch vermehren können. Deren Küken könnten dann das frühe Ziehen weitervererben und der Kuckucksruf würde auch weiterhin im Mai den Frühlingsdurchbruch anzeigen.

In diesem Jahr hat es bei uns noch geklappt. Es ist in jedem Jahr für uns eine solche Freude. Dieser Ruf gehört einfach dazu und er lässt mich beschwingt und glücklich durch die Natur und den Garten gehen. Er spannt einen Bogen zu meiner Kindheit und das macht einfach froh.

Der Gemüsegarten

Beim Kauf des Hofes übergab uns der ehemalige Besitzer einige alte Fotos. Darunter war eine Luftaufnahme, die auch den alten Gemüsegarten vor einigen Jahrzehnten erkennen lässt.

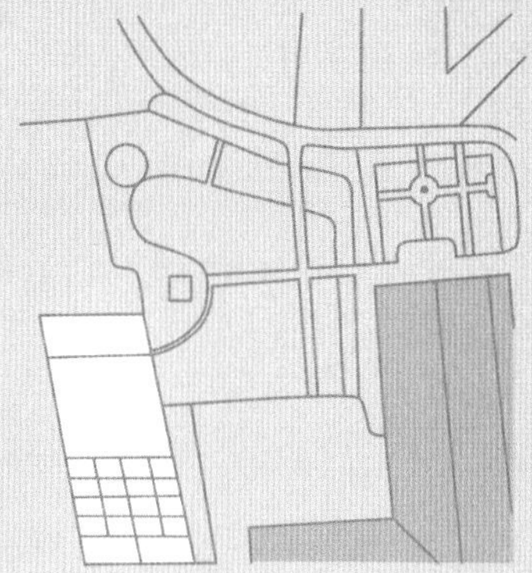

Gartenbereiche

Es gab also ursprünglich einen großen Gemüsegarten, etwas versetzt neben der großen Wiese vor dem Haus. Er war nach dem Vorbild alter Klostergärten in vier gleich große Bereiche eingeteilt und zwischen den Beeten befand sich ein Wegekreuz. Den Garten umgab eine sicherlich zwei Meter hohe Eibenhecke.
Wann dieser Garten in der Form nicht mehr beibehalten wurde, ist unklar. Zur Zeit unseres Kaufs gab es zwei große Beete von je gut hundert Quadratmetern und ein kleines Tomatenhaus. Und der gesamte Gartenbereich war und ist umgeben von inzwischen sehr hohen Gehölzen, die ihn in jedem Jahr dunkler und trockener werden lassen. Keine guten Voraussetzungen, aber dennoch war der Ertrag wohl stets sehr gut.

Reaktivierung

2016, zwei Jahre nach unserem Umzug, wollten wir diesen letzten Gartenbereich wieder reaktivieren. Jedoch machten mir die beiden großen Beete eher Angst denn Zuversicht. Ob ich als komplette Gemüsegartenanfängerin damit zurechtkäme? Also entschied ich mich, zwei Fliegen mit einer Klappe zu schlagen. Ich wollte viele kleine, an einem Tag mit Lust zu bewältigende Beete haben und ich wollte gern den Hof aufgeräumt haben, auf dem in diversen Häufchen sehr viele Steinreste ihr vorläufiges, unordentliches Zuhause hatten. Also begaben wir uns an den Zeichentisch und entwarfen zumindest die linke Seite des zukünftigen Gartens, der 16 kleine Beete, einen Platz für ein neues Tomatenhaus und einen kleinen Wiesenbereich bekam.
Zuerst aber einmal wurde der Gartenbereich zum Nachbargarten mit Staketenzaun abgegrenzt, was schon einmal optisch die halbe Miete war. Unser Gärtner hat sein gefühlt 25. Meisterwerk vollbracht, indem er mit den Steinresten die Wege anlegte, sodass teilweise wirklich nur noch ein oder zwei Steine einer Sorte übrig waren. Dann wurden die alten Wege abgekiest, die Beete gefräst und mit einer dicken Ladung frischem Kompost belegt, sodass es im nächsten Frühjahr mit Pflanzen losgehen konnte.
Die andere Hälfte des Gartens wurde als ein großes Beet belassen, in das wir zu je einem Drittel Stangenbohnen, Kartoffeln und Buschbohnen pflanzen wollten.

Die erste übervolle Ernte

So begann ich 2017 im Februar mit dem Aussäen von unendlich vielen Gemüsepflanzen. Und der Erfolg war großartig. Obwohl wir selbstredend weder Dünger (außer Kompost und verrotteten Pferdemist) noch irgendwelche Chemikalien anwenden, gingen wir in jenem Jahr im selbst geernteten Gemüse bald unter.
So kam es in diesem Jahr, dass ein jeder, der uns besuchte und beim Verlassen nicht schnell genug wieder im Auto war, mit Tüten voller Gemüse zwangsbeglückt wurde. Denn so viel, wie wir ernteten, konnten wir nicht essen und auch nicht einkochen oder sonst wie haltbar machen.
Damals dachten wir, das ginge immer so weiter, und wussten nicht, dass wir es mit einem typischen Fall von Anfängerglück zu tun hatten. Die Wetterverhältnisse waren uns in diesem Jahr hold und bei den Schnecken hatte es sich noch nicht herumgesprochen, dass es auf Gaupel wieder einen gut bestückten Gemüsegarten zum Schlemmen bis zur Ohnmacht gab.

OBEN Der schattigste Bereich im Gemüsebeet war wenig ertragreich. So wurden gut drei Meter abgetrennt, mit Staketenzaun umgrenzt und mit Schattenstauden bepflanzt. Von der anderen Seite lehnen sich Dahlien an und über den Zaun.

MITTE Um das riesige Beet zu strukturieren, wurden mehrere kleine Beete abgeteilt, die entstandenen Wege abgesandet und die Beete mit *Ilex crenata*, der sich im Terrassengarten nicht gut machte, umgrenzt. Hier macht er sich leider auch nicht gut.

UNTEN Die Beete im linken Teil des Gemüsegartens werden mit *Allium* 'Millenium' umpflanzt. Das sieht schon im Frühling sehr schön aus, wenn nur das essbare Grün zu sehen ist. Wenn es blüht, ist es der Knaller und das finden die Insekten auch.

Neue Strukturen

2019 entschieden wir uns, den sich jährlich mehr ausbreitenden Schattenbereich mit Stauden zu bepflanzen. Mit einem kleinen Rest Staketenzaun wurde im »großen Beet« das schattigste Drittel abgegrenzt und mit schattenliebenden Pflanzen ganz herrlich bepflanzt. Im linken Bereich wurde in zwei kleinen Beeten ebenso verfahren.
2020 entschied ich mich, die Japanische Stechpalme, die im Terrassengarten zugunsten von Eibe als Beetumrandung ersetzt worden war, im großen Beet zu benutzen, um viele kleine Beete abzugrenzen. Diese Arbeit übernahm dankenswerterweise wieder der befreundete Nachbar. In die Mitte beider Gartenbereiche wurden noch Vogeltränken aufgestellt und jetzt haben wir einen wunderbar formalen, nicht mehr so ertragreichen, aber ganz herrlich anzuschauenden Gemüsegarten, bestehend aus circa 30 kleinen Einheiten.
Viele Blumen keimen noch zusätzlich mit dem in jedem Jahr auf die Beete gebrachten Kompost, einige Sommerblumen werden gezielt ausgesät, um ein kunterbuntes, herrlich lebendiges Durcheinander zu erzeugen, das jetzt weniger dem Gaumen als den Augen guttut. Und den vielen Schmetterlingen und Wildbienen, die wir sehen, sowie Herrn Igel, der sich mit Vorliebe in diesem Gartenbereich aufhält, scheint es auch zu gefallen.

Hühner

Auf unseren diversen Englandreisen sind wir oft in Häusern eingekehrt, wo man Hühner besaß. Einmal waren wir an einem Ort, dort gab es einen Trupp Orpington-Hühner. Ich verliebte mich sofort in sie. Was für riesige, puschelige Gesellen.

Also beschlossen wir: »Im nächsten Jahr bekommen wir auch Hühner.« Wie geht man ein solches Unterfangen an, wenn man null Ahnung hat von Hühnerhaltung? Ich fragte Herrn Google, ob es denn einen Geflügelverein gebe in unserem Ort. Gab es. Auch eine Liste mit aktiven Mitgliedern. Aha! Einer wohnt nur zehn Minuten fußläufig von uns entfernt. Ein Anruf bei Siggi machte klar: »Hier bin ich richtig!« Siggi würde uns beratend zur Seite stehen.

Der Hühnerstall

Zuerst also braucht man einen Stall. Der sollte bei sechs bis acht Hühnern nicht zu klein sein. 2 x 1,5 Meter seien angemessen. Fenster muss der Stall haben, natürlich eine Tür, eine Sitzstange für die Damen und den Herrn, gut isoliert sollte er sein gegen die Kälte, und wir brauchten Legenester, die so angebracht sein sollten, dass man die »vielen Eier«, die wir täglich erwarteten, möglichst von außen entnehmen kann.
Gut. Meinen Freund Norbert gefragt, der Mann für alle Holzarbeiten, der ein nicht zu sättigendes Bedürfnis hat zu basteln. »Kannst du mir einen Hühnerstall bauen?« – »Klar doch, mache ich sehr gern!« Also wurde einen Winter lang mit viel Freude auf dem Hof gebastelt. Es wurde ein prächtiger Stall, der auch zusätzlich noch schön anzusehen ist. Wir dachten, dass er in der »kleinen Obstwiese«, angrenzend zur Hecke zum Nachbargarten, wunderbar platziert wäre. Vorher hatten wir eine Sandgrube unter dem Stall gegraben und mit feinstem Spielsand gefüllt. Hühner müssen in Sand und Staub baden. Jetzt brauchte es noch eine Voliere, denn bei Vogelgrippe müssen die Tiere manches Mal ein paar Wochen »eingestallt« werden. Da ist es schon schön, wenn sie wenigstens ein paar Quadratmeter zum Scharren draußen an der Luft haben, um Hühnerdepressionen vorzubeugen. Auch dieser erste Auslauf wurde ganz schnell gebaut.
Letzten Endes mussten wir noch einen Zaun um einen etwa 200 Quadratmeter großen Bereich der Obstwiese ziehen. Jetzt war alles perfekt für die neuen Familienmitglieder. Ein Vier-Sterne-Stall, eine überdachte Voliere, ein großer Auslauf, in dem

Irgendwann wollten wir unsere Eier nur noch von wirklich überglücklichen Hühnern essen. Also mussten wir für ein entsprechendes Zuhause sorgen mit Stall, Voliere und Freilauf.

sie in der Vogelhecke Schutz finden vor Hitze und Feinden, und bald würden auch die Obstbäume sowie zwei Walnussbäume für Schatten sorgen. Nun wurde Siggi zur Endabnahme gerufen. Der staunte nicht schlecht. Wir hatten unsere Hausaufgaben gut gemacht, er war begeistert. Und versprach, Patenonkel unserer zukünftigen Hühnerbande zu werden, sollte Hühnerland in Not sein.

Die Hühnerbande

Nun mussten wir aber noch an unsere Orpington-Bande kommen. In Siggis Buch stand, dass diese Hühner gute Glucken seien. Das hörte sich sehr schön an. In meinen romantischen Hühner-Pilcher-Vorstellungen sah ich zwei bis drei dicke, glückliche Hühnermamas ihre kleine Bande glücklicher Küken im Schlepptau durch den großen Garten zu täglich neuen Abenteuern marschieren. Im Ruhrgebiet wurden wir dann fündig und kauften für wirklich kein kleines Geld unsere sechs Damen und den stolzen Hahn »Heinrich«. Zu Hause wurde die kleine Schar ins frisch gemachte Bettchen entlassen, sie sollten sich erst einmal in neuer Streu zwei Tage nur im Stall aufhalten. Das haben wir aber nicht durchgehalten. Sie taten uns schon am nächsten Tag schrecklich leid und so öffneten wir die Tür zur Voliere. Ach, was war das für eine Freude, als wir unsere Hühner zum ersten Mal unsere Körner picken sahen. Wir konnten uns gar nicht losreißen von dem wunderschönen Bild. Unser Hund Mondo, sonst ein ausgemachter Vogeljäger, saß ebenfalls gebannt vor dem Zaun und hat die Hühner sofort in unser Rudel mit aufgenommen. Er war sogar so eifersüchtig, dass sich Freunde zuerst nicht in die Nähe der Hühner bewegen durften. DAS SIND UNSERE NEUEN FREUNDE!!! Das war seinem drohenden Gesichtsausdruck zu entnehmen.

Den Hühnern nur so wenig Platz zur Verfügung zu stellen, tat uns schnell leid. Wir gewähren ihnen jetzt immer die totale Freiheit. Sie dürfen sich fast überall aufhalten.

Nach zwei Tagen in der Voliere ließen wir die kleinen Federpopos dann ins Freigehege und seit nun vier Jahren ist es noch immer eine große Freude, die Hühner einfach zu beobachten. Klar, man soll nicht denken, sie machten keine Arbeit. Sie müssen gefüttert werden, bei uns werden sie gefüttert und dabei unfassbar verwöhnt. Jeden Morgen schneidet Matthias ihnen einen Eisbergsalat in kleine Stücke, dann gibt es noch altbackenes Brot, eingeweicht, und als Verwöhnerli eine Banane. Natürlich bekommen sie genügend Körner und Legemehl, aber ganz ehrlich, das ist inzwischen Vogelfutter geworden. Eine Hundertschaft Spatzen ist in die Vogelhecke gezogen und ernährt sich frech von den Körnern. Und für die Hühner scheint Hühnerfutter eh unpassend, haben sie uns zu verstehen gegeben. Denn wenn sie die Körner nicht mögen, kocht der Hühnervater alle paar Tage gebutterten Reis, damit die armen Kleinen nicht verhungern müssen.

Ab in die Freiheit

Nach einigen Wochen öffneten wir das Gatter vom Freilauf zum Garten und nun dürfen sie stundenweise täglich im ganzen großen Garten herumlaufen. Besonders lieben sie den Komposthaufen. Da gibt es immer etwas zu finden. Jetzt haben sie einen 25.000 Quadratmeter großen Abenteuerspielplatz und picken und scharren überall, wie sie möchten. Sie scharren mir die Beete auch mal ein wenig kaputt, dann denke ich ärgerlich: »Die lasse ich nie wieder raus aus ihrem Freilauf!« Aber ganz ehrlich, ich möchte den wunderbaren Anblick, den kleinen Trupp überall herumstromern zu sehen, nicht missen. Denn Hühner beruhigen, das ist einmal sicher. Und die Eier, die sie legen, sind ein kleiner Bonus, aber sollten nicht mehr sein. Eh verschenken wir sie zu 80 Prozent. Denn wer möchte schon wirklich jeden Tag ein Ei essen? Wir jedenfalls nicht.

Heinrich, der Hahn

Unseren Hahn nannten wir Heinrich. Heinrich war ein wirklich stolzer Hahn, der sich stets bestens um seine Damen kümmerte. Er überließ ihnen immer die besten Happen, fraß eigentlich nie, während sie fraßen, sondern sicherte stets, sich nach allen Seiten umschauend, die Mädelsbande gegen jedwede Gefahr ab.
Leider empfand er auch meinen Mann als zumindest sehr bedrohlichen Gegner. Vielleicht sogar als Nebenbuhler? Jedenfalls dauerte es nicht lange und er begann, Matthias ernsthaft zu bedrohen, wenn dieser sich zu nah in seine Richtung bewegte.

GLÜCKLICHE HÜHNER

Tatsächlich ist es wohl so, wenn man seine Hühner in maximaler Freiheit hält, muss man auch mit einigen Ausfällen rechnen. Aber ich denke, unsere Hühner könnten nicht glücklicher sein. Sie werden verwöhnt, haben ein riesiges Gelände, in dem sie herumstromern können, und sie danken es uns mit recht vielen Eiern, aber vor allem mit großer Freude, die sie verbreiten.
Es ist so schön, sich zu ihnen zu gesellen, ihre wunderbar beruhigenden Laute zu hören und zu sehen, wie glücklich und zufrieden sie die Beete durcheinanderbringen, dann springt das Glück zu einem über. Ich liebe meine Hühner und hoffe, noch lange Zeit welche haben zu können.

Unseren Hahn Heinrich werden wir nie vergessen. Um seine Hennen zu bewachen, wurde er auch mal zum echten Wüterich.

Dies gipfelte in wirklich gefährlichen Angriffen. Einmal hat er mit der Kralle seines Fußes durch die dicke Jeans in Matthias' Wade getreten und es war ihm gelungen, in den Wadenmuskel zwei Zentimeter tief einzudringen. Da war eine Antibiose fällig.
Nun hatten wir unseren Hühnern ja lebenslanges Wohnrecht bei 100%igem Ausschluss einer jemals stattfindenden Schlachtung versprochen. Und das kennt man ja. »Versprochen ist versprochen und wird nicht gebrochen.« Also las ich mich schlau im Netz und in einer Facebook-Gruppe »Hühnerhalter und Anfänger« wurde in solchen Fällen zu einer Wasserpistole geraten. Ich erstand also eine kleine rote Wasserpistole und begab mich mit ihr in die Höhle des Hahns. Er kam mir sehr schnell sehr nah und in dem Moment, als er mich anspringen wollte, vergaß ich komplett meine pazifistische Erziehung und schoss. – Was soll ich sagen? – Es klappte wunderbar. Es brauchte vielleicht noch drei, vier gezielte Schüsse und danach reichte der Anblick des gefährlichen roten Dings in der Hand völlig aus, um aus einem kapitalen Kampfhahn ein Hühnerlämmchen werden zu lassen.

OBEN Es ist unglaublich entspannend, Hühnern zuzugucken. Sie sind meist in Bewegung und gakeln. Schnell werden sie zahm.

LINKS Neueste Zugänge: Vier von diesen Blumenhühnchen brauchten ein neues Zuhause, wo sie garantiert niemals geschlachtet würden.

Also konnten wir uns hernach wirklich an seinen Qualitäten als Bewacher seiner Damen erfreuen. Dies ist ihm dann leider auch nach circa zwei Jahren zum Verhängnis geworden. Eines Abends kam Matthias ganz aufgeregt rein, Heinrich sei nicht da gewesen, als er die Hühner in den Stall bringen wollte. Wir suchten nach ihm und fanden ihn tot im Freilauf. Unser Heinrich war den Heldentod gestorben! Er hatte seinen Damen den Habicht angezeigt, sie in die Hecke geschickt und sich todesmutig dem zwar kleineren, aber sehr gefährlichen Gegner entgegengestellt. Doch dieser war geschickter und hat ihn tatsächlich getötet. Einen Fünf-Kilo-Hahn! Wir konnten es nicht glauben. Heinrich war ja ein echtes Biest, hat jeden angegriffen, der seinen Damen zu nah kam, außer Mondo und die Katzen. Gott weiß warum, die durften ungehindert passieren, aber jetzt tat er uns doch wirklich furchtbar leid und noch kurz vorher hatte ich gesagt: »Mensch, wenn dieses Luder mal nicht mehr sein wird, ich werd nicht traurig sein!« Aber das war gelogen. Wir waren sehr traurig. Unser Heinrich hat ein würdiges Grab bekommen neben einer kleinen toten Schleiereule, die wir vor Jahren fanden, auf dem Tierfriedhof. Und den Damen haben wir einen neuen Hahn gekauft.

Attila, der Hennenkönig

Er war wunderschön, schwarz-grün befiedert und lieb wie ein Schmusekater. Er kam zu uns, sehr freundlich, und wenn ich Mondo nicht immer im Schlepptau gehabt hätte, ich hätte den Hahn bald auf den Arm nehmen können. Wie angenehm! Man musste nicht mehr aufpassen, ob man gleich eine Kralle drei Zentimeter tief im Bein hatte. Musste nicht mehr immer bewaffnet mit der kleinen roten Wasserpistole die Hühner in ihr Haus bringen. Aber die Damen mochten Attila nicht wie ihren Heinrich und aufpassen wie er tat Attila auch nicht. Oft sahen wir die Hühner allein im Garten und Attila scharrte für sich ein paar Meter entfernt. Hühner sind halt auch treue Seelen. So richtig glücklich wurden sie nie mit ihm, auch wenn er sich langsam einfügte. Auch mit Attila hat es im letzten Winter ein trauriges Ende genommen. Zum Winter bekommen unsere Hühner immer eine extradicke Lage Einstreu und eine Rotlichtlampe, die bei Frost Wärme spendet und unter der sich das ganze kleine Volk gut zusammenkuscheln kann. Da Attila immer ein wenig außen vor war, ist es möglich, dass er keinen Platz an der Sonne gefunden hatte. Jedenfalls dachte ich einmal, als ich ihn krähen hörte: »Der arme Attila ist heiser!« - Dachte mir aber nichts weiter dabei. Ein paar Tage später meinte Matthias zu mir: »Attila sitzt unter der Tanne und wollte gar nicht rein in den Stall, ich hab ihn getragen.« Ich antwortete, dass ich am nächsten Tag zum Tierarzt gehen wollte, um ihm eine Medizin gegen die Erkältung zu holen. Am nächsten Morgen lag Attila tot im Stall. Mein schlechtes Gewissen verfolgt mich noch immer. Ich hatte mich nicht genügend gekümmert, hatte auch Siggi nicht um Rat gefragt, hatte es einfach auf die leichte Schulter genommen und damit den braven Hahn in den Tod geschickt. So etwas ist nicht schön. Und zumindest das wird mir nie wieder passieren.

Weitere Neuzugänge

Eine Zeit lang hatten wir keinen Hahn. Zwischendurch bekamen wir vier Blumenhühnchen, denn der Habicht hatte uns im Jahr zuvor erneut ein Huhn geholt, ein anderes fanden wir tot im Gemüsegarten, sodass unsere Bande nun arg dezimiert war. Da kam die Anfrage, ob wir den vieren einen Gnadenplatz schenken könnten, gerade richtig. Sie wohnten bei einer älteren Dame in einer Reihenhaussiedlung. Sie bekam Ärger mit der Nachbarschaft, weil sich am Futterplatz Tiere mit langen Schwänzen gezeigt hatten. Bei uns fanden sie Asyl. Es dauerte mindestens zwei Wochen, bevor die Neuzugänge nicht überall weggepickt wurden, aber jetzt sind sie gut in die Gruppe integriert. Einen neuen Hahn wollte ich irgendwann dazuholen. Da bekamen wir das Angebot von Siggi, einem seiner Zwerghähne das Leben zu retten. Also kam »Hänschen-Klein« zu uns. Hänschen-Klein war ein sehr hübscher La-Flèche-Hahn. La Flèche werden auch Teufelshühner genannt, weil sie zwei kleine rote Hörner als Kamm zieren. Gut, ich gebe es zu, unsere Hühner nehmen das kleine Hähnchen nicht wirklich ernst, doch langsam, aber sicher hat auch er seinen Platz in der Gruppe behauptet. Und nun sind wir wieder sehr glücklich mit unserer gemischten Hühnerbande.

Hänschen-Klein, ein kleiner La-Flèche-Zwerghahn, musste auch vor der Schlachtung gerettet werden. Aber das hat ihm leider nicht geholfen.

Ein Jahr nach unserem Umzug und drei Jahre nach Beginn der Anlage des Parkgartens war unser Plan aufgegangen. Wir wollten nicht in ein »nacktes Gebiet« ziehen. Es gab bereits die Anfänge eines Gartens, an dem wir uns erfreuten.

Entstehung des Parkgartens 2012–2015

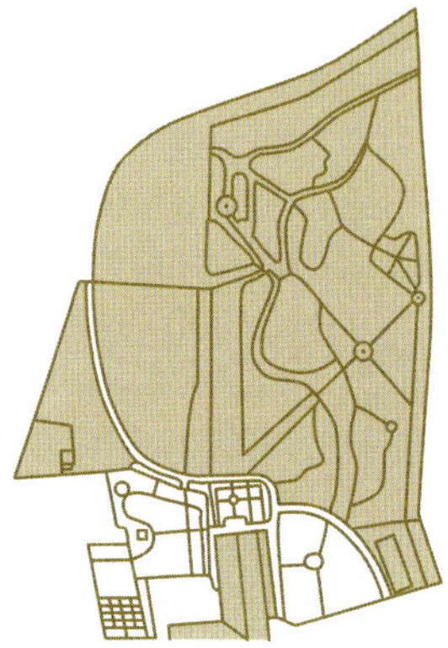

Gartenbereiche

Wenn man zeit seines Lebens nur normal große Gärten zu planen hatte, dann stellt einen die Planung eines 25.000 Quadratmeter großen Gartens schon vor besondere Schwierigkeiten.

Zuerst einmal musste also das Gelände eingeteilt werden. Dafür hatte ich einen Ausdruck von Google Earth erstellt und diesen so lange im Drucker vergrößert, bis wir einen tischgroßen Plan mit einem Vergleichsmaßstab vor uns liegen hatten. Dann brauchte man nur noch eine Rolle Butterbrotpapier und ein paar Stifte. Also setzten wir uns an einem kühlen Wintertag an den großen Tisch, Matthias, ich und der Gärtner, der sich gerade selbstständig gemacht hatte und sich in all den Jahren darauf als »das große Los« erwiesen hat. Im Vorfeld hatten wir eine Wunschliste erstellt, die wir unbedingt verwirklichen wollten. Schließlich hatten wir unendlich viele Ideen von unseren vielen England-Gartenreisen mitgebracht - die wollten nun umgesetzt werden. Klar war:

- Es sollte eine Allee geben vor der Terrasse, denn ich liebe Alleen und habe immer von einer eigenen geträumt!
- Matthias brauchte einen großen Bereich für seine Streuobstwiese.
- Ich brauchte einen kleinen Bereich für mein Birkenwäldchen.
- Wir wollten auf Sichtachsen achten, die sich durch das gesamte Gelände ziehen.
- Matthias wollte gern einen Baumkreis haben.
- Mir lag ein Haselnussweg am Herzen.
- Uns war eine Wasserstelle wichtig, damit die vielen Insekten, Vögel und all die anderen Tiere, die bald in unserem Paradies leben sollten, auch immer genügend zu trinken haben würden.
- Ich wollte ein paar Beete haben, die das Ganze auflockern würden.
- Matthias wollte Bäume pflanzen, viele Bäume. Ich wollte das auch. Ich wollte für alle Bäume, die unsere Nachbarn in den vorherigen Jahrzehnten sinnloserweise - sie machen ja sooo viel Dreck und sind sooo gefährlich - gefällt hatten, einen »Wiedergutmachungsbaum« pflanzen. Da kam einiges zusammen.
- Und wir wollten eine Vogelhecke pflanzen, so lang und so dick wie irgend möglich.
- Und ganz wichtig: Alles sollte so naturnah wie möglich geschehen, aber dennoch gut aussehen.

Das waren die paar Vorgaben, die wir nun auf unser Butterbrotpapier einzeichneten. Das ging gut in einem Nachmittag und ein erster ungefährer Übersichtsplan war entstanden. Nun konnten wir loslegen. Was waren wir glücklich!

2012 - Es konnte an die grobe Umsetzung gehen!

Im Bereich der zukünftigen Obstwiese, im hinteren Bereich des Parkgartens und entlang der äußeren Bereiche wurden nahezu alle Weihnachtsbäume entfernt. Der gesamte zukünftige Garten wurde zum Schutz gegen Wildverbiss mit einem Wildzaun eingezäunt. Danach pflanzte unser Gärtner die Obstbäume, den Haselnussweg und entlang des Zaunes die Wildgehölzhecke. Im hintersten Bereich des Parkgartens wurden mehrere bereits recht hohe Pappeln, Weiden und Ahorne gepflanzt, um bald schon einen ansehnlichen Baumbestand für die Vögel zu haben.
Da die alte Zufahrt unseren zukünftigen Terrassengarten durchquert hätte, musste eine neue Zufahrt

OBEN Im ersten Jahr der Anlage wurden circa 60 Obstbäume gepflanzt. Auch wenn sie eher aussahen wie kleine Besenstiele, wir freuten uns an ihnen und kommentierten bei unseren wöchentlichen Gartenspaziergängen jeden Zentimeter Zuwachs.

MITTE Da der Verlauf der alten Zuwegung zum Hof unseren geplanten Terrassengarten tangierte, musste sie komplett neu geplant, genehmigt und umgesetzt werden. Schon nach ein bis zwei Jahren glaubte niemand mehr, dass sie neu angelegt war.

UNTEN Im kommenden Winter wurden bis auf 14 Stück alle Weihnachtsbäume der Plantage gefällt. Einige sollten für die Vögel bleiben, denen wir ja ihre Heimat genommen hatten. Zudem war es schön, in diesem Bereich nicht nur Erde zu sehen.

bewilligt und angelegt werden. Unser Gärtner hat den Verlauf so gewählt, dass gerade mal drei Bäume dafür gefällt werden mussten. Jeder einzelne tat uns in der Seele weh. Wenn ich bedenke, wie viele im Nachhinein durch Stürme gefallen sind, hätten wir unsere Taschentücher in der Hosentasche stecken lassen können. Die neue Zufahrt wurde wasserführend geplant und erstellt, damit wir kein zusätzliches Land versiegeln mussten. Das hat den Nachteil, dass wir in jedem Jahr die über die Zeit entstehenden Schlaglöcher wieder ausbessern müssen. Aber egal, besser als so ein Teer-Ungetüm vor der Nase, das eh nur zum Rasen und Tiere-Umfahren einlädt. Bei unseren Schlaglöchern rast jeder nur einmal.

2013 – Unzählige Bäume und Büsche fanden bei uns eine neue Heimat!

In diesem Jahr wurden fast alle Bäume und Büsche gepflanzt. Es müssen Hunderte gewesen sein. Unser Gärtner hat alles gegeben. Aber beginnen wir im Winter: Zuerst einmal mussten alle Weihnachtsbäume bis auf 14 große Exemplare gefällt und das Schnittgut in riesigen Mengen abgefahren werden. Bäume stehen zu lassen, einige wenige, hatte zwei Gründe. Erstens wollten wir den Vögeln nicht jeden Ast unter den fedrigen Popos wegsägen, zweitens wollten wir nicht ausnahmslos

auf schwarze Erde gucken. Also markierten wir die schönsten sicherlich vierzig bis fünfzig Jahre alten Exemplare, die uns laut Plan weder im Weg noch in den Sichtachsen standen, und sie durften stehen und damit leben bleiben.
Danach wurde das Gelände komplett mit einem Schlegelmulcher, einem riesigen Ungetüm, durchfräst und eingeebnet. Ehemalige Gräben wurden verschüttet, an anderer Stelle ein »Bachlauf« gebaggert, der das Dachwasser zur entstehenden Blänke transportieren sollte. Ein unglaublicher Arbeitsaufwand, den unser Gärtner da nahezu allein bewerkstelligte. Na ja, ganz so groß muss mein Mitgefühl ja gar nicht sein. Denn jeder, der je einen Mann auf einem Bagger gesehen hat, weiß es ganz genau: Männer und Bagger - da gibt es irgendeine genetisch bedingte, auf dem Y-Chromosom liegende Liebe, gepaart mit tiefer Leidenschaft am Tun.
Nachdem das Land dann endlich als schwarze Erde vor uns lag, wurde abgemessen und Jürgen rammte Hunderte von Stäben an allen möglichen Stellen in den Boden. Nun konnte man sich vorstellen, wie die Sichtachsen verlaufen würden und wie die Wege. Wohin das Birkenwäldchen gepflanzt werden sollte, wohin der Baumkreis und vor allem die Allee. Was war es eine Freude, jetzt mit Gummistiefeln ein erstes Mal die imaginären Wege abzuschreiten!
Da Jürgen noch nicht genug gebaggert hatte, baggerte er danach jetzt noch die Blänke aus. Denn irgendwo hinein musste das viele (damals gab es tatsächlich noch viel) Wasser von den Dächern ja geleitet werden.

MASSENWEISE PFLANZEN

Im Frühling bekam ich ein Angebot, dem ich nicht widerstehen konnte. Eine mir seit Kindertagen gut bekannte Gärtnerei wollte schließen und bot mir an, alles, was grün war, für sehr kleines Geld zu übernehmen. Typischer Fall von Gier frisst Hirn! So kam zweimal ein sehr großer Lkw plus Anhänger voll, voll, vollbeladen zu unserem Hof und wir wussten bald nicht mehr, wohin mit all unserer Beute. Das war eine große Hilfe bei der Bepflanzung, wenngleich wir sicherlich die eine oder andere gelieferte Ware so nicht gekauft oder gepflanzt hätten. Aber einem nahezu geschenkten Busch will man ja auch sein Leben retten, selbst wenn er sich Zwergmispel (*Cotoneaster*) nennt oder schlimmer noch *Thuja*. Mit den mitgelieferten Eiben wurde schnell ein Halbkreis gepflanzt, der sowohl das Ende des Haselnussweges markiert als auch das des Nord-Süd-Weges.

Bäume und Büsche überall

Dann wurde das Birkenwäldchen gepflanzt!!! Ich weiß nicht, welches Gefühl stärker war: Dankbarkeit, Glück, Stolz? Ich hatte mein eigenes Birkenwäldchen. So riesig hätte ich es mir im Traum nicht gewünscht.
Beim nächsten Besuch auf dem Hof stand der Baumkreis aus Kegel-Hainbuchen. Mit dem Kompass wurden die Wege ausgerichtet. Der Nord-Süd-Weg beginnt beim Anfang der Allee, durchquert den Baumkreis und endet am Eibenhalbrund. Zwei kleinere Wege nach Osten und Westen wurden mit Felsenbirnen (*Amelanchier*) begrenzt.
Dann kam der Höhepunkt. Die Lindenallee wurde vor die Scheune, unserem zukünftigen Zuhause, gesetzt. Das war ergreifend. Die kleinen Besenstiel-Lindchen hatten zwar noch nichts Erhabenes, aber für uns schon! Wir standen vor unserer (!!!) eigenen Allee. Da die winzigen Bäumchen kaum auszumachen waren und wir ungefähr fünfzig mehr oder weniger große Buchse auf einem der Lkws mit Pflanzen gefunden hatten, pflanzten wir vor jede Linde einen Buchs und markierten so gleichzeitig den ersten Teil des Nord-Süd-Weges auch durch eine doppelte Reihe Buchse.

Trockenheit

Parallel wurden die restlichen Lkw-Bäume und -Büsche in den Boden gesteckt, was bis zum Sommer schon einen ganz netten Baum- und Buschkindergarten ergab. Bei jedem Besuch wurde auch

IM UHRZEIGERSINN Im folgenden Frühjahr wurde ein Bewässerungsgraben für die ausgebaggerte Blänke gezogen, die Allee, mein Birkenwäldchen und Matthias' Baumkreis wurden gepflanzt. Somit standen die wichtigsten Strukturgeber des Gartens. Jetzt konnte losgewachsen werden.

der schwarze Boden grün und grüner und bald schon konnte ein wenig gemäht werden. In diesem Jahr gab es dann den ersten sehr trockenen Sommer. Die frisch angepflanzten Bäume und Büsche mussten gewässert werden und wir sind mit zwei vollen Gießkannen spazieren gegangen. Nicht gut. Da macht der Gartenspaziergang doch deutlich weniger Freude. Das konnte so nicht bleiben! Aber bevor wir weiter darüber nachdachten, wie das Problem zu lösen sei, setzte starker Regen ein und alle Pflanzen waren bestens versorgt. Und die Blänke füllte sich. Welche Freude. Unser Naturpool entwickelte sich bestens!

Beerenobstgarten

Tatsächlich konnten wir im Herbst bereits von einem im Vorjahr gepflanzten Apfelbaum drei Äpfel ernten. Was war das eine Freude. Voller Stolz nahmen wir sie mit nach Hause und nie hat ein Apfel besser geschmeckt als diese wenigen! Das weckte die Gier nach mehr. All die Obstbäume waren nicht genug. Wir wollten auch Beeren ernten im nächsten Jahr, viele Beeren. Also wurde im Herbst zwischen dem Obstgarten und der Allee in vier Reihen ein Beerenobstgarten angelegt. Eine Reihe mit Himbeeren, gefolgt von einer mit Johannis- und Jostabeeren, eine mit Stachelbeeren und eine letzte mit diversen Sorten von Brombeeren. Wieso denkt man bei Beeren immer nur ans Ernten, gegebenenfalls auch noch ans Essen, nie jedoch ans Verarbeiten??? – Böser Fehler! Aber so weit waren wir ja zu dieser Zeit noch lange nicht.

So hatten wir also in diesem Jahr die Grundlage für unseren Parkgarten gelegt. Und zum Ende des Jahres waren wir mächtig stolz und glücklich.

2014 – Beete, ich brauche Beete!

Nachdem wir im vorherigen Jahr gemerkt hatten, dass die Bewässerung zum Problem werden könnte, wurde erneut der Bagger geholt und unser Jürgen durfte auf vielen Hundert Metern seiner Leidenschaft nachgehen und Gräben baggern. Überall im Garten wurden Wasserleitungen verlegt und 15 Wasserstellen über das ganze Gelände verteilt. Für die Bewässerung mit Regenwasser wurde die ehemalige, 80 Kubikmeter fassende Güllegrube geöffnet, gesäubert und mit einer Pumpe versehen. Seither sammeln wir das Wasser einer Dachfläche in dieser Grube und machen es mittels einer Pumpe zur Gartenbewässerung nutzbar.

Es kamen zwei Brücken über den Graben. Eine war ein günstiges Fundstück aus einem fremden Garten, eine andere hat Jürgen aus alten Eichenästen selbst gebastelt. Ohne zu verrotten, macht sie sich nun seit acht Jahren besonders pittoresk auf vielen Fotos.

Im zeitigen Sommer konnten wir bereits die ersten Beeren in unserem Beerenobstgarten naschen. Nachdem die Bäume und Büsche belaubt waren und der Boden begrünt, bekam man eine erste Vorstellung davon, wie wunderschön stimmig sich die Strukturen entwickeln würden. Ein erstes »Parkgefühl« machte sich bei unseren regelmäßigen Spaziergängen breit, wenn wir alle zwei Wochen den Hof besuchten. Gepaart war dies mit einer unbändigen Freude, dass wir da etwas sehr Besonderes kreierten.

Im Jahr unseres Einzugs kamen die ersten sechs Beete dazu. Die Staudenbeete wuchsen erstaunlich gut und bei unserem Einzug hatten wir schon ein wenig Gartengefühl.

Erste Beete mussten her

Nun wurde mir das ganze Grün der Bäume und Büsche doch ein wenig langweilig und ich verlangte nach Bunt. Die Pläne wurden bei einem weiteren Besuch ausgerollt und wir besprachen, wo (möglichst jeweils in der Nähe einer Wasserstelle) erste Beete entstehen könnten. Acht sollten bereits in diesem Jahr angelegt werden. Dafür musste die Grasnarbe abgetragen, der Boden von Wurzelballen der Weihnachtsbäume befreit und aufgearbeitet werden. Denn in unserem Boden, einer Mischung aus Lehm und Mergelgestein, will so schnell nichts wachsen. Gesagt, getan. Unser Jürgen überraschte uns nach weiteren vier Wochen bereits mit den ersten vier Beeten ganz am Ende des Geländes, dort, wo die 2012 zuerst gepflanzten Bäume nun schon gut gewachsen waren und den ersten Schatten boten. Die Beete wurden naturnah bepflanzt, jeweils mit Gehölzen und verwildernden Stauden wie Taglilien (*Hemerocallis*), Gräsern, Wildrosen, beerentragenden Kleingehölzen wie einem Zierapfel der Sorte 'Professor Spenger', usw. Zwei weitere Beete entlang des Weges, später die »Wildstaudenbeete« genannt, wurden einen Monat später angelegt, weitere zwei am neu entstandenen Übergang entlang des Nord-Süd-Weges, heute die »Raubritterbeete« genannt.

Erste Fotomotive

Nachdem die Linden der Allee das erste Laub geschoben hatten, wurden sie zum Lieblingsmotiv für Fotografen und blieben es bis heute. Der Blick durch die damals noch winzigen Bäume ließ bereits erahnen, wie schön diese Blickachse sich entwickeln würde. Hier wuchs etwas ganz Herrliches heran.

In der Blänke, damals stets mit reichlich Wasser gefüllt, wuchs es nun auch ordentlich, besonders

Rasch füllte sich die Blänke mit Regenwasser. Der abführende Graben wollte überwunden werden. Dafür brauchten wir eine Brücke. Wie schön, dass in Jürgens Bekanntenkreis jemand seine loswerden wollte. Die kam uns doch gerade recht.

gerne nutzten wir die viele Brunnenkresse. Hinter der Blänke entstand ein kleines Rondell. Hierhin platzierten wir später einen weiteren Sitzplatz. Daneben wurden zum Schutz einige Rosen und Felsenbirnen (*Amelanchier*) gepflanzt.

Pinetum

Nahe (höchstwahrscheinlich viel zu nahe) eines gepflanzten Mammutbaumbabys (*Sequoiadendron giganteum*) pflanzte Matthias weitere Nadelbäume, denn wir wollten dort eine Art Windbruch in Form eines kleinen Pinetums anlegen. Wie naiv wir doch waren! Aber damals konnten wir noch bis zur 400 Meter entfernten Straße schauen und der Wind pfiff unangenehm über die Felder bis zu uns auf die Terrasse. Inzwischen kommt bereits durch den undurchdringlichen Bewuchs entlang der neuen Straße kaum noch Wind bei uns an. Und dahinter bricht ihn die Wildvogelhecke, dann das Birkenwäldchen und viele andere Gehölze. Aber wir konnten das grüne Wunder, was da munter vor sich hin wachsend auf uns zuwucherte, nicht im Ansatz erahnen. So viel Fantasie hatten wir nicht.

Der Umzug

Im Oktober sind wir mit unseren Katzen umgezogen und sie konnten ihr Glück nicht fassen. Sooo ein großer Garten war nun der ihre. Wir zeigten ihnen das gesamte Gelände und sie haben es seither niemals verlassen. Es ist und bleibt ihr geliebter Garten, den die inzwischen alt gewordenen Herren noch immer voll und ganz beherrschen. Es gibt kaum einen Gartenspaziergang, bei dem

Der erste Frühling im neuen Zuhause! Alles war noch winzig, aber in unserer Fantasie sahen wir einen perfekt angelegten Garten und unser Glück schien nahezu perfekt.

sie uns nicht begleiten. Sie genießen dieses große Areal mindestens so sehr wie wir.
Unser alter Heimat-Gärtner hat uns zum Umzug ein großes Abschiedsgeschenk gemacht. Er brachte uns zwei riesige und unfassbar schwere Steinvasen, die wir inmitten des Baumkreises und als Mittelpunkt vor das Eibenrund platzierten. Hier stehen sie noch immer und bilden markante Punkte, die den Blick in dieser Sichtachse anziehen.

2015 – Ich brauche noch mehr Beete!

Das neue Jahr begann mit dem Aufstellen des Storchennestes. Belohnt wurden wir für diese Mühe mit einem Einzelstorch, der zwei Jahre bei uns während der Brutsaison lebte und uns mit dieser wunderbaren Tierart vertraut machte. Wir haben Stunden damit verbracht, ihn mit dem Fernglas zu beobachten. Leider fand er keine Frau.
Eine Trauerweide wurde an das untere Ende des Grabens gepflanzt, sodass sich eine Sichtachse Terrasse – Allee – Trauerweide ergab. Aus dem gleichen Grund wurden ans Ende des langen Weges einige Lebensbäume, *Thuja occidentalis* 'Smaragd', gepflanzt. Es ist immer gut, das Auge zu einem fernen Punkt zu führen und nicht ins Ungefähre abgleiten zu lassen. Außerdem möchte man auch gern auf ein »Ziel« zugehen. Das macht einen Gartenspaziergang spannend und ein Bild auch.
Im Frühling hatten wir große Freude an der Obstblüte, versprach sie uns doch eine schöne Ernte. Außerdem begannen die in alte Obstbäume gepflanzten Rambler herrlich zu blühen.

Fitnesstraining – ganz günstig

Die im letzten Jahr angelegten Beete mussten zum ersten Mal komplett mit Kompost belegt werden, da der Lehmboden nahezu nicht zu bearbeiten war. Dieser schweißtreibende Beitrag zur Bodenverbesserung ist bestes Muskel- wie Ausdauertraining, denn es müssen viele, nein noch viel mehr Schubkarren vollgeladen werden mit Kompost und zu den sich gefühlt ständig weiter weg entfernenden Beeten transportiert werden, um das schwarze Gut dann wieder gleichmäßig zu verteilen. Ein herrliches Frühlings-Fitnesstraining – und ganz günstig!

Da sich die Beete an sich jedoch sehr gut machten, rief ich erneut nach unserem bei schweren Arbeiten immer wieder einsetzbaren Sonderkommando, unserem alle Garten-Wünsche erfüllenden Gärtner Jürgen. Ich erbat Beete-Nachschub für einen Beete-Nimmersatt. So kamen zwei große Beete am Ende der Nord-Süd-Achse dazu. Eines etwa 200 Quadratmeter groß, also sehr groß. Bepflanzt wurde wieder nach der bewährten Methode: Gehölze wie Schneeball, jede Menge Rosen, aber auch einige Immergrüne. Und dazu kam ein buntes Potpourri unterschiedlichster Stauden. Viele Taglilien und Sonnenaugen, hohes rosa blühendes Mädesüß, diverse Gräser und andere unkomplizierte Pflanzen wie Sonnenhüte und Storchschnabel in Arten. Das Ganze wurde mit dem von mir nicht sehr geliebten, aber unglaublich praktischen Felsen-Storchschnabel (*Geranium macrorrhizum*) umpflanzt.

Da wir bemerkten, dass Rosen unseren schweren Lehmboden bedeutend mehr schätzten als wir, wollte ich Nutzen daraus ziehen. So kam noch

KOMPOST IST DAS GOLD DER GÄRTNER

Für uns stand es von Anfang an außer Frage, dass wir einen großen Komposthaufen anlegen wollten und auch mussten. Schnell wurde klar, dass einer kaum genügen würde. Also bauten wir neben dem Gemüsegarten in einem abgeschirmten Bereich ein **Drei-Kammer-System**. Drei circa sechs Quadratmeter große Abteilungen, wegen der wichtigen Durchlüftung mit auf Lücke gesetzten unbehandelten Hölzern abgetrennt und umgeben, werden von uns genutzt, um jeweils mindestens einen großen Komposthaufen im Jahr anzulegen. Hinein kommen alle weichen Pflanzenreste und die pflanzlichen Küchenabfälle. In der zweiten Abteilung lagert der Kompost des letzten Jahres und in der dritten ist Platz, den Kompost umzusetzen. So ist es kein Problem, in jedem Jahr etwa acht Kubikmeter herrlichste schwarze Erde zu produzieren, mit der wir vor allem die Gemüsebeete, aber auch die Staudenbeete bereichern.

Das zu kompostierende Material wird immer gut durchmischt, sodass z. B. niemals eine dicke Schicht Grasschnitt eine gute Durchlüftung verhindert. Alles andere bearbeiten unsere tierischen »Undergardener«, die mit den zwei scharrenden Füßen. Sie lieben den Komposthaufen und benutzen ihn als Abenteuerspielplatz mit integrierter Fast-Food-Abteilung. Denn hier gibt es viel zu finden. Eine ganze Armee von Pflanzenvertilgern ist längst eingezogen. Neben den Regenwürmern, die sich reichlich bedienen, gibt es die rot gefärbten **Kompostwürmer**, die kleinen Brüder der Regenwürmer. Außerdem finden auch andere **Vögel** Hundertfüßler, Asseln, Springschwänze und Fadenwürmer und sicherlich noch unendlich viele andere Sechs- und Achtfüßler.

Aber keine Angst, für die **Humusproduktion** bleiben genügend kleine Helfer übrig, denn die meiste Arbeit wird von unsichtbaren, weil mikroskopisch kleinen Organismen erledigt. Für ihren Job benötigen sie Sauerstoff, Wasser und Wärme. Zu Beginn der Rotte werden zunächst die leicht abbaubaren Stoffe von den Mikroorganismen vertilgt, wobei Wärme im Haufen von bis zu 70 Grad entsteht. Es wundert mich dann nicht, dass in kühlen Frühlingsmorgen ein warmer Nebel über dem Haufen steht.

So sorgen wir für einen **geschlossenen Kreislauf** von Werden und Vergehen und neuem Werden. In der Natur ist das normal. Dort werden abgestorbene Pflanzenteile stets über den Kreislauf des Fressens und Ausscheidens zu neuer Nahrung zersetzt. In einem naturnahen Garten sollte man diese Regel möglichst beibehalten. Dort, wo es nicht geht, hilft uns der Komposthaufen, um das geschlossene System zu ermöglichen. So kommt einmal mehr nichts hinein und auch nichts heraus aus dem Garten. Was für ein gutes Gefühl.

ein schmales Rosenbeet, unterpflanzt mit fünfzig Storchschnabel der Sorte 'Rozanne' (*Geranium wallichianum*), parallel zur Allee dazu. Alle drei Beete entwickelten sich in einer atemberaubenden Geschwindigkeit und machten uns zusätzlich zu den letztjährigen riesigen Spaß und große Freude - und eine große Menge Arbeit leider auch. Aber wer spricht denn von Arbeit, wenn er gärtnert?

Weitere Projekte

Matthias bepflanzte die Zwischenräume der Hainbuchen im Baumkreis mit kleinen Hainbuchen, die als Hecke das Rund ergänzen und betonen würden, außerdem wollte er eine optische Einheit schaffen. Es stellte sich mit den Jahren heraus, dass das eine tolle Idee war.

Aber auch neue Bauwerke kamen in den Garten. Nachdem uns der Beerenobstgarten nicht nur Beeren zum Naschen produzierte, sondern auch zum Befüllen von mindestens fünfzig Marmeladengläsern und Belegen etlicher leckerster Obstkuchen, wollten wir irgendwo unsere eigenen Weinreben ziehen. Da lagen doch noch die dicken Pfosten der Überlandleitung herum, die wir unter die Erde hatten verlegen lassen. Die könnte man doch ... »Jürgen! Bitte einmal mit den alten Pfosten ein Irgendwas bauen, an dem wir Wein ziehen können.« Gesagt - getan. Der Alleskönner-Mann kam, sah und platzierte ein »Gebäude« unter das Storchennest.

Nach der Fertigstellung musste ich sehr lachen. Liegend hatte ich nicht bemerkt, wie dick die Pfosten teilweise waren. Nun sah das Teil aus wie ein altgriechischer Tempel. Seither heißt unser »Weingarten« Akropolis. Sie wurde mit einigen Weinreben (zu vielen, wenn man ehrlich ist, das Thema Gier hatten wir ja schon einige Male) und zusätzlich noch mit einem Geißblatt, dem Jelängerjelieber (*Lonicera caprifolium*), bepflanzt. Ein paar Rosen an die Außenpfosten mussten auch noch sein. Wir wollen ja ein bisschen Futter für die Insekten bereithalten.

Nun waren wir gespannt, mit wie vielen Kilo Weintrauben der unterschiedlichsten Sorten in Weiß, Rosé und Blau wir zukünftig verwöhnt würden. Noch ahnten wir ja nicht, dass die Vögel sich auch schon lachend die Bäuche hielten, in Vorfreude auf das, was da kommen würde.

Insgesamt hatten wir in diesem Jahr unser Ziel erreicht, einen weitläufigen Parkgarten anzulegen. Die Gehölze hatten sich gut entwickelt, einige Staudenbeete gaben Struktur und Freude beim Betrachten, die wilden Ecken wurden wilder, eine erste Blumenwiesengeneration zeigte, was sie draufhatte, Vögel zogen mehr und mehr ein und die ersten Schmetterlinge wurden sichtbar.

Und ganz wichtig: Es begann zu brummen und zu summen. Die Arche Gaupel nahm Fahrt auf!

RECHTS OBEN Das mit den Staudenbeeten hatte so gut geklappt, also wollte ich zwei weitere. Der Weg zum Ende der Nord-Süd-Achse sollte ein interessantes Ziel bekommen.

RECHTS UNTEN Der Blick aus den Wohnräumen über die Allee in die Ferne war eine tägliche Freude, wenngleich die Lindenkinder noch so klein waren. Aber man ahnte, wie es werden soll.

LINKS Einerseits wollten wir den Mast mit dem Storchennest darauf stabilisieren, andererseits wollten wir wie im alten Garten viele Weintrauben ernten. So wurde die »Akropolis« gebaut.

Sommer im Landgarten

Wenn sich im frühen Sommer Tausende von Rosenblüten öffnen und mit den blühenden Stauden ein buntes Orchester bilden, wird jeder Gartenspaziergang zum Fest für die Sinne.

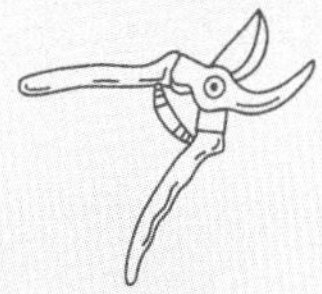

Im Juni blühen überall die Rosen

Eine Rose ist eine Rose ist eine Rose ... Oder gern auch ganz viele? Und noch viele Blüten mehr. Im Juni hat der Garten seinen Höhepunkt erreicht. Das lässt sich nicht leugnen!

Und das Wichtigste: Es hat geregnet!!! Nachdem es am 4. April praktisch zum letzten Mal ausgiebig geregnet hatte (danach hatten wir im April 12 Millimeter Regen), hat es während des gesamten letzten Monats alle paar Tage immer mal wieder ein wenig geregnet, insgesamt 17 Millimeter. Der Garten freut sich ja über jeden Tropfen. Und es zeigt sich, man kann jeden Tag noch so viel gießen, aber es ist nicht möglich, einen Garten künstlich glücklich zu gießen.
Dafür bedarf es mehrerer Regentage mit langsamem Landregen oder wie in den letzten Wochen zumindest immer mal wieder eines ausgiebigen Schauers. Jetzt sieht es in unserem Garten so prächtig aus wie nie. Alle Beete sind dicht zugewachsen, nach meinem Motto: Trau keinem Beet, in dem man Erde sehen kann. Okay, in den beiden Beeten, in denen die Schnecken so sehr zugeschlagen haben, ist es nicht gelungen. Aber überall sonst stehen die Pflanzen stramm aufrecht und sehen supergesund aus.
Es ist eine solch überbordende Blütenfülle, dass es einer Besucherin, die uns letzten Sonntag aufsuchte, die Tränen in die Augen getrieben hat. Sie meinte, es wäre so schön, dass es sie einfach überwältigen würde. Nun, ich will mich nicht über Gebühr selbst loben, aber sie hat recht! Es ist so unfassbar schön, zum ersten Mal denke ich, wir können es mit einem (kleinen) englischen Garten aufnehmen. Und das, obwohl die Rosenblüte noch nicht ihren Höhepunkt erreicht hat.

Rosen über Rosen

Ihren Höhepunkt überschritten hat allerdings die Blüte der wilden Rosen, die wir sowohl an den Zaun in der Obstwiese als auch im hinteren, wilderen Teil des Parkgartens an diversen Stellen ausgepflanzt haben. Diese stets offenen Blüten laden unzählige Insekten zu diversen Mahlzeiten ein und die Rosen sind insgesamt äußerst pflegeleicht. Sie werden nicht geschnitten, sondern alle paar Jahre höchstens ausgelichtet und entwickeln sich dort, wo es ihnen gut gefällt, zu stattlichen Exemplaren. Bei uns tun sie sich immer längere Zeit ein wenig schwer im lehmigen Mergelboden, aber dennoch habe ich, abwechselnd mit den Insekten, große Freude an ihnen.

Rambler und Kletterrosen

Auch haben wir in alle möglichen Bäume offen blühende, halbwilde Rambler gepflanzt. Sie blühen zwar nur einmal, dann aber sehr(!) üppig. So sehe ich gerade jetzt eine mehrere Meter hoch gewachsene 'Paul´s Himalayan Musk', die in eine riesige Tanne hineinwächst. An alte, nicht mehr schöne Obstbäume haben wir auch einige gepflanzt. Sie wachsen langsam, aber sicher in sie hinein und übernehmen die Regie. Insgesamt sind diese Abkömmlinge der heimischen Rosen so wenig anspruchsvoll und so wichtig für die Insekten und so herrlich fürs Auge, dass sie in keinem Garten fehlen sollten.

LINKS Wenn im frühen Sommer alle Rosen blühen, bekommt man auf der Terrasse das originale Dornröschen-Gefühl. Einige Stunden mit einem Buch im Liegestuhl wirken wie eine Kur. Und wenn der Prinz dann »Kaffee« ruft, bin ich wieder erholt.

Unser Rosenpavillon ist mit verschiedenen Ramblerrosen bewachsen. Hier die Sorte 'Jasmina', unsere einzige stark gefüllte Sorte. Leider sind die Blüten sehr schwer.

Und weil ich von ihnen nicht genug bekommen kann, haben wir ihnen außerdem einige stattliche Rankgerüste aufgestellt. Besonders präsent sind sie am Rosenpavillon. Im Moment steht 'Jasmina' in den Startlöchern. Sie ist gefüllt blühend, also für Insekten wertlos, aber ich habe sie nur für mich gepflanzt, weil ich sie so schön finde. Das muss hier und da auch einmal sein. Ihre schweren Blütenköpfe zeigen mir aber dann auch gleich, dass sie wenig natürlich sind, denn sie fallen, einmal nass geworden, viel zu schwer nach unten, werden schnell braun und dann war's das mit der Freude. Aber dennoch. Noch sehen sie wunderschön aus.
Den nächsten Rambler-Höhepunkt sieht man neben dem Terrassengarten an der Rosenpergola, die einen Weg zur Terrasse überdacht. Leider waren auch hier im letzten Jahr alle Rosen komplett bis zum Boden zurückgefroren. Aber sie haben sich erstaunlich schnell erholt. So ein Rambler wächst halt gern einmal drei bis vier Meter im Jahr. Eine erste 'Perennial Blue' hat es nun schon wieder bis nach oben geschafft und ich denke, im nächsten Jahr hat der Durchgang dann auch hier und da wieder ein blühendes Dach. Allerdings wird es noch Jahre dauern, bis er wieder richtig zugewachsen sein wird, wie er es vor Jahren war.
Das Gleiche gilt auch für den Bogengang im Parkgarten. Hier wächst vor allem die ebenso unempfindliche wie blühfreudige 'Christine Helene'. Sie hatte es im letzten Jahr am wenigsten erwischt und umso herrlicher steht sie nun meterhoch in Blüte. 'Perennial Blue' hat sich auch hier wieder erholt und holt auf.
Zumindest die diversen Clematis-Pflanzen (alles *Clematis viticella*-Sorten, weil ich sie als recht

unempfindlich einstufe) sind üppig gewachsen und stehen in Knospe, um den Blütenrausch zu verlängern, sobald die Rosen verblüht sein werden. Die Kletterrosen und Beetrosen blühen stets ein wenig später. Ihre Blüte kommt in den beiden nächsten Wochen zum Höhepunkt. Besondere Freude macht mir im weißen Garten aber der Rambler 'Guirlande d'Amour'. Vor zwei Jahren gepflanzt, ist er nun erstmalig so weit, dass man die darunter stehende Bank als rosenumrankt wahrnehmen kann. Die daneben stehenden Strauchrosen tun sich noch immer ein wenig schwer. Sie haben wohl Schwierigkeiten, sich vor der Vogelhecke zu entwickeln. Aber Rosen sind zäh. Sie werden das schaffen, da bin ich sehr sicher.

In der zweiten Junihälfte haben die Strauchrosen, Bodendeckerrosen, aber auch die Rambler noch einmal alles gegeben und sind auch noch nicht fertig damit. Ich liebe diese Zeit wie keine andere im Jahr. Nie ist der Garten so schön wie im Moment. Manches Mal denke ich, dass ich das ganze restliche Jahr auf diesen Moment hinarbeite. Die Beete sind so herrlich, auch hier blühen überall die Rosen. Es liegt ein wunderbarer Duft über dem ganzen Garten, wenngleich ich stets Rosen kaufe, die sehr wenig duften, denn ich vertrage ja den intensiven Rosenduft leider überhaupt nicht.

Ganz herrlich ist nun auch der Weg von der Terrasse zum viktorianischen Glashaus, wo die Rose 'Escimo' wie in jedem Jahr den Weg begrenzt. Diese Rose ist so unempfindlich, braucht nie einen Tropfen Wasser und Unmengen von Insekten tummeln sich in ihren offenen Blüten, die außerdem auch noch eine wochenlange Lebenszeit haben. Und obendrein remontieren die Rosen im Herbst nach einem Rückschnitt komplett.

Jeder sollte eine 'Escimo' im Garten haben, auch im allerkleinsten!

Am Laubengang im Parkgarten wächst die Rose 'Christine Helene'. Sie ist extrem blühfreudig und unbedingt zu empfehlen.

Hier mein Favorit - die Rose 'Raubritter'. Entgegen ihres Namens nimmt sie nichts, sondern gibt überreichlich rosa Blüten.

Die Rose 'Aspirin' blüht jetzt um die Terrasse herum üppigst in Weiß, das im Verblühen in Rosa übergeht, und nach dem Rückschnitt beschenkt sie uns im September mit einer weiteren Blüte in Zartrosa. Die ganze Terrasse ist im Moment ein reines Blütenmeer und es ist jedes Mal wieder ein Highlight, wenn Besucher, die unseren Garten zumindest in dieser Zeit nicht kennen, um die Ecke des Hauses kommen und sich dem Traum in Weiß gegenübersehen. Sie sind dann wirklich geflasht und ich erfreue mich am mit Sicherheit kommenden »Ah!« immer wieder sehr. Anscheinend haben wir hier einiges richtig gemacht. Leider sind die Kletterrosen 'Hella' nun schon stark im Verblühen, und die Amsel, die in ihr gebrütet hat, hat mit den Kindern das Nest verlassen. Jetzt sieht die Terrasse geradezu festlich geschmückt aus, denn überall breitet sich ein Teppich von abgefallenen Rosenblättern in Weiß aus.

ERSCHEINUNGSWETTER

Anfang Juni, nachdem es in der Nacht reichlich geregnet hatte, war eine ganz besondere Stimmung im Garten. Es war das, was ich immer »Erscheinungswetter« nenne. Wenn die Strahlen der aufgehenden Sonne sich im Dunst brechen und die Beete und Bäume nach und nach durch diese Strahlen fast mystisch in Szene setzen, dann stelle ich mir jedes Mal vor, dass die Menschen des Mittelalters verständlicherweise in solchen Situationen dachten, dass die Jungfrau Maria ihnen gerade erscheint. Es ist einfach nur zum Atemanhalten! Solche Momente muss man in sich aufnehmen und gut verschließen, man kann sich dann noch jahrelang an ihnen erfreuen. Matthias hat es da einfacher. Er kann versuchen, diese raren Situationen mit der Kamera einzufangen, aber so ganz kann das kein Foto wiedergeben. Keinesfalls wiedergeben kann ein Foto das unbeschreibliche Glück und die Dankbarkeit, die sich bei solchen Gelegenheiten in mir ausbreiten. DAS ist Reichtum, wahrer Reichtum. Sein Herz mit Garten und Gartenerlebnissen völlig kostenlos immer wieder auffüllen zu können, sodass man meint, es müsste platzen. Hilft auch gut als Gegengewicht zum Rückenweh, wenn man zu viel gearbeitet hat.

Pflanzenkauf - nicht ungefährlich!

Aber ein Garten erbaut ja nicht nur immer und ständig. Zweimal war ich in den letzten beiden Wochen bei meinem Pflanzendealer »Stade« in Borken. Ich bereite diese Besuche aus reinem Selbstschutz immer gut vor, indem ich ihnen eine Liste mit den gewünschten Stauden zumaile. Dann bekomme ich den Zeitpunkt genannt, wann ich die Schätze abholen kann. Das »erspart« mir und meinem Portemonnaie einiges an Unbill, denn einen solchen Staudengärtner in der Nähe zu haben, das ist ein Segen und ein Fluch zugleich. Ließe man mich ungebremst durch die unzähligen Reihen der angebotenen Schätze flanieren - ich benötigte bei jedem Besuch einen Anhänger zum Abtransport der gehamsterten Waren.
Als Alternative habe ich es versucht, mit auf dem Rücken verschränkten Armen durchzugehen - hat aber auch nicht geklappt. Spätestens zu Hause mit der üppigen Fracht angekommen, steht man dann schnell vor dem nächsten Problem: Wohin mit all den - viel zu vielen - Pflanzen? Dann kommt die Methode des Stopfgärtners zum Tragen. »Was? Da sind noch fünf Quadratzentimeter freier Boden im Beet? - Also genügend Platz für ein sich munter ausbreitendes Pflänzchen. – Nehmen wir ein *Geranium*, das kann ja so herrlich seine Blüten über das Grün der Nachbarn ausbreiten.« - Wenn ich ehrlich bin, muss ich es zugeben! Für eine jede Pflanze, die man in meinen Beeten sieht, habe ich sicherlich drei gekauft und gepflanzt. Viel zu eng gepflanzt. Mit dem Ergebnis, dass die frisch gepflanzte Staude und eventuell auch die Nachbarpflänzchen einander erdrückt haben. Das ist eben-

RECHTS An die Hauswände im Terrassengarten wurden drei Stöcke der Kletterrose 'Hella' gepflanzt. Nach einigen Jahren haben sie den Giebel erreicht. Nun zeigen sich Besucher regelmäßig begeistert, wenn sie zur Blütezeit die Terrasse betreten.

so teuer wie traurig. Also habe ich die Strategie geändert. Und so arbeite ich nun recht erfolgreich nach oben erklärter Methode. Ich neige da halt ein klein wenig zur Sucht im Angesicht der Ware und muss mich selbst schützen. Klappt einigermaßen. Aber manches Mal, da gehe ich mit Freunden »zum Anfixen« zu Stade, nachdem ich ihnen erklärt habe, sie mögen doch bitte nicht ihr gutes Geld für schlechte Ware im Gartencenter verschleudern. Und dann nehmen wir für deren Garten alles, was nicht bei drei in anderen Kisten gelandet ist, und ich sage nicht: »Pass auf, das wird zu viel!« Dann befriedige ich frech auf Kosten anderer meine Sucht. Sollen sie doch selber merken, wie's geht ... man kann ja nicht nur gut sein, oder?

Schneckenschrecken

Jedenfalls habe ich nun die von den Schnecken erfressenen Lücken munter wieder zugepflanzt und durfte bereits nach einer Woche entdecken, dass die zwei Meter entfernt völlig unbeschadet in ganzer Pracht wachsenden Sterndolden (*Astrantia*) nun - neu gepflanzt - nur noch aus armseligen Stängelchen bestehen. Autsch! Das ging aber

Sehr dankbar im trockenen Bereich ist das Kaukasus-Geranium *G. renardii* 'Philippe Vapelle'. Und wunderschön außerdem.

schnell. Und wieder für drei fuffzig Schneckenfutter gekauft - pro Pflänzchen versteht sich!
Aber andere Stauden stehen wiederum noch gut im Beet. Die sind halt anscheinend wirklich unbekömmlich wie z.B. Sorten des Wiesenknöterichs (*Bistorta*). Gut! Da geht's also lang.
Die nächsten drei Kisten stehen schon bereit. Sie werden heute noch in die vielen großen Lücken des weißen Gartens wandern. Dafür hatte ich ja extra weiße Kosmeen ausgesät und die bereits recht stattlichen Pflänzchen, einmal ausgepflanzt, bereits nach drei Tagen nicht mehr gesehen. Nee, das ist alles nicht lustig.
Aber dennoch: Niemals könnte und würde ich eine Schnecke, wie gerade in einem Kurzvideo von einem sehr bekannten Hortusianer gesehen, in der Mitte mit einer Schere entzweien. Erstens, weil es mir zuwider wäre, zweitens, weil ich das Leben eines jeden Geschöpfes, okay, außer Zecken, absolut achte, und drittens, weil ich fest entschlossen bin, nicht Gott in meinem Garten zu spielen, und mich nicht zum Entscheider über Leben und Tod aufspielen möchte. Davon ganz abgesehen bin ich sehr sicher, dass auch Schnecken einen äußerst wichtigen Beitrag beim Zusammenspiel von Leben und Sterben im Biotop leisten, selbst wenn er sich mir nicht immer sofort erschließt. Solch respektloses und brutales Handeln einem Lebewesen gegenüber ist mir wirklich suspekt, und wenn ich ganz ehrlich bin, es mindert meinen Respekt vor solchen Menschen.
Aber es muss natürlich jeder selbst entscheiden, wie viele Leichen den eigenen Lebensweg pflastern mögen. Ich nehme es jedenfalls als Herausforderung an, meine gärtnerischen Fähigkeiten zu verbessern, und werde so lange nach dem »Versuch-und-Irrtum-Prinzip« pflanzen, bis ich die nahezu perfekte Zusammenstellung gefunden habe und der Garten trotz der vielen Schnecken zum lückenlosen Paradiesgarten geworden ist.

Beth-Chatto-Beet

Keinerlei Probleme mit Schnecken haben wir im Beth-Chatto-Beet. Schon heute Nachmittag kommt eine Gruppe Garteninteressierter zu einem

Wenn das Beth-Chatto-Beet voll in Blüte ist, gehört es zu meinen Lieblingsbeeten.
Hier haben sich u. a. diverse Sorten Salbei, *Stipa tenuissima* und Fenchel angesiedelt.

Vortrag über naturnahes Gärtnern in unseren Garten und ich freue mich, dass dieses Beet seinen absoluten Höhepunkt hat. Hier werde ich etwas länger referieren, denn man hat ein zauberhaftes Beet, das, naturnah bepflanzt, reichlich Nahrung für Insekten bietet, gleichzeitig keine zusätzliche Bewässerung benötigt und mit circa fünf Minuten Arbeitsaufwand im Jahr pro Quadratmeter für den faulen Gärtner genau richtig ist. Außerdem ist das von Schotter umgebene Beet auch absolut schneckenfrei. Den zarten Wänden der Schneckenbäuche scheint mittelgrober Schotter einfach nicht zuträglich zu sein.
Notiz an mich selbst: Im nächsten Frühjahr werde ich auf jeden Fall mittelfeinen Schotter auf die besonders von den gefräßigen Untieren malträtierten Beete aufbringen!

Hühner versus Johannisbeeren

Apropos Untiere. Die Hühner haben Hausarrest. Ich fragte Matthias vor einer Woche: »Hast du die Hühner noch nicht rausgelassen?« - Es kam ein grummelndes: »Die bleiben in ihrem Gehege!« - »Warum?« - »Die Biester hab ich dabei erwischt, wie sie mir die noch unreifen Johannisbeeren abfressen. Ich wusste gar nicht, wie hoch so ein Huhn springen kann. Die kommen erst wieder raus, wenn ICH die Johannisbeeren gegessen habe.« - Uff, der Mann hat ein Machtwort gesprochen. Er liebt seine Hühner wirklich sehr. Bei seinen geliebten roten Beeren, da ist dann aber mal Schluss mit lustig.
Tatsächlich hängen die Sträucher wirklich gut voll mit Beeren und ich werde nach dem Pflücken immer mal heimlich eine Handvoll im Hühnergehege

Später gesellen sich noch Edeldisteln und *Allium sphaerocephalon* zum *Stipa*. Dann wird es vollends zauberhaft. Für einen Trockenbereich kenne ich kaum Schöneres.

fallen lassen, so geht's ja nun auch nicht! Vor allem aber sind die Stachelbeeren bald reif. Die mag ich besonders gern. Nicht weil ich sie so besonders gern esse, sondern weil sie mich in jedem Jahr zu einem sagen wir mal sechs Jahre jungen Mädchen mutieren lassen. Ich sehe mich bei einer jeden Beere, die ich mir in den Mund stecke, im ersten so wichtigen Garten meiner Kindheit neben meinem Opa stehen, der mir die leckersten Beeren anbot. So werden auch leicht säuerliche Stachelbeeren zu einem süßen Erlebnis für mich. Und für die tatsächliche Süße haben wir ja noch die leckeren Himbeeren in Hülle und Fülle!

Bauernbeet im Hausgarten

Neben dem Beth-Chatto-Beet ist mein liebstes im Moment das Bauernbeet im Hausgarten. Es hat jetzt seinen Blühmarathon begonnen und ist zum Glück erst bei Kilometer zehn. Dieses Beet, das es mir so schwer gemacht hatte, präsentiert sich nun so herrlich. Es blühen eine solche Unmenge von Stauden, dass ich sie unmöglich alle aufzählen kann. Besonders schön, fast zu schön, finde ich die Päonie 'Sarah Bernhardt' mit ihren einigermaßen stabilen rosa-gelben Blüten. Ihre Blüte ist stets ein Höhepunkt im Beet.

Zum Glück haben sich die meisten Rosen erholt. Es gibt eine 'Rose de Resht', die mit ihren pomponartigen Blüten monatelang blüht. Sie ist zumindest wieder nahezu einen Meter hoch. Mein absoluter Favorit jedoch ist die Bodendeckerrose 'White Meidiland', die an einem Rankgerüst früher drei Meter hoch und zwei breit mit ihren Tausenden öfter blühenden, kleinen weißen Pompons das Betrachterauge beglückte. Sie war auch im letzten Rosenhorrormärz bis auf den Boden erfro-

ren und ich dachte, ich hätte sie verloren. Nun ist sie schon wieder über einen Meter hoch und einen halben breit. Wenn man also eine Bodendeckerrose einfach in ein Rankgerüst stellt und wachsen lässt, dann kann man sie auch zu einer wirklich riesigen, herrlichen und überbordend blühenden Schönheit erziehen.
Ansonsten bezaubert mich jetzt im frühen Sommer das Ineinanderwachsen der verschiedenen *Geranium*-Stauden. Es gibt den Beeten eine impressionistische Anmut, der man sich kaum entziehen kann. Später, wenn die anderen Stauden größer geworden sind und ihrerseits das Blüh zepter übernommen haben, werden die *Geranium*-Pflanzen zurückgeschnitten und blühen dann ein zweites Mal nach ein paar Wochen. Eine ganz herrliche Pflanzengattung. Man kann gar nicht genügend Sorten davon haben. Auch dankenswerterweise unbekömmlich für Schnecken. Außerdem gibt es sie für wirklich alle Bereiche, von trocken bis feucht, von vollsonnig bis vollschattig.

Katzenminze

Einen weiteren pflanzlichen Höhepunkt stellt für mich in jedem Jahr die Katzenminze dar. Sie gefällt mir fast so gut wie unseren Katzen. Noch lieber mögen jedoch die Insekten sie. Wir haben am Wegekreuz zwischen Terrassengarten und dem Weg zum Haupthaus vier größere Gruppen von *Nepeta* x *faassenii* 'Walkers Low', meiner liebsten Katzenminze, gepflanzt. Sie blüht von Mai bis Oktober durch. Es ist einfach unglaublich, wie viele Insekten sich eigentlich ständig in ihr aufhalten. Manches Mal schneide ich hier und da einen

Im Hausgarten gibt es eine große mit Zierkirschen bepflanzte Wiese, umgeben von Beeten. OBEN sieht man links den Blick von der Ostterrasse zum Glashaus und rechts das große Bauernbeet. UNTEN ahnt man links die Vielfalt der Bepflanzung. Rechts schaut man auf die über der Bruchsteinmauer liegende Ostterrasse.

Zweig ein wenig zurück, damit sich neue Blüten bilden. Ich würde gern wissen, wie viel Honig wir allein diesen vier dicken Büscheln *Nepeta* zu verdanken haben. Und das Schönste: Sie braucht keinerlei Wasser oder gar gute Erde. Im Gegenteil. Man setze sie in mageren Boden und ab geht die Minze! So einfach kann Gärtnern sein.

Bruchsteinmauer

Wenn ich nun vom Hausgarten kommend zur Terrasse gehe, komme ich an der Bruchsteinmauer vorbei. Wie ist es nur möglich, dass sie sich so zauberhaft selbst begrünt hat? Ich bin wirklich stets entzückt über die kleineren und größeren »Mauerblümchen«, die sich hier eingebürgert haben. Bei den kleineren Vertretern wie Glockenblume (*Campanula*), Mauerpfeffer (*Sedum*) und Co. kann man es ja noch verstehen, aber dass sich große Fingerhüte (*Digitalis*) dort einfinden und in jedem Jahr wachsende Stöcke der Spornblumen (*Centranthus*), das finde ich wirklich erstaunlich.

In der Bruchsteinmauer haben sich mit den Jahren viele geeignete Pflanzen selbst eine Heimat gesucht. Am Treppenaufgang zur Südterrasse gefällt es den Spornblumen besonders gut.

Ostterrasse

Auch auf der Ostterrasse hat sich ein ganz märchenhaftes Bild von ganz allein ergeben. Hier wachsen zwischen den Steinen an der Hauswand in totaler Trockenheit das Mutterkraut (*Tanacetum*) und das Leinkraut (*Linaria*), auch ein großer Bestand von Glockenblumen hat sich hier entwickelt. Das sind solche zauberhaften Bilder mit wirklich sehr romantisch anmutender Wirkung.

Der weiße Garten

Ganz besonders schön ist Ende Juni der weiße Garten. Die Rosen haben sich noch einmal richtig ausgebreitet mit ihren Blüten. Nun umrankt 'Guirlande d'Amour' den Sitzplatz aufs Schönste. Sogar unserem Hund Mondo gefällt der Platz. Die Stauden haben sich jetzt im vierten Jahr nach ihrer Pflanzung wunderbar entwickelt. Die Päonien in diversen Sorten sind enorm lange blühwillig, wenngleich die Blüten vom Boden grüßen.
Die Riesen-Dolden-Glockenblume (*Campanula lactiflora*) 'Alba' gibt alles, wo die Schnecken ihrer nicht habhaft werden konnten, die sich redlich bemüht haben. Desgleichen haben sie es bei der Späten Indianernessel (*Monarda fistulosa*) 'Schneewittchen' versucht, aber auch hier gibt es noch Restbestände, die knospen.
Die Traubige Katzenminze (*Nepeta racemosa*) 'Snowflake' hat sich gut entwickelt und blüht und macht sich breit wie nur etwas. Besonders gut machen sich hier im schattigen Bereich die September-Silberkerzen (*Cimicifuga ramosa*), die bereits jetzt im fetten Grün stehen. Der riesige Wald-Geißbart (*Aruncus dioicus*) 'Kneiffii' blüht, was das Zeug hält, genau wie die vielen Großen Sterndolden (*Astrantia major*) 'Superstar', nomen est omen, die sich bereits üppigst versamen.
An anderer Stelle sind sie bis auf die Stängel von den Schnecken vernichtet, hier werden sie nicht angerührt. Ich werde es nie begreifen.
Ganz besonders liebe ich die hohen Wiesenknöpfe (*Sanguisorba tenuifolia*) 'Albiflora', die sich enorm breitgemacht haben. Und noch ganz vieles anderes mehr. Es ist eine Pracht. Hier sitze ich nun öfter am Abend, wenn die Sonne sich neigt. Alle

OBEN Der weiße Garten wird zur Wildvogelhecke hin durch ein geschmiedetes Rankgestell abgetrennt. In der Mitte rankt die Rose 'Guirlande d'Amour'. So entsteht ein geschützter Raum über einer Sitzbank. Den genießt auch unser Hund Mondo.

MITTE Die Stauden beginnen nun, mit den Rosen um die Wette zu blühen, und erste Gräser lockern das Bild ganz herrlich auf. Jetzt sitze ich täglich, oft abends, einige Minuten auf der Bank unter der Linde und nehme das blühende Spektakel in mich auf.

UNTEN So schöne Blumensträuße entwickeln sich von ganz allein im Garten. Hier eines meiner Lieblingsgräser, das Reitgras 'Karl Foerster', mit der sich versamenden Staude *Astrantia major*. Solch ein Blumenstrauß hält mehrere Wochen lang.

Tiere begleiten mich, die Katzen kommen mit zu mir auf die Bank unter der Linde und streiten sich um den besten Platz auf meinem Schoß, während die Hunde zu meinen Füßen auf dem Rasen liegen. Dann ist es Zeit, diesen magischen Platz und seine Wirkung auf den Besucher, als den ich mich empfinde, in mich aufzunehmen. Ich darf für einen Moment an diesem paradiesischen Ort partizipieren. Nur zu dieser Zeit geht von dem reinen Weiß der Blüten ein ganz besonderes Leuchten aus. Alles sieht rein, bescheiden und sehr elegant aus. Dabei so unaufdringlich und märchenhaft verzaubert. Es ist eine solche beglückende Ruhe, die sich hier zu genau dieser Zeit in mir ausbreitet, eine so große Freude, etwas so Schönes geschaffen zu haben. Dann ist mein Glück perfekt. Dann denke ich keine Sekunde an die manches Mal mühevolle Arbeit, an die oft wehen Knochen, dann bin ich einfach nur dankbar für diesen Moment. Er wird vergehen, aber das Gefühl, das er mir hinterlässt, wird mich begleiten bis zu meinem Tod. Da bin ich ganz sicher. Das ist es, was Gärtnern meint. Was den Höhepunkt ausmacht. Man fühlt sich eins mit dem Geschaffenen und allem, was in ihm wohnt. Mehr Glück geht nicht!

Noch hat sich die Nelkenrose 'Pink Grootendorst' nicht wieder völlig erholt vom starken Frost vor zwei Jahren. Unterpflanzt wurde sie mit diversen *Geranium* und *Nepeta*.

Das blaue Beet

Natürlich sind auch andere Beete im Moment ganz wunderbar. Jetzt ist auch die Zeit für das blaue Beet gekommen, das im Herbst blau blüht, jetzt meist in Rosa und Weiß. Hier sind es die vielen Strauchrosen, die mit ihrer üppigen Blüte als Hintergrundbepflanzung über viele Meter als Rosenrausch beeindrucken. Das Ende des Beetes markiert ein zwar nicht wirklich lecker riechender, aber dafür sehr imposant blühender Bergknöterich (*Aconogonon speciosum*) 'Johanniswolke'. Ich mag diese Staude trotz ihres Geruchs, bei dem ich früher dachte, der Hund hätte sich diese Pflanze als Lieblings-Pipi-Ort ausgesucht, wirklich sehr. Ich habe sie an mehreren Stellen im Garten, aber sie benötigt wirklich viel Platz und, wie gesagt, eine möglichst unempfindliche Nase.

Nelkenrose

Meine Lieblingsrose in diesem Beet ist die nun schon fast zwei Meter hohe Nelkenrose 'Pink Grootendorst'. Sie ist ein echtes bewehrtes Mistvieh mit ihren vielen Stacheln. Es braucht wirklich gute Handschuhe, wenn man ihr Schnittgut beseitigt. Aber sie ist eben auch eine absolute Schönheit mit ihren ausgefransten, kleinen rosa Blüten. Außerdem verleiht eine leichte grüne Bemoosung ihrer Blüten dieser Rose für mich einen ganz besonderen romantischen Charme. Die Blüten remontieren lange Zeit, blühen über Wochen, duften ganz zart und die Rose ist völlig unempfindlich gegenüber irgendwelchen Erkrankungen. Eine Traumrose, die im Laufe der Jahre zu einem großen, imposanten, lange blühenden Strauch heranwächst.

Storchschnabelvielfalt

Ansonsten wachsen und blühen in diesem Beet noch viele Sorten von *Geranium*. In einem langen Streifen blüht seit Wochen der Zierliche Storchschnabel (*Geranium gracile*) 'Sirak', unter der Nelkenrose blüht ein unbekannter Storchschnabel in genau passendem Rosé. Überall unter den Rosen und auch sonst durchziehen die im späten Sommer meterlangen, blau blühenden Ausläufer der *Geranium*-Hybride 'Rozanne'. Sie blühen nun seit etwa zwei Wochen und ihre letzte Blüte wird sich im November zeigen, in der Zwischenzeit erfreut sie mit einem blau-violetten Blütenrausch.

Steinkäuze

Unser Freund Winfried Rusch war hier und hat die Steinkauzkinder beringt. Seit 40 Jahren arbeitet er unermüdlich daran, dass diese kleinste heimische Eule im Münsterland wieder öfter angetroffen wird. Es ist ihm gelungen. Er ist ständig durch die Lande gefahren und hat Plätze gesucht, wo die Käuzchen genügend Nahrung finden könnten, hat dann die Landwirte besucht und sie davon überzeugt, dass er in geeigneten Bäumen Brutröhren anbringen durfte. Diese besucht er mehrmals im Jahr, kontrolliert das Brutverhalten und in Zusammenarbeit mit der Vogelwarte Helgoland beringt er die Jungvögel zu Forschungszwecken. So war es ein Leichtes, auch hier eine solche Röhre anzubringen. Mit Erfolg! Die kleinen Eulen brüten immer wieder und finden anscheinend auch genügend Nahrung auf unserer Obstwiese. Lieb wäre es mir, wenn sie ihr Beutespektrum auf Wühlmäuse erweitern könnten. Daran haben sie aber leider kein Interesse gezeigt, bisher. Nun war es also wieder so weit und die vier kleinen Eulenkinder mussten nach ihrer empörten Mutter ihre Brutröhre kurz verlassen, um von großen Menschenhänden für sie völlig unnötige Metallringe um die Füßchen gelegt zu bekommen. Für die Winzlinge wie für mich in jedem Jahr eine aufregende Angelegenheit. Sie tun mir einerseits so leid, andererseits ist es schon ein besonderes Erlebnis, ein solch kleines Eulenkind auf der Hand zu halten. Schnell werden sie natürlich wieder in ihre Röhre verfrachtet, wo sich Mutter und Kinder sicherlich bald erholen von der Aufregung.

Den zukünftigen Generationen wird dieser Stress erspart bleiben. Winni geht auf die Achtzig zu und es wird ihm zu anstrengend, monatelang mit einer Leiter über dem Arm und dem schweren Beringungskasten in der anderen Hand zu den oft von einer Parkmöglichkeit weit entfernten Brutröhren zu marschieren. Er wird sein Projekt als erfolgreich beenden. Es ist ihm durch seinen Einsatz gelungen, die Population im Münsterland auf eine der höchsten in ganz Deutschland anwachsen zu lassen. Hoffentlich findet sich jemand, der sich dieser Aufgabe gewachsen sieht und sie übernehmen mag. Ich jedenfalls bin froh, dass wir diesen kleinen Eulenschatz in unserem Garten hören und sehen dürfen.

Mäharbeiten

Damit die Käuzchen genügend Mäuse erbeuten können, muss die Wiese schnellstens gemäht werden, obwohl sie so unglaublich schön aussieht, wenn sie so hoch im Gras steht. Gemäht wird wie immer mit dem Balkenmäher und gerade im Moment ist Matthias dabei, das Mahdgut in einem Bereich zusammenzurechen, gemeinsam mit einem Freund, der sich hilfreich zu ihm gesellt hat. Natürlich wird hier die Staffelmahd angewandt. Das bedeutet, dass immer nur stückweise gemäht

Es ist ein wirkliches Erlebnis, ein winziges Eulenkind in den Händen zu halten, wenngleich es nur einen Moment dauert, es zu beringen. Danach darf es sofort wieder zurück in die Röhre.

Nie zuvor bin ich Wasserfenchel begegnet. Es kommt mir noch immer komisch vor, einen solch imposanten Doldenblütler über der Wasseroberfläche schweben zu sehen.

wird. Jede Woche etwa ein Viertel der Fläche. So können die Insekten aus dem einige Tage liegenden Gras auf andere Flächen umziehen und haben stets Nahrung und Lebensraum.

Waldsee

Der Waldsee kommt jetzt auch zu einem pflanzlichen Höhepunkt. Hier entwickelt sich in jedem Jahr ein großes Vorkommen von Wasserhahnenfuß (*Ranunculus aquatilis*) und an anderer Stelle eines von Großem Wasserfenchel (*Oenanthe aquatica*). Dieser überzieht nun mit seinen halbmeterhohen Wedeln die Hälfte der Seeoberfläche und es ist eine wahre Show, wenn er in einiger Zeit blüht, denn die Blüte zeigt sich als handtellergroße weiße Dolde. Ein Festmahl für Käfer. Sehr ungewöhnlich, wenn man den See weiß blühen sieht.

Störche

Und was macht unser einzelnes Storchenkind? Es wächst, nein, es wuchert. Die Eltern produzieren ein Storchenmöpschen. Ich bin nicht sicher, ob es irgendwann vom Nest wird fliegen können. Warum? Elefanten fliegen nicht! Auch nicht mit zwei Flügeln. Na, warten wir es ab! Hauptsache, die kleine Familie bleibt in den nächsten beiden Monaten gesund und munter.

Storchrettung

Und schon Mitte Juni gab es Aufregung um unsere Storchis! Gute Güte, wir hatten große Sorgen und einen Feuerwehreinsatz. Nachdem uns eine Gruppe mit Gartenbesuchern verlassen hatte, schaute Matthias durch das Teleobjektiv, das auf das Storchennest gerichtet ist, und sah zum ersten Mal das Storchenkind stehen. Bisher erschien es uns immer so unbeholfen, es wollte sich hinstellen, aber es gelang ihm irgendwie nicht so recht. Nun wurde das Drama klar. Beide Beinchen waren komplett mit irgendwelchen Bändern umwickelt, die die Eltern als vermeintliches Nistmaterial mitgebracht hatten. Deshalb konnte sich das arme Vogelkind kaum bewegen.
Es war inzwischen Samstagabend gegen halb sechs. Woher sollten wir jetzt einen Hubsteiger bekommen, geschweige denn jemanden, der damit umgehen kann? Ohne einen Steiger ist an das acht Meter hohe Nest kein Drankommen. Wir waren sehr verzweifelt und mir kam der Gedanke: »Ich rufe jetzt die Feuerwehr an!« - Nach kaum zehn Minuten kamen zwei junge Männer mit einem 18 Tonnen schweren und riesigen Einsatzwagen. Aber mit diesem breiten Wagen konnten sie weder den Zugangsweg zu unserem Garten überwinden, zumal der auch noch komplett zugewachsen war, noch hätten sie durch das Tor zur Obstwiese und bis zum Nest fahren können. Nun war guter Rat teuer. Ich rechnete damit, dass die beiden Feuerwehrleute nun wieder unverrichteter Dinge abfahren würden. Aber weit gefehlt. Sie meinten, es sei eindeutig Gefahr in Verzug für das Storchenkind und sie müssten und wollten dem Vogelkind unbedingt helfen. Sie hatten allerdings bis dahin noch keine Ahnung, wie sie es anstellen könnten, aber sie würden sich etwas einfallen lassen.
Es folgten mindestens zwanzig Minuten lange Überlegungen und etliche Telefonate. Wer könnte einen Hubsteiger haben? Wen könnte man jetzt um diese Zeit, gerade zur besten Schützenfestzeit, erreichen? Die beiden gaben einfach nicht auf. Plötzlich ein »Hurra!«. Ein Bekannter wusste von einem Bekannten, dass dieser vor einer Woche einen neuen 7,5-Tonner bekommen hätte mit

einem Hubsteiger. Und der wäre bereits aus einem nahe gelegenen Ort zu uns unterwegs. Jetzt wäre es ein Klacks, ins hohe Nest zu gelangen.
Aber vorher mussten die beiden zuerst »mal eben« mit mitgeführten Kettensägen und Leitern den Weg freisägen, damit der immer noch reichlich große Wagen einigermaßen passieren könnte. Kaum waren sie damit fertig, es war inzwischen acht Uhr, kam der nette Herr mit seinem nagelneuen weißen Gefährt und es schien ihm nichts weiter auszumachen, den einen oder anderen Kratzer in den neuen Lack zu bekommen. Auf zwei Zentimeter genau schaffte er es durch unser Tor durch. Okay, man hätte auch die Außenspiegel einklappen können, aber das wurde von den echten Jungs als unsportlich empfunden. Mit einigem Rangieren jedenfalls stand der große Wagen schließlich vor dem Nistplatz. Die Storchenmutter war inzwischen absolut starr vor Stress um ihr Junges. Sie stand bewegungslos im Nest wie eine Statue. Beide taten mir so leid. Genau wie die sich unermüdlich einsetzenden Helfer.
Nun sollte man glauben, wir wären jetzt am Ziel gewesen. Aber leider nein. Es dauerte eine weitere halbe Stunde, bis alle drei Herren den neuen Hubsteiger davon überzeugt hatten zu tun, wofür er angeschafft worden war, nämlich zu steigen. Da man das Teil noch nie benutzt hatte, wusste man auch nicht gleich damit umzugehen. Danach ging alles wirklich sehr schnell. Die Mutter hatte nun in ihrer riesigen Not das Nest verlassen, die Feuerwehrleute stiegen hoch, durchtrennten dem völlig leblos erscheinenden Storchenkind die Schnüre von den bereits ein wenig angeschwollenen Beinchen. Es gab zum Glück keine offenen Wunden, die hätten versorgt werden müssen.
Wieder unten angekommen verließen uns die Retter aber noch immer nicht. Sie sorgten sich um das offensichtlich ohnmächtige Kind und riefen zuerst beim Tierarzt an, der ihnen bestätigte, dass dieses »Sich-tot-Stellen« eine normale Stressreaktion sei. Erst danach haben sich alle wieder auf den Weg gemacht. Der Herr mit dem Hubsteiger in den mehr als verdienten Feierabend, die Jungs von der Feuerwehr in den Rest ihrer 24-Stunden-Schicht. Sie haben noch nicht einmal das angebotene Trinkgeld angenommen.
Wir waren unendlich froh, dass dieses Abenteuer ein gutes Ende gefunden hatte. Gleichfalls waren und sind wir mehr als beeindruckt vom gezeigten Einsatz der Feuerwehr und auch des Lohnarbeiters. Die Feuerwehrjungs haben drei Stunden ununterbrochen gerödelt, um einem Wildtier in Not zu helfen. Sie haben nach der »Geht-nicht-gibt's-nicht-Methode« ihre beiden Handys heißlaufen lassen, haben eine Zuwegung freigeschnitten, zu keinem Moment den Eindruck erweckt, aufgeben zu wollen. Aber auch der Herr mit dem Hubsteiger hätte sicherlich an seinem Feierabend etwas Besseres zu tun gewusst, als mit seinem neuen Wagen durch äußerst unwegsames Gelände zu manövrieren. Auch von seinem Einsatz sind wir mehr als beeindruckt und berührt. Das Storchenkind hat sich schnell erholt, nachdem die Frau

Hier sieht man, wie die Beinchen unseres letzten verbliebenen Storchenkindes mit Schnüren verschlungen sind. Das hätte fürs Kind den Tod bedeutet. Zum Glück konnten wir helfen.

LINKS Also, wenn das kein verwunschener, kleiner Prinz ist, dann weiß ich es auch nicht. Einer von vielen Prinzen im Garten.

Mama zurück ins Nest gekommen war. Es lag bald glücklich und zufrieden neben ihr und war todmüde vom aufregenden Erlebnis.
Und die Schnüre wurden als ein Band zum Verschnüren von Großballen erkannt. Das hatte wohl ein Landwirt vom Wagen verloren. Wieder einmal ein Beispiel, wie schnell ein wenig Oberflächlichkeit einem Wildtier das Leben kosten kann. Hätten wir nicht alle geholfen, um das Storchi wäre es geschehen gewesen. Es wäre einen langsamen und äußerst qualvollen Tod gestorben. Und die Moral von der Geschicht? - Leute, vergesst euren Müll draußen nicht!

Blumenwiesen

Wenn ich an summende Insekten denke, dann muss ich von unserer Magerwiese berichten. Sie hat nun einen weiteren Höhepunkt überschritten, die ersten Margeriten (*Leucanthemum*) verblühen, die Knautien stehen noch über den Beeten. Der Bocksbart (*Tragopogon*) hat es auch bereits geschafft, sich fleißig zu versamen, und ich warte auf die nächste Welle. Diese Wiese hat sich zu einem der erfolgreichsten Bereiche in unserem Garten entwickelt. Es war mit ein wenig Mühe

UNTERSTÜTZUNG FÜR WILDTIERE

Singvögel, Spechte, Igel, Eichhörnchen, Wildtauben, Siebenschläfer, Wiesel, Fledermäuse ... selbst in unseren Gärten, auch im städtischen Gebiet, gibt es eine Menge Wildtiere, die es zu schützen und zu unterstützen gilt, wenn wir uns weiterhin an ihnen erfreuen möchten.
Unterstützen bedeutet:

- Viele Vögel erleiden Anflugtraumen, wenn nicht sogar den Tod, wenn sie gegen Glasflächen fliegen. Es ist ganz einfach, dieses zu verhindern. Mit einem »**Bird Pen**«, den es online preiswert zu kaufen gibt, markiert man - für uns Menschen unsichtbar - die Scheibe durch aufgezeichnete Motive. Für die Vögel sind sie sichtbar und so werden sie gewarnt.
- **Schnittarbeiten** von Hecken und Sträuchern oder gar Baumfällungen sind vom 1. März bis 30. September nicht nur verboten, sondern auch äußerst gefährlich für brütende Vögel. Schnell wird ein Nest oder auch Eichhörnchenkobel zerstört oder freigelegt und damit die Brut für Fressfeinde sichtbar.
- **Rasenmähroboter und Motorsensen** sind der Tod sehr vieler Kleinsäuger, vor allem Igel. Viel schlimmer noch: Es kommt sehr häufig zu Amputationen und wirklich schlimmen Kopfverletzungen, an denen die Tiere dann über Tage äußerst qualvoll verenden. Wenn man aus seinem Rasen Wiese werden lässt, dann finden sich im tristen Grün nicht nur sehr wichtige Wildpflanzen und damit mehr Insekten ein, man erspart sich auch eine Menge Zeit, weil das Mähen nur alle paar Wochen stattfinden muss. Oder man mäht einfach in größere Rasenflächen Wege hinein und hält diese dann mit wenig Aufwand wöchentlich kurz.
- **Klebefallen an Bäumen**, mit denen man vermeintlich schädliche Insekten anlocken und fangen möchte, sind unsinnig, weil es im Regelkreis der Natur keine Schädlinge gibt, nur zu wenig Fressfeinde. Und gerade diese werden oft genug angelockt: Dann findet man an den Fallen klebende Vögel, die entweder verdursten oder kaum vom Klebeband entfernt werden können. So etwas gehört wirklich nicht mehr in einen Garten.
- Dass es wirklich höchste Zeit ist, an jeder nur möglichen Stelle **insektennährende Wildpflanzen** stehen zu lassen oder gern auch zu pflanzen, das muss nicht weiter erklärt werden. Hinweisen möchte ich noch einmal darauf, dass auch Raupen Insekten sind.
- Wasser ist rar und wird immer rarer. Inzwischen leugnet niemand mehr die Klimakrise und ihre Folgen. In den letzten Jahren jagt ein Dürresommer den nächsten. Für unsere Pflanzen ist es schlimmer Stress, mit Trockenheit zurechtkommen zu müssen, für unsere Tiere ist es überlebenswichtig, täglich an Wasser zu gelangen. Darum bitte **Wasserstellen anlegen**, überall und in unterschiedlichen Größen. Es kostet kein Geld und sehr wenig Mühe, sie täglich zu befüllen, rettet aber vielen Tieren, auch Insekten, das Leben.

verbunden, sie anzulegen, aber sie ist unglaublich artenreich. Davon hätte ich gern mehr.
Auch die von uns ausgemagerte Blumenwiese neben dem Nord-Süd-Weg hat im unteren, mageren Bereich ihren Höhepunkt erreicht. Dort wächst viel Klee, auch einige Margeriten und Knautien, aber insgesamt ist der Artenreichtum nicht zu vergleichen mit der eingesäten. Doch immerhin. Genau hier ist es, wo sich regelmäßig die Bläulinge (*Lycaenidae*) einfinden. Und zwar nicht mal hier und da einer, sondern viele und regelmäßig viele. Finde ich diesen Teil auch nicht so üppig, so schienen es diese zauberhaften Gesellen anders zu sehen. Also haben wir auch hier anscheinend vieles richtig gemacht.
Nicht richtig gemacht haben wir es in den oberen humusreichen Wiesenbereichen. Trotz nun jahrelangen Abmagerns scheinen wir nicht recht weiterzukommen. Der Grasanteil verringert sich kaum. Nur wenige Stauden wachsen hier, vor allem Flockenblumen (*Centaurea*), die wirklich üppig sind, so üppig, dass sie umfallen. Dann findet sich noch die eine oder andere *Knautia* und das weiße Wiesen-Labkraut (*Galium album*). Dann noch einiges an Vogel-Wicke (*Vicia cracca*), aber das war es dann auch schon bald. Und das nach mindestens acht Jahren steten Ausmagerungsversuchen. Ich bin mir sicher: Dieses Experiment wird aufgegeben. So alt werden wir nicht mehr, dass wir diesen Boden abgemagert bekommen. Ich bin mir noch nicht darüber klar, ob wir auch ausbaggern und schottern und eine zweite Magerwiese anlegen in diesem Bereich oder ob wir uns an das Unterfangen »Staudenwiese« wagen sollen? Joachim Hegmann hat da als ein Vorreiter die herrlichsten Ergebnisse gezaubert. Ich werde noch ein weiteres Mal unter dem Aspekt »Soll ich's wagen?« sein Buch lesen und mich dann entscheiden.

Blänke

Nebenan erfreut mich die Blänke jetzt wie nie. Sie ist mit den Jahren zu einem wichtigen Feuchtbiotop geworden. Anfang Juni blüht hier die Sumpf-Schwertlilie (*Iris pseudacorus*), aber auch andere Schwertlilien-Arten - nicht heimische wie heimische. Eine Mischung aus Blau, Gelb und Weiß. Noch steht ein wenig Wasser kniehoch an manchen Stellen. Genügend, dass sich die Laubfrösche darin vermehren konnten. Bald schon werden hier die winzigen Laubfröschchen auftauchen. Die Artenvielfalt, die sich hier entwickelt hat, ist unglaublich.
Ende Juni gibt es noch ein wenig Wasser, sodass es genügend zu trinken gibt für allerlei Getier, das hier regelmäßig vorbeikommt. Immer wieder denke ich, ich würde gern einmal eine Nacht genau hier verbringen, um zu beobachten, wer sich alles einfindet. Aber leider fressen einen die geflügelten Blutsauger schon auf, wenn man in dieser Jahreszeit nur in der Gegend in den Beeten arbeitet. Also lieber nicht. Aber dennoch, es ist ein echtes Stück wilder Natur, das sich hier angesiedelt hat. Zurzeit kann man in der Dämmerung die Fledermäuse beobachten und auch die Uhus könnte ich vielleicht endlich einmal erspähen. Also doch einmal eine Campingnacht? – Ich bin noch unentschlossen.

Waldgarten

Der Waldgarten bekommt nun im Sommer einen ganz anderen Hauch. Entlang der Zuwegung, die ihn von unserem Haus trennt, wächst schon immer sich weiter ausbreitend der Punktierte Gilbweiderich (*Lysimachia punctata*). Es gibt Pflanzen, die möchte man auf keinen Fall in seinen Beeten haben. Diese gehört für mich unbedingt dazu. Sie breitet sich brutal aus und untergräbt alles. Wer an einer sonnigen Stelle den Giersch (*Aegopodium podagraria*) loswerden möchte, sollte diese Pest gern mit Cholera austreiben und *Lysimachia* pflanzen. Sie wird den Giersch das Fürchten lehren, alle anderen Pflanzen der Nachbarschaft aber leider auch. Aber hier an diesem Platz ist der Gilbweiderich genial. Hier ist der Boden knorzeltrocken. Hier muss Herr Gilbweiderich zeigen, was er kann. Denn einerseits steht er unter riesigen Bäumen, andererseits ab mittags in voller Sonne. Er kann sich ausbreiten, sein imperialer Ausbreitungsdrang wird jedoch im Schatten von allein erstickt. Perfekt also und ein wahrer Lichtblick am Rand des dunklen Waldgartens. Hier darf

VON LINKS OBEN IM UHRZEIGERSINN Die Magerwiese im Warmen U ist über Wochen eine herrliche Zierde, es ist unglaublich, wie viele Insekten sich auf ihr tummeln. Daneben sieht man, wie sich eine Wiese auf magerem Boden nur durch Abmagern, also Mahd und Abtragen, entwickeln kann. Auch dort entsteht ein jährlich artenreicher werdender Bewuchs. In nährstoffreichen Bereichen wächst oft und üppig die Flockenblume und füttert viele Schmetterlinge. Im Waldgarten erlauben wir der Wildstaude Gilbweiderich, dass sie sich frei ausbreiten darf.

er bleiben, nein, hier ist er mehr als erwünscht! Wie sagte Peter Jahnke einmal? - »Man muss die Pflanzen aus der Schublade lassen!« Er meinte damit, man möge sie nicht den eigenen Vorurteilen opfern, sondern den genau richtigen Standort wählen und ihnen dort eine Chance geben. Hat doch geklappt!

Wilde Ecken

Überhaupt. Die wilden Ecken in unserem Garten. Überall an Stellen, die wir nicht urbanisiert haben, wo es nicht blüht und bepflanzt ist, lassen wir der Natur gerne ihren freien Lauf. Da darf es wachsen, wie es möchte, und wird nur einmal im Jahr gemäht und abgetragen, aber auch nicht überall. Solche Stellen sind enorm wichtig und bei meinen abendlichen Streifzügen jetzt im Sommer gibt es kaum einen wilden Bereich, in dem es nicht raschelt, wenn ich vorbeigehe.
Zu gern würde ich nachschauen, was dort raschelt. Aber natürlich mache ich es nicht. Solche Bereiche gehören den Tieren ganz allein. Natürlich gibt es zahlreiche Igel in unserem Garten und das eine oder andere Rascheln wird man wohl ihnen zuschreiben können, aber das ist bei Weitem nicht alles. Da gibt es noch Marder und Mauswiesel, Mäuse natürlich auch in Mengen und sicherlich auch Tiere mit längeren, nackten Schwänzen, die die meisten Menschen so hassen. Ich nicht. Für mich gehört auch die Ratte in einen Garten.
Ich sehe sie zwar sehr selten, aber ich mag diese intelligenten und so sozialen Tiere sehr. Von ihrem Verhalten dürfte sich mancher Mensch eine Scheibe abschneiden.
Dann haben wir natürlich noch eine wachsende Population von Eichhörnchen und neulich fragte mich mein Bruder, ob ich denn nicht nur die Igel, sondern auch den Fuchs füttern würde? Nö, eigentlich eher nicht. Aber gut, wenn er denn dafür unsere Hühner in Ruhe lässt, was er übrigens bisher respektvoll getan hat, dann soll es eben so sein. Die Füchse haben es eh sehr schwer in Deutschland. Sie werden nahezu genauso gehasst von der Jägerschaft wie die Ratten von den Nachbarn. Dabei sind es so wundervolle Tiere. Da werden die Hunde geliebt und die Fuchskinder erschlagen. Ich verstehe die Menschen nicht.
Bei uns wird niemand erschlagen und niemand geschossen. In unserem Wald ist jagdfreie Zone. Hier ist Frieden, zumindest hier auf den paar Hektar. Und die sich mehr und mehr in den Einklang bringende Natur dankt es uns an jedem einzelnen Tag.

HOLUNDER

In allen möglichen Ecken blüht nun der Holunder, ein Gehölz, das über die Vögel reiche Verbreitung findet und das wir, wenn irgend passend, gern überall stehen lassen, weil es als heimisches Gehölz sehr wichtig ist für viele Tiere. Ich bereichere mich nur zur Blütezeit, aber auch nur wenig. Ein kleines Eimerchen voller Blüten wird im Juni gepflückt und zu zwei Flaschen Holunderblütensirup verarbeitet. Das reicht, um einen Sommer lang das eigene Brunnenwasser ein wenig zu versüßen. Und es schmeckt äußerst lecker.

Schmetterlingsfreuden

Ganz allgemein beginnt nun im Sommer die Falterzeit in unserem Garten. Neben den vielen Hauhechel-Bläulingen in den Wiesen sehen wir regelmäßig die C-Falter, auch die Distelfalter sind in diesem Jahr wiedergekommen, nachdem ich sie im letzten nicht gesehen hatte. Viele Kleine Füchse durchstreifen die wilden Ecken, jede Menge Admirale sind auf allen möglichen Blüten, genau wie die Tagpfauenaugen. Gut gemästet im Gemüsegarten erfreuen uns geradezu Hundertschaften von Kohlweißlingen.
Seltener sehen wir das Landkärtchen und den Schornsteinfeger und geradezu beleidigend empfinde ich es, dass ich noch nie einem Schwalbenschwanz begegnet bin, obwohl ich so viel pflanze, um ihn einzuladen. Aber vielleicht hat er es schwer, die um uns liegenden Agrarwüsten zu durchqueren? Ich weiß es nicht. Aber ich tue für ihn, was ich kann. Und manches Mal schon habe ich seine Raupen gesehen. Vielleicht waren sie ja

Der Wasserdost wird von Insekten geliebt. Er ist sehr wichtig im Garten. Dann kommt zu unserer Freude auch der Kaisermantel zu Besuch.

ein besonderer Leckerbissen für die Vogelkinder? Ich weiß es nicht. Aber ich werde den Tag loben, an dem ich den ersten prächtigen Falter dieser Art zu Gesicht bekommen werde.

Zu sehen bekomme ich seit einigen Jahren jedoch immer häufiger das kleine Taubenschwänzchen, gern auch zu zweit. Vor allem am Wegekreuz in den Haufen von Katzenminze halten sie sich gern auf. Leider benimmt sich dieser kleine Schwärmer, der im Schwirrflug wie ein Kolibri in der Luft stehen kann, während er seinen langen Saugrüssel in die Kelche diverser Blüten versenkt, einfach total hyperaktiv. Eben steht er vor einer Blüte, um dann binnen von Sekundenbruchteilen einen Haken zu einer anderen Blüte zu schlagen. So schnell, dass ich mit meinem Auge oft nicht folgen kann.

An ein vernünftiges Foto dieses Neuzugangs in unserem Garten ist bisher nicht zu denken. Dieser circa vier Zentimeter große Falter stammt ursprünglich aus dem Mittelmeerraum, bedingt durch den Klimawandel überwintert er zunehmend auch bei uns in Deutschland. Aber als Wanderfalter kann es auch durchaus sein, dass »unsere« Exemplare im Frühling aus Mitteleuropa geflogen kamen. Sie wurden in der Schweiz schon in Höhen von 2500 Metern entdeckt. In diesem Fall einmal ein echter Benefit, den uns der Klimawandel hier verursacht hat.

Obst- und Gemüsegarten

Jagdfreie Zone ist aber leider nicht im Beerenobstgarten. Hier ist jeden Tag Halali! Die Vögel haben die reifen Beeren entdeckt und wir müssen schon wirklich ziemlich schnell sein, um unseren Teil abzubekommen. Die Himbeeren reifen täglich nach und ebenso schnell pflücke ich sie abends, um immer ein bis zwei Gläser meiner Lieblingsmarmelade zu kochen.

Die Schwarzen Johannisbeeren sind auch in ein paar Tagen reif. Sie zu pflücken mag ich nicht, weil

In jedem Jahr ist die Brombeerernte mehr als gut. Dann gibt es täglich Brombeeren püriert mit Joghurt - sehr lecker!

man sie nahezu einzeln pflücken muss und die Hände danach für längere Zeit aussehen ... na ja. Auch sie werden zu Marmelade oder zu ein paar Flaschen Aufgesetztem. Den trinke ich zwar nicht selbst, aber er ist ein gern genommenes Geschenk zu Weihnachten für trinkfestere Freunde. Außerdem erinnert mich dieser Likör immer an meinen Opa. Der trank bis zu seinem letzten Tag an jedem Abend ein kleines Gläschen und lutschte dazu genau ein Stückchen Zartbitterschokolade. Und stets erklärte er mir, beides in solch winzigen Mengen genossen sei Medizin. Na, zumindest wird es ihm in diesen homöopathischen Dosen wirklich nicht geschadet haben. Egal, ich mag beides nicht, aber ich mag es, die hochprozentige Medizin herzustellen. Und es geht ja auch so einfach. Ein Glas zu 2/3 mit Beeren füllen, dann das restliche Drittel mit grobem, dunklem Kandis auffüllen und mit einem guten Schnaps begießen. Dann ab damit in einen dunklen, kühlen Raum und nach einem Jahr ist die Medizin fertig.
Gestern hat Matthias seinen letzten Apfel der vorjährigen Ernte gegessen. Er hatte jetzt beinahe die gleiche Größe wie die neuen, die nun schon ziemlich groß gewachsen an den Bäumen hängen. Nur viel schrumpeliger. Aber seiner Aussage nach noch immer lecker. Leider hat unser Klarapfel keine einzige Frucht am Baum. Sonst hätten wir in wenigen Wochen schon wieder eigene Äpfel zu essen. So werden wir uns noch ein wenig mit all den Beeren begnügen müssen und den Kirschen und den frühen Pflaumen und ... und ... Wir werden es schaffen.
Im Gemüsegarten tut sich jetzt auch etwas. Die Gurkenschwemme ist ausgebrochen. Die beiden Gurkenpflanzen im Treibhaus produzieren jetzt Gurken im Minutenrhythmus, so scheint es. Damit ist die Salatzeit angebrochen, die Gurkensalatzeit. Leider kann man ja nicht täglich Gurkensalat essen. Deshalb habe ich mich schlaugemacht und werde heute Abend ein anderes Rezept ausprobieren. Gebratene Gurken. Bin gespannt, wie das schmecken wird. Aber für ein Essen braucht man zwei große Gurken. Das hört sich gut an!
Die ersten Tomaten hängen ebenfalls bereits an den sich jetzt im Treibhaus rasend schnell in die Höhe schraubenden Tomatenpflanzen. Noch sind sie grün, aber das wird sich bald ändern. Tomaten kann man gut einkochen zu Tomatensugo. Vor denen habe ich nicht so viel Angst.
Zudem hat es ein paar dicke Bohnen gegeben. Die mag ich eigentlich gar nicht so gern. Die Schnecken scheinen sie auch nicht so sehr zu wollen. Also werde ich auch da versuchen, mit einem neuen Rezept der riesigen Schüssel voller Schweinchenbohnen habhaft zu werden. Na ja, wenn da erst einmal die Hülsen abgebastelt sind, dann bleibt sicherlich nicht allzu viel übrig. Seit wir den Salat wieder ins Treibhaus verbannt haben, gibt es auch an der Front wieder etwas zu ernten. Immerhin. Es wird langsam ein bisschen was. Wunderschön sieht der Gemüsegarten eh immer aus. Die Ringelblumen haben sich nun so herrlich entwickelt und die Rosen blühen hier jetzt auch. Er ist zumindest stets eine Freude fürs Auge.

Wildstaudenbeet

An anderer Stelle entwickelt sich das Wildstaudenbeet aufs Schönste. Ich muss nächste Woche unbedingt das viele *Geranium phaeum* zurückschneiden. Hier blühen gerade weiß der Echte

Arznei-Baldrian (*Valeriana officinalis*) und die Gelbe Wiesenraute (*Thalictrum flavum*) um die Wette. Beide Pflanzen haben sich hierhin versamt und es gefällt mir und ihnen gleichermaßen an dem Platz. Daneben steht die imposante Große Telekie (*Telekia speciosa*), auf die man ein wenig aufpassen muss. Sie begegnet mir manches Mal an den für sie unmöglichsten Stellen, weil auch sie sich leicht versät.

Taglilienbeet

Langsam, aber sicher kommt auch das Taglilienbeet in Fahrt. Schon seit Wochen blüht es hier in diversen, mir leider unbekannten Sorten. Der absolute Durchbruch steht noch bevor. Kann nicht mehr lange dauern, denn jeden Tag wird es hier bunter und großartiger. Ich gehe bei meinen Gartenvisiten immer mal vorbei und stibitze mir eine frische Blüte als kleinen Snack. Sie sind so lecker! Und wenn man für Gäste einen schönen bunten Salat kreieren möchte, dann kann man zuerst ihre Augen und dann ihren Gaumen mit einigen Blüten als Beigabe versüßen.

Die Stumpery und ihre Nachbarn

Bei den täglichen Spaziergängen mit oder auch ohne Freunde und Besucher fällt mir gerade jetzt auf, wie wunderschön sich die Stumpery wieder gemacht hat, seit Matthias sich von einigen Farnen getrennt hat, die nun so herrlich den Waldgarten bereichern. Das ganze Ensemble – Steinbeet, Stumpery und Hügel – ist eine ganz bemerkenswerte Einheit geworden.

Auf dem Hügel, der sich an die Stumpey anschließt, blüht momentan die wilde, nein, die sehr wilde Kriechende Rose (*Rosa arvensis*), die gern viele Quadratmeter in ein undurchdringliches Rosendickicht verwandelt, wenn man sie lässt. Hier können viele Vögel ihre Nester bauen. Und auch die Bienen haben etwas davon, sie fliegen sie unermüdlich an.

Die Farne der beiden Bereiche der Stumpery haben sich jetzt alle ausgebildet und sehen sehr prächtig aus. Immer wieder merke ich, wie Besucher von diesem Gartenbereich beeindruckt sind und dort auf der Bank ein wenig verweilen mögen, um die besondere Stimmung, die dieses stets feuchte Biotop ausbreitet, in sich aufzunehmen. Momentan blüht ein Holunder sehr hoch in der Tanne, die den Farnbereich beschattet. Das ergibt einen interessanten Effekt, denn es sieht aus, als würde die Tanne blühen. Sehr beeindruckend.

Als Kontrapunkt zum Schattenbereich dient der Mergelhaufen, der, obwohl komplett ohne einen Fingerhut voll Erde aufgeschichtet, nun auch erblüht. Es haben sich dort die meisten eingesetzten Stauden vehement vergrößert. Der als geschenkter Mini-Ableger in den Sand gesteckte Teppich-Wiesenknöterich (*Bistorta affinis*) steht wegen schlimmer Wucherungstendenz bereits unter strenger Beobachtung, die Steinbrech-Felsennelke (*Petrorhagia saxifraga*) und die Gewöhnliche Sandnelke (*Dianthus arenarius*) haben mir den Gefallen getan, sich in den unglaublichsten Ecken auszusäen, und ich freue mich sehr auf ihre Blüten.

Das *Hemerocallis*-Beet ist absolut pflegeleicht. Die letztjährigen Blätter vermodern über Winter und man hat kaum zu tun.

Es gibt so viele besondere Farne. Hier einer meiner Lieblinge. Der Rippenfarn, *Blechnum spicant*, sehr pflegeleicht und langlebig, wenn er genügend Wasser bekommt.

Trockenheit

Insgesamt sind Ende Juni die Hitze und die Trockenheit schon wieder sehr bedrohlich. Den Rosen macht beides zum Glück nicht viel aus, aber die Beete leiden schon sehr und im Gemüsegarten würde ohne Bewässerung nichts mehr leben. Natürlich bewässern wir nur, wenn es wirklich sein muss.

In der letzten Woche musste es wirklich sein. Mehrfach hat man uns ausgiebigen Regen oder Gewitter versprochen, mehrfach habe ich Besuchern abgesagt, weil starker Regen angesagt war, so auch für heute, aber nichts passiert. Wir liegen einfach in einem wirklichen Trockenloch. Gestern habe ich eine Karte gesehen, den Dürremonitor Deutschland. Dort ist ganz klar zu erkennen, dass ein winziger Bereich im Münsterland, in dessen Mitte genau wir liegen, dunkelrot eingezeichnet ist. Drum herum im Umkreis von wenigen Kilometern ist es rot bis weiß in allen Abstufungen. Warum auch immer, hier gibt es einfach kaum Regen. Das ist eine Tatsache, die mich zunehmend beängstigt.

Die Bäume sind in Gefahr

Selbst wenn ich die Beete mehr und mehr mit trockenheitsverträglichen Pflanzen bestücken kann, was wird mit den Bäumen geschehen? Bereits jetzt lebt kaum noch eine einzige Fichte in unserem Wald. Einzig die im Waldgarten bekommt genügend Wasser, weil das Dachwasser quasi an ihr vorbeifließt. Wir hatten einen Waldarbeiter hier, der einige tote oder fast tote Bäume fällen muss, weil sie auf unsere Remise oder die

Garagen zu fallen drohen. Tote Fichten und tote Birken. Bäume, die mindestens 40 Jahre alt sind und noch als wir den Hof kauften, komplett gesund waren.
Hinzu kommt, dass das Eschentriebsterben viele unserer alten Eschen bedroht. Auch die werden wir in einigen Jahren fällen müssen, damit sie nicht Haus und Hof bedrohen. Selbst junge Eschenbäume fallen bei jedem Sturm, denn sie haben nahezu keinen Wurzelballen mehr. Der gesamte Feinwurzelbereich ist abgestorben und sie kippen einfach um. Dazu braucht es keinen Orkan. Da reicht ein starker Wind. Und der Fachmann erklärte uns, dass es in zehn Jahren auch kaum noch eine lebende Buche geben wird in unserem Bereich. Das ist wirklich sehr beängstigend.
Im Garten sterben die Tannen in jedem Jahr mehr. Eine erste ist bereits zu 90 Prozent abgestorben. Da steht nun schon bald nur noch das Gerippe an der Blänke. Noch wächst der Efeu wunderbar in sie hinein. Möge sie uns und der Natur auch als toter Baum noch einige Zeit dienlich sein.

Schattenspender

Freude dagegen bereiten uns viele andere Bäume, die enorm gewachsen sind in den letzten Jahren und die nun in vielen Bereichen die Erde durch ihren großflächigen Schatten vor kompletter Austrocknung bewahren. Besonders die Pappeln und Weiden, die Linden und Ahorne haben in zehn Jahren eine beachtliche Größe entwickelt. Aber auch viele Büsche sind in die Breite und Höhe gewachsen.

EFEU

Efeu (*Hedera helix*) kann es nicht genug im Garten geben Es kursieren verschiedene Geschichten über den Efeu. Etwa der **Mythos**, dass er ein Baumwürger ist, als Parasit schmarotzt oder sonst wie den Baum schädigt. Anders als bei uns, die wir uns über jeden Efeu in den Bäumen und auch auf dem Boden im Waldgarten freuen, sehe ich immer wieder, dass Menschen jahrzehntealte Efeustämme an uralten Bäumen kappen, um diese vermeintlich zu retten.
Häufig werde ich von Gartenbesuchern gefragt, was wir denn mit dem vielen Efeu in unseren Bäumen zu tun gedächten. Auf meine Antwort: »Nichts!« entwickelt sich häufig ein Gespräch, in dem ich versuche, die Menschen davon zu überzeugen, dass dieser einzige Wurzelkletterer in unseren Breiten unglaublich wichtig in unseren Gärten ist und man sich glücklich schätzen kann, welchen zu besitzen.
Das dichte, immergrüne Blattwerk des Efeus ist **Wohnstätte von unendlich vielen Insekten**. So kann man praktisch jederzeit im Jahr, besonders aber im Winter, an den bewachsenen Stämmen kleine Insektenfresser wie Rotkehlchen, Meisen, Zaunkönig und Co. auf der Jagd nach den wichtigen Eiweißspendern beobachten. Es scheint Unmengen davon zu geben. Außerdem ist

der dichte, auch gegen Wind und sonstige Unbilden des Wetters absolut schützende Bewuchs für die **Vögel als Schlafplatz** unglaublich hilfreich.
Efeu wird viele Hundert Jahre alt, wenn man ihm oder seinen Wirtsbäumen nicht das Leben nimmt. Nach etwa zehn Jahren beginnt eine Pflanze zu blühen und ist mit ihrer **späten Blüte** von September bis November ein wahrer Segen für die Insekten, die nahezu nur noch dort reiche Nahrung finden. Etwas später entwickeln sich **dicke Beeren,** die im Frühjahr reifen und so wiederum eine willkommene Nahrung für Vögel darstellen.
Alles in allem kann man also festhalten: Es kann gar nicht genügend Efeu in unseren Gärten geben!

Oft haben Bäume und Büsche angefressene Blätter, was mir zeigt, dass sie viele Raupen ernähren, die wiederum für die Aufzucht vieler Vogelkinder wichtig sind. Das zu sehen und zu erleben, ist eine reine Freude.
Und außerdem ist es schön, sich bei Hitze von Schatten zu Schatten bewegen zu können. Was war das anfangs im Sommer anstrengend, bei über 30 Grad nahezu ohne Schatten durch den Garten zu gehen! Mit der Zeit wird es im Parkgarten sicherlich fast überall Schatten geben. Das bedeutet, dass einige Beete aufgegeben werden müssen, denn unter einer 20 Meter hohen Pappel wird nicht mehr enorm viel wachsen. Schon jetzt blühen die wunderschönen Taglilien (*Hemerocallis*) in diesen Bereichen nicht mehr. Ich werde sie im Herbst entnehmen und ihnen einen sonnigeren Platz zuweisen. Aber das war bei der Planung genau so einkalkuliert. Wir wussten, wenn wir älter werden, werden wir nicht mehr alle Beete bewältigen können, also werden wir sie nach und nach aufgeben, wenn die Bäume sie quasi eingenommen haben werden. Auch gut. Alles ist im Fluss und das soll auch so sein.

Besucher

Und weil es im Juni so schön ist bei uns, versuche ich, die Besucher auch während dieser Zeit zu empfangen. Das wird dann aber regelmäßig sehr, sehr anstrengend. So geben sich in diesem Monat hier die Gartenfreunde und Busladungen gegenseitig die Klinke des Gartentors in die Hand. Seit drei Wochen haben wir nahezu an einem jeden Tag Besucher hier. Manche kennen den Garten schon und sie genießen ihn auch gern einmal allein. Aber die meisten Leute möchten natürlich lieber das eine oder andere zu den Beeten hören. Da wird man mit Fragen bombardiert, dass es eine Freude ist. Und ich bemerke, dass das Interesse an der Naturgartenthematik sich langsam verstärkt.
Am Montag hatten wir eine Gruppe der Gartengesellschaft zur Förderung der Gartenkultur aus Hamburg hier. Das waren tolle, höfliche, interessierte Menschen! Und wenn solch eine Gruppe beeindruckt ist und uns lobt bis über den Klee, dann ist das schon etwas Besonderes. Andere Gruppen gibt es, da merkt man, dass sich die Besucher nur mal eine nette Zeit machen wollen, aber wenig Interesse haben an der Thematik.
Aber es sind immer wieder einzelne Besucher dabei, die anscheinend etwas Wissenswertes mit nach Hause nehmen, die vielleicht sogar eine Kleinigkeit umsetzen im eigenen Garten. Wie die eine Dame, die meinte: »Stimmt, das mache ich in Zukunft auch, ich werde nicht mehr den ganzen Rasen mähen, sondern nur noch Wege hinein!« – Dann hat man ja auch sein Ziel erreicht, nicht?
Und dann gibt es noch Menschen, die bemerkt man gar nicht. Da hatten wir eine Anfrage eines Paares aus Süddeutschland, die ihre Mutter in Münster besuchen wollten. Und zu gern würden sie unseren Garten sehen. Ich sagte wahrheitsgemäß, dass ich vormittags keine Zeit hätte, sie aber einladen würde, sich den Garten allein anzusehen. Sie könnten gern überall hingehen und, wenn sie wollten, auch ein mitgebrachtes Picknick verzehren an einem der vielen Sitzplätze. Mittags dachte ich noch, dass es sich die Leute wohl doch anders überlegt hätten, denn ich hatte sie nicht bemerkt. Dann fand ich eine wunderschöne Schwarzäugige Susanne (*Thunbergia*) im Eingang mit einer Danke-Karte. Am nächsten Tag kam noch eine E-Mail, sie hätten den Garten so sehr genossen, die beiden Hunde hätten vom mitgebrachten Frühstück ihren Teil erbettelt, seien ansonsten äußerst lieb gewesen. Sie bedankten sich und würden so gern irgendwann einmal wiederkommen.
Solche Leute dürfen immer kommen! Andere, die mitten im Beet stehen, um an einer Rose zu riechen, eher nicht. Aber die sind zum Glück nicht zu häufig unter unseren Besuchern. Schauen wir einmal, was der nächste Bus am kommenden Sonntag bringen wird.

LINKS Der Laubengang, mit Rosen und Clematis bepflanzt, ist zur Blütezeit ein wahrer Hingucker. Manchmal gehe ich hindurch, weil ich Tausende von Bienen in den Blüten summen hören möchte, vor allem in denen von 'Perennial Blue'.

OBEN Es gibt keine solch lange Sichtachse wie den »Long Walk«. Er beginnt hinter dem Graben bei den Raubritterbeeten, markiert mit der Sonnenuhr, und reicht bis zum hinteren Ende des Gartens, beim hinteren Sitzplatz, auf dem die Deckchairs stehen.

RECHTS Auf etwa 20 Meter Länge wird die rechte Seite der Allee vom blauen Beet begleitet. Hier, im hinteren Teil, steht eine Strauchrose neben der nächsten. Alle sind offen blühend, bis auf eine 'Leonardo da Vinci'. Unterpflanzt wurden sie mit *Geranium* 'Rozanne'.

Wiesen

Unser Ziel war und ist es, vor allem für Insekten, die am Anfang der Nahrungskette stehen und so eine Biodiversität erst begründen, möglichst viel Lebensraum zu schaffen. Das geschieht am besten mit der Bereitstellung von vielfältigen Wiesen.

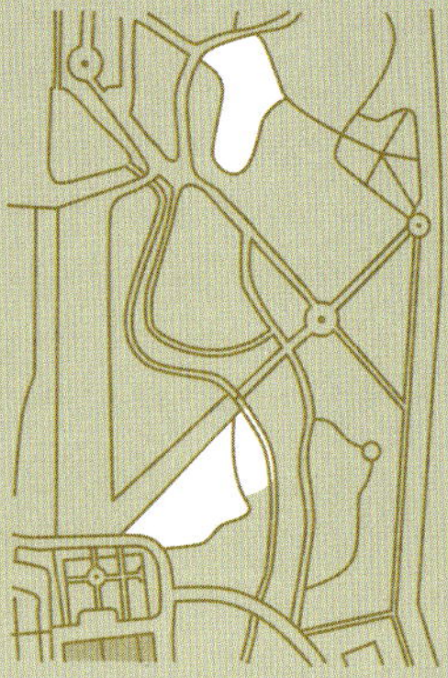

Gartenbereiche

Also erkundigten wir uns hier und da, wie wir dies bewerkstelligen könnten, und lernten mit der Zeit einiges dazu - aber nicht ohne eine Menge Fehler zu machen.

Erster Versuch

So lernten wir zum Beispiel, dass es ziemlich viel Arbeit und Geld kostet, eine vollkommen unsinnige, einjährige Blumenwiese anzulegen mit viel zu preiswerten »Wildblumen-Samenmischungen«, die es teils sogar beim Discounter gibt. Wir versuchten uns nämlich vor Jahren damit, einen Teil der Obstwiese erblühen zu lassen. Es wurde ein breiter Randstreifen umgebrochen, gefräst und dann das preiswerte, leider komplett falsche, weil aus nicht heimischen Blümchen bestehende Saatgut eingebracht. Einen Sommer sah es »nett« aus, aber die Enttäuschung folgte der vielen Arbeit auf dem Fuße. Kaum Insekten, weil die Pflanzenauswahl zwar uns gefiel, aber wenig naturnah war. Ähnlich den Blühstreifen, die die Landwirte anlegen. Da werden vielleicht Honigbienen satt, Spaziergänger freuen sich am Bunt, aber weder die Honigbienen noch die Menschen müssen wir beglücken. Es geht um die Wildbienen und die Schmetterlinge und die brauchen heimische Wildblumen. Schon im nächsten Jahr war von der Pracht nichts mehr übrig. Viel Aufwand für nichts!

Nun also abmagern

Es musste ein anderes Konzept her. Der Fachmann wurde gefragt und sagte: »Sie müssen gar nichts tun, nur mähen und das Mahdgut abtragen. Dann magert der Boden mit der Zeit ab, die Gräser werden schwächer und das bunte Paradies entwickelt sich mit den Jahren von alleine.« Gesagt, getan. Auf einem circa 600 Quadratmeter großen Stück begannen wir diese Technik.

LINKS Der seltene Hauhechel-Bläuling ist mit seiner Flügelspannweite von 2-3 Zentimetern ein recht kleiner Schmetterling. Hier handelt es sich um ein Männchen mit wunderschönen blauen Flügeln. Die Weibchen sehen eher unscheinbar braun aus.

RECHTS OBEN Hier sieht man sehr schön, wie wenig artenreich ein über nahezu zehn Jahre lang gemähter und abgetragener Wiesenbereich mit nährstoffreichem Boden ist. Es wachsen viele Gräser und außer derWiesen-Flockenblume blüht wenig.

RECHTS UNTEN Im ersten Jahr nach der Einsaat der Magerwiese auf Muschelkalkschotter bekamen wir dieses Bild. Dem Saatgut werden Einjährige zugemischt, die einen schon wenige Wochen nach der Saat bezaubern sollen und dies auch tun.

Der Klappertopf ist ein Halbschmarotzer, der Gräser schwächt, wenn er in ihr Wurzelsystem eindringt, um ihnen Nährstoffe zu entziehen. Weniger Gräser = mehr Blumen.

Es wurde ein Balkenmäher angeschafft, denn Matthias hatte wenig Lust, die vielen Insekten, die wir züchteten, beim Mähen zu schreddern. So werden nun die Halme unten im Ganzen abgesenst. Dann bleibt alles für ein paar Tage liegen, damit die Krabbler sich ein anderes Zuhause suchen und die Samen aus dem Mahdgut herausfallen können. Danach wird nach Almbauernart mit dem Holzrechen zusammengerecht und das Ganze an die Pferde des Nachbarn verfüttert oder kompostiert. Das Ergebnis ist (bei zweimaliger Mahd, Ende Juni und Anfang September) nach nun sieben Jahren leider nicht zufriedenstellend. Noch immer sind die Gräser ziemlich hoch, kippen schon im Mai um, weil sie zu mastig sind, und die wenigen Stauden wie Wiesen-Flockenblumen (*Centaurea jacea*), Knautien (*Knautia*) und Margeriten (*Leucanthemum*) machen es ihnen nach.

Oben ohne klappt

Einzig am unteren Ende des Geländes hat sich der erwartete Wiesentraum entwickelt, denn dort ist der Oberboden abgetragen worden wegen einer notwendig gewordenen Modellierung des Geländes. In dem Bereich blüht es in jedem Jahr wirklich besonders üppig, hier wachsen viele Kleesorten. Und der Klappertopf (*Rhinanthus*), einmal in Form weniger Samen von einem Freund eingebracht, hat als Halbschmarotzer seinen Job, die Gräser zu schwächen, sehr gut gemacht. Es wachsen in diesem auch vollsonnigen und extrem trockenen Bereich nun kaum noch Gräser, aber viele Wildblumen.

Vor allem: Hier ist Bläulingsgebiet. Nirgends flattern so viele herum wie hier und sie bringen Matthias mit ihrer unruhigen Lebensweise zum Wahnsinn, wenn er versucht, sie zu fotografieren.

Hier haben sich nun auch »von allein« der Wiesen-Storchschnabel (*Geranium pratense*) und der erste Wiesen-Salbei (*Salvia pratensis*) angesiedelt. Man kann sagen, dieser untere Bereich überrascht uns in jedem Jahr mit mindestens einer neuen, oft recht seltenen Art - eine Art Wundertüte. So sollte es sein.
Die Methode des Ausmagerns haben wir dennoch auf allen anderen größeren Flächen beibehalten, wie auf der Obstwiese, dem langen Weg und auch der Allee. Letztlich klappt diese Methode auf magerem Boden wirklich auf Dauer. Und wenn auch keine Wildblumenwiese innerhalb einiger Jahre entsteht, so wächst in jedem Jahr ein sich langsam entwickelnder Hochstaudenflor. Wo anfangs nur Brennnessel und Disteln, später dann Ampfer meterhoch wuchsen, finden wir nun im Frühjahr immer häufiger das Wiesen-Schaumkraut (*Cardamine pratensis*) und später dann den Wiesen-Kerbel (*Anthriscus sylvestris*), gemeinsam mit Margeriten (*Leucanthemum*). Diverse Vogel-Wicken (*Vicia cracca*) bilden großflächige Blütenträume und der Wiesen-Bärenklau (*Heracleum sphondylium*) erfüllt manch Käfers Wunschtraum von dicken, fetten und nahrhaften Doldenblüten.
Die botanische Vielfalt ist inzwischen beachtlich. Es gibt weit über zwanzig verschiedene Wildblumen übers Jahr und die Gräser nehmen jährlich ab beziehungsweise verändern sich. Sie werden mit der Zeit niedriger und auch die Arten ändern sich. So finden wir seit einigen Jahren überall in den Wiesen eine große Zahl an diversen Heuschrecken und Zikaden. Das Konzert an warmen Sommertagen ist nicht zu verachten. Und seit ich ein Kind war, sehe ich nun hier zum ersten Mal wieder meine geliebten Heupferdchen. Wirklich riesengroße Heuschrecken, die sich munter durch die Halme bewegen. Man hat den Eindruck, dass die kleine Wiesenwelt hier wirklich noch in Ordnung ist.

EIN WICHTIGER HELFER BEI DER WIESENPFLEGE

Der Kleine Klappertopf (*Rhinanthus minor*) wächst als einjährige, circa 30 Zentimeter hohe Pflanze gern in Wiesen. Er ist leicht an den zitronengelben, traubigen Blütenständen zu erkennen, die ihm zu seinem Namen verhelfen, denn in den reifen Blütenständen »klappern« die Samen, wenn man sie bewegt.
Seine Lebensform als Halbparasit macht ihn für die Wiesenpflege so unentbehrlich. Er kann zwar auch in Beeten ohne Wirt überleben, parasitiert aber lieber durch Saugorgane an den Wurzeln anderer benachbarter Pflanzen, besonders gern an Gräsern. Die Saugorgane dringen in die Leitgefäße der Nachbarpflanzen ein und schwächen diese erheblich. So sorgt der Klappertopf dafür, dass dort, wo er wächst, die Gräser massiv abnehmen und Platz frei wird für auskeimende Wildblumen, die ansonsten in einer dicht bewachsenen Wiese keine Chance auf Vermehrung hätten.
Hat sich die hilfreiche Pflanze einmal in einer Wiese etabliert, durchwandert sie regelrecht den Grassaum und im nächsten Jahr kann man sich bereits an diversen wilden Schönheiten erfreuen, die wiederum eine große Menge von Insekten anziehen. Praktischerweise wächst der Kleine Klappertopf auf nahezu jedem Boden. Er benötigt wenig Wasser und verbreitet sich gut und zuverlässig.

Plan: Staudenwiese

Auf dem oberen Teil, der noch immer viel zu fett ist, habe ich jetzt keine Geduld mehr. Sicherlich würde sich in zwanzig Jahren auch hier eine wunderschöne Wildblumenwiese etablieren, aber ich bin nicht sicher, ob ich das noch erleben werde. Ich bin jetzt entschlossen, eine Staudenwiese anzulegen, jetzt ist es entschieden. Auf einigen Hundert Quadratmetern werde ich die Grasnarbe circa 20 Zentimeter tief abbaggern lassen, dann wird mit Sand aufgefüllt, ich werde einige Hundert, vielleicht tausend Stauden einpflanzen und das Ganze dann mit Kies mulchen. Ja, so müsste es funktionieren. Ich freue mich bereits jetzt sehr darauf, dieses neue Projekt anzugehen, denn ich liebe neue Projekte, die unseren Garten verschönern.

IM UHRZEIGERSINN Je mehr Arten in einer Blumenwiese blühen, umso mehr Insekten können Nahrung finden. Oben links ein Pinselkäfer auf einer Knautie, daneben ein Waldvögelchen und ein Zitronenfalter auf einer Telekia. Unten laben sich ein Kleiner Eisvogel und ein Landkärtchen und auch für Honigbienen reicht es noch.

Schotter, Humus und Saatgut

Vor einigen Jahren haben wir ein weiteres Projekt umgesetzt. Auf etwa 400 Quadratmetern haben wir den Boden 35 Zentimeter tief abbaggern lassen und reinen Muschelkalkschotter eingebracht. Dann von Rieger-Hofmann autochthones Saatgut (Verkehrsinselmischung Nr. 14) auf circa einem Zentimeter Humus eingesät. Damit wurden etwa sechzig verschiedene extrem trockenresistente Wildpflanzen eingebracht.

Bereits nach wenigen Wochen empfing uns diese Fläche als ein reines Blütenmeer. Natürlich waren es im ersten Jahr hauptsächlich die Einjährigen wie Kornblume (*Centaurea cyanus*), Mohn (*Papaver*) und Leimkraut (*Silene*), die das schöne Bild malten, aber dennoch ... den Insekten gefiel es. Bereits im nächsten Jahr waren viele Stauden groß genug gewachsen und es entstand ein sich über Monate ständig verändernder Blütentraum.

Im nun dritten Jahr seit ihrer Entstehung hat sich die Wiese erneut verändert. Wir haben jetzt eine weitere große Fläche, die als Blütenwundertüte nahezu täglich zu einem Besuch einlädt. In der Zeit von April bis September entdecken wir in jeder Woche andere Pflanzen. Und irgendwann werde ich auch einmal beginnen, die vielen Insekten, die hierhin zu Besuch kommen, zu bestimmen - noch ein Projekt!

RECHTS Schon im nächsten Jahr nach Anlage der Magerwiese zeigt sich im Mai ein anders Bild. Jetzt überwiegen Wiesen-margeriten mit darüber tanzenden Knautien, Wiesen-Salbei, Bocksbart und anderen - wochenlang ein zauberhafter Anblick.

Pflanzenwissen

Rosen im Naturgarten

Als Kind hat man mir abends noch ein Märchen vorgelesen. Eines meiner Lieblingsmärchen war Dornröschen. Zum Text gab es im Buch eine wildromantische Abbildung einer alten Schlossanlage, über und über bewachsen mit blühenden Rosen.

Da wollte ich gern wohnen und der Sache mit dem Prinzen wäre ich wohl auch nicht abgeneigt gewesen. Mit diesem Bild begann meine Vorstellung von Rosen. So sollte es in meinem Garten auch einmal aussehen.

Gar nicht märchenhaft

Wie anders sah die Realität aus. Im Garten meiner Mutter, im Schlossgarten der Stadt, in den Anlagen ... einfach überall wuchsen hochgezüchtete, ebenso teure wie empfindliche Geschöpfe in peinlich sauber gehaltener Erde, befreit von jeglichem Beikraut, das der Schönheit der einzelnen Blüten Abbruch tun könnte. Grundsätzlich brauchen sie Dünger, müssen den ganz genau richtigen Schnitt bekommen und gegen allerhand Rosenkrankheiten mit giftigen Substanzen bespritzt werden. Da sie zum Befall mit Läusen neigen, brauchen sie möglichst alle vier Wochen eine weitere Giftdusche, sodass ein jedes Meislein, dass seine Kinder versehentlich mit einigen dieser Läuse füttert, nach kurzer Zeit nur noch tote Kinder im Nest vorfindet. Nein, solche Rosen wollte ich nicht in meinem Garten haben.

Die Strauchrose 'Hugonis' blüht im Mai. Sie braucht Platz, denn sie wird zwei Meter hoch und breit. Ihre bogig überhängenden Zweige beschatten darunter liegende Stauden.

Wildrosen in England und bei uns

Dann besuchte ich Freunde in England und mit ihnen ein altes Schloss. Und da war es: Mein Dornröschenschloss gab es wirklich! Ich sah altes Gemäuer, meterhoch überwachsen mit über und über blühenden Rosengirlanden. So wollte ich es haben! Fortan habe ich mich mit Wildrosen befasst. Sie sind die Vorfahren unserer Gartenrosen. Einige wenige wachsen auch heute noch in der Natur. Inzwischen gibt es dank fleißiger Neuzüchtungen Hunderte ihrer Abkömmlinge in allen möglichen Farben, Formen und Größen. Alle blühen nur einmal im Jahr, dafür ist es jedoch jedes Mal ein mehrwöchiger Rausch, den man mit ihnen erlebt. Alle haben wenig oder gar nicht gefüllte Blüten, was von großer ökologischer Bedeutung ist, denn nur in solchen Blüten können sich Heerscharen von hungrigen Insekten mit Nahrung versorgen. Freundlicherweise sind sie nicht nur überaus schön anzusehen, sie sind außerdem auch gänzlich robust und bekommen nahezu niemals die

Ist ein Obstbaum abgestorben, bleibt er stehen. Er kann noch mindestens zehn Jahre lang der Träger einer Ramblerrose sein. Hier mein Lieblingsrambler 'Apple Blossom' am Apfelbaum.

Im Rosendurchgang summt es so unglaublich laut. Das wird man bei gefüllten Blüten nie hören. Vorn öffnen die dankbare Rose 'Perennial Blue', mittig rechts 'Kiftsgate violet' ihre Blüten.

gefürchteten Krankheiten, die ihre überzüchteten Cousinen so gern heimsuchen. So ist auch der Einsatz von Giften, der sich in einem Garten wohl eh verbietet, völlig überflüssig. Und sie benötigen auch kaum einmal Pflege. Kein Düngen, kein regelmäßiges Schneiden, kein Häufeln, nichts. Werden sie einmal zu üppig, kann man getrost mit der Heckenschere alle paar Jahre einen Korrekturschnitt wagen. Oder einmal alte, verholzende Stängel herausschneiden. Und zu guter Letzt: Sie schmücken sich im Herbst und im Winter mit Tausenden Hagebutten, aus denen wir die herrlichsten Köstlichkeiten bereiten können und die im Frost viele hungrige Vogelmägen stopfen.

Nun wird sicherlich verständlich, weshalb wir in unserem Garten inzwischen über hundert davon haben. Sie wachsen einfach überall, in den Beeten, an Pergolen, in alten Bäumen, als Bestandteil der Wildstrauchhecke, als kleine Vertreter von einem halben Meter bis hin zu zehn Meter hoch rankenden, bunt blühenden Wänden. Man wird berauscht von ihrem Duft und es summt und brummt in ihnen, dass einem ganz schwindelig wird. So muss sich Dornröschen gefühlt haben, genau so. Und der Prinz reitet zwar auf keinem weißen Pferd zum Schloss, aber er geht mit der Schubkarre und bearbeitet fleißig und unermüdlich den Garten. Ist doch auch nicht schlecht.

Der Juli bringt viel Trockenheit

Seit gut einer Woche durchzieht ein unbeschreiblich betörender, süßer Duft den ganzen Garten. Er zieht sogar ins Haus hinein. Die Linden der Allee blühen! Ich liebe diesen Duft seit meiner Kindheit so sehr.

Ich liebe ihn umso mehr, als ich ja so geruchsempfindlich reagiere auf viele Gerüche und binnen Minuten mit ordentlich Migräne auf viele Duftrosen, Lilien, Lavendel u.Ä. reagiere. Aber von diesem Duft kann ich nicht genug bekommen. Jetzt an warmen Abenden durch den Garten zu gehen, ist ein wirklich doppelter Genuss. Herrliche Bilder, unterlegt von Wolken wunderbarstem Blütenduft. Und wieder denke ich ein ums andere Mal: »Was haben wir hier geschaffen! Und in was für einem unglaublichen Reichtum leben wir jetzt!«

Wiesen

Die Trockenwiese im Warmen U ist nun nahezu verblüht. Es gibt noch ein paar Blüten der Färber-Hundskamille, ein wenig Leimkraut (*Silene*) auch, und ich warte noch auf das Aufblühen der Flockenblumen (*Centaurea*). Aber insgesamt herrscht hier eher ein Durcheinander von Samenständen. Das haben die Stieglitze auch schon entdeckt. Der erste kleine Schwarm ist eingetroffen und pickt sich kleine runde Federbäuchlein an. Sie bleiben nun den ganzen Herbst und Winter, weil sie wissen, dass unsere nicht abgetragene Samenpracht überall im Garten sie lange Zeit ernähren kann. Zu schön, sie jetzt wieder in Mengen zu beobachten. Matthias hat alle Wiesenbereiche außer der Magerwiese einmal gemäht. So finden unsere Eulen und Falken in den freien Bereichen jetzt genügend Mäusefutter für sich und ihre Brut. Nicht mehr gemäht wird seit ein paar Wochen der Rasen. Die Gräser wachsen eh kaum noch und ich möchte sie durch weiteren Schnitt nicht schwächen. Und das bisschen an Schatten, was ein momentaner Bewuchs bietet, möchte ich nicht wegmähen, wenn ab der nächsten Woche der Hochsommer mit lang anhaltender Trockenheit und Hitze von bis 40 Grad heranrollt.
Außerdem wachsen jetzt, da die Gräser aufgegeben haben, die Trockenspezialisten. Erste Knautien (*Knautia*), Wiesen-Salbei (*Salvia pratensis*) und auch meine liebste Rapunzel-Glockenblume (*Campanula rapunculus*) haben sich versamt und blühen nun auf. Und auch jede Menge Schafgarbe, die wir überall haben, kommt in die hochsommerliche Blüte. Ganz neu sind flächendeckende Bereiche von herrlich blau blühenden kleinen Braunellen (*Prunella*). Über mehrere Quadratmeter durchziehen sie das kaum mehr vorhandene Grün und so wird es jetzt bunt. Barfußgehen ist nun nicht mehr angeraten, denn zu viele Bienen weiden auf den Blüten. Und so ein Stich unter dem Fuß – nee, hatte ich schon, will ich nicht mehr.

Beth-Chatto-Beet

Im Beth-Chatto-Beet geht es auch in die letzte Runde. Hier ist es immer noch einmal besonders

OBEN An geeignetem Standort, sehr trocken, sandig oder karstig, vermehrt sich die Edeldistel *Eryngium* 'Big Blue', auch Mannstreu genannt, sehr großzügig. Aber das stört nicht. Sie ist wunderschön.

UNTEN Nach der ersten Mahd Ende Juni entwickelt sich auf den Wiesen und der Obstwiese eine komplett andere Vegetation. Jetzt zeigen sich die Hitzebeständigen, z. B. Schafgarben, die sich üppig mit Vogel-Wicken und Wiesen-Platterbsen verweben.

OBEN Nach der Rosenblüte folgt im blauen Beet der nächste Blührausch. Astern, Glockenblumen, Phloxe und Agastachen blühen für Wochen und ziehen ein ganzes Schmetterlingsgeschwader an. Nun verdient das Beet seinen Namen wirklich.

MITTE Nach der Ballsaison ist der weiße Garten ein wenig in der Flaute. Erst Mitte Juni geht es hier langsam mit den vielen prächtigen Stauden, die die Rosenblüte untermalen, weiter. Dieser Gartenteil strahlt für mich die meiste Magie aus.

UNTEN Ende Juni, Anfang Juli steht das *Hemerocallis*-Beet in voller Blüte. Dann ist es der absolute Hingucker direkt neben der Blänke. Ich hätte solch ein Beet, das nur für kurze Zeit wirklich schön ist, natürlich nicht, wenn ich nicht so viel Platz hätte.

schön, wenn die Blauraute (*Perovskia*) blüht, gemeinsam mit den Gräsern und den unglaublichen Edeldisteln (*Eryngium*). Sie sind immer gut besucht von vielen Insekten und nicht nur, weil blau meine Lieblingsfarbe ist, ist es ein zauberhafter Anblick. Davon möchte ich noch sehr viele pflanzen in die neue Staudenwiese.

Staudenpracht

Bei jedem Gartenspaziergang, ob mit Freunden oder auch allein, bin ich wieder hin und weg von unseren Staudenbeeten zu dieser Zeit. Denke ich doch in jedem Jahr, dass nach der Rosenblüte eigentlich nicht mehr viel passieren wird, so bin ich immer wieder erneut erstaunt, was da alles noch kommt. Die Prachtstaudenbeete tun jetzt, was sie tun sollen. Sie sind eine einzige Pracht. Man kann kaum wegsehen. Das blaue Beet wird langsam blau, durchzogen von Weiß und Rosa. Noch blühen ein paar Rosen, vor allem 'Ballerina' tanzt unermüdlich neue Blüten treibend mit der Storchschnabelsorte 'Rozanne' ein zauberhaftes Duett. Der Arznei-Ehrenpreis (*Veronicastrum*) wird von Schmetterlingen umschwärmt und die ersten weißen Phloxe der Sorte 'David', die sich auch gut versamen, stehen schon auf der Blütenbühne und warten auf ihren großen Einsatz.

Zu meiner Freude haben es doch einige Astern geschafft, sich den gefräßigen Schnecken durch vermehrtes Wachsen zu entziehen. Sie sehen halt nun alle ein wenig Chelsea-gechoppt aus. Schauen wir einmal, was noch daraus werden wird. Andere Astern haben das leider nicht geschafft und sie sind für immer verschwunden.
Zwischen den Stauden haben sich nun die Gräser zur vollen Schönheit entwickelt. Nur mein geliebtes Riesen-Federgras (*Stipa gigantea*) hat sich verabschiedet. Und zwar grußlos. Ich nehme an, das unhöfliche Verhalten erklärt sich aus dem zu fetten Boden, in das ich es gepflanzt habe. Das nahm es persönlich. Gut, ich werde versuchen, meinen Fehler im nächsten Magerbeet wieder gutzumachen. Wollen wir doch mal sehen, wer hier den längeren Atem hat.
Großartig hat sich jetzt auch das große Beet gegenüber dem weißen Garten entwickelt.
Klar, auch hier sind einige Lücken zu finden, aber egal. Platz zum Neubepflanzen! Wie sagt meine Freundin Petra? »Das kriegen wir wieder hin! Gibt noch so viele andere, tolle und schneckenverträgliche Pflanzen, die auch im Garten wachsen wollen und ihm sicherlich sehr gut zu Gesicht stehen werden.«
Der weiße Garten ist einfach prachtvoll. Da fehlen einem jedes Mal die Worte, wenn man ihn betritt. Ich freue mich auf die Zeit, wenn die ihn umgebende Eibenhecke so hoch sein wird, dass man nicht schon von Weitem hineinsehen kann. Dann wird man richtig geflasht sein, wenn man vor dem Eiben-Torbogen steht und sich überraschend diesem Traum in Weiß gegenübersieht.
Seinen Höhepunkt hat nun das *Hemerocallis*-Beet. Was für ein Farbenrausch! Er dauert nur einige Wochen im Jahr, aber wenn die Großzahl dieser Pflanzen ihre Blüten jeweils für einen Tag zeigt, das ist schon wirklich großes Kino. In diesem Beet, genau am Fuß der schon üppig wachsenden Linde, befindet sich eine in jedem Jahr größer werdende Anzahl von wilden Orchideen. Es handelt sich um den Breitblättrigen Ständelwurz (*Epipactis helleborine*), der in diesem Jahr so prächtig wie nie zuvor blüht.

CHELSEA CHOP

Unter einem »Chelsea Chop« versteht man einen moderaten Rückschnitt mancher im Sommer und Herbst blühender Stauden zur Zeit der in London stattfindenden Chelsea Flower Show, um die Blütezeit und -stärke zu verlängern.

Schmetterlinge

Zudem ist es eine riesige Freude, die nun überall in Scharen herumflatternden Schmetterlinge zu sehen. Sobald die Sonne scheint, sind es wohl Hunderte. Ein Bekannter kam letzte Woche mit seiner in Bonn lebenden Tochter zu Besuch und sie meinte, sie hätte noch nie in ihrem Leben so viele Schmetterlinge gesehen. Sie tanzen auf allen möglichen Blüten. Natürlich sind sie zahlreich in der Blumenwiese, aber es gibt auch wirkliche magnetische Blüten wie die der Katzenminze (*Nepeta*), Oregano (*Origanum*), Thymian (*Thymus*), Salbei (*Salvia*), Ehrenpreis (*Veronica*), Telekie (*Telekia*) und noch etliche mehr.
Leider sind es fast immer die gleichen Generalisten, die in Mengen vorkommen: Tagpfauenauge, Kleiner Fuchs, Kohlweißling, Admiral, mal ein Landkärtchen und ein paar andere, aber die große Vielfalt ist es nicht. Wie gern würden wir auch seltenere Arten einladen, von unserem reichlich gedeckten Tisch zu naschen. Aber woher sollen sie kommen? Wenn rundherum Agrarwüsten vor sich hin gähnen, dann gibt es da wenig Möglichkeiten. Sicherlich haben wir aber auch noch weiterhin jede Menge Luft nach oben, was unsere Bepflanzung anbelangt. Ich hoffe, dass die Anlage der neuen Wildstaudenwiese mit neuen Pflanzenarten auch andere Insekten anlocken wird. Es bleibt eben noch viel zu tun.

Pimpernuss

Im Wildstaudenbeet fruchtet gerade die Pimpernuss (*Staphylea*). Komischerweise ist die im rechten

Ich habe keine Erinnerung, wie die beiden Pimpernuss-Sträucher in unseren Garten gekommen sind. Sie sind recht hübsch, ziemlich ungewöhnlich und die Früchte sind schmückend.

Zufällig fand ich das alte Familienwappen von Matthias' Familie. Da es einen Obstbaum im Wappen trägt, habe ich es in eine uralte Stele einmeißeln lassen. Sie steht jetzt im Obstgarten.

Beet dreimal so groß wie die gleich alte im linken. Keine Ahnung, wer da wo wen stört oder unterstützt. Jedenfalls sieht der Fruchtschmuck wunderschön aus und ich habe gerade irgendwo gelesen, dass man die kleinen Nüsschen auch essen kann.

Obstbaumritter und andere Köstlichkeiten

Letzte Woche kam der Steinmetz und hat eine Überraschung gebracht. Eine Überraschung für Matthias. Im Winter telefonierte ich mit einem Freund, der mir erzählte, er habe seine langen Abende mit Ahnenforschung verbracht. Das wäre so interessant, ich solle das unbedingt auch einmal machen. »Och nö«, sagte ich, »das interessiert mich eigentlich weniger. Alle schon hin und weg. Was soll ich da noch Interessantes suchen, was noch finden?« Aber okay, die Tage waren kurz, die Abende lang, die 22. Socke war gestrickt.
Also gab ich eines Abends bei der mir empfohlenen Seite die Namen von mir und Matthias ein. Und sofort war da ein schönes Wappen zu sehen. »Ah, ein Familienwappen.« Ich wusste ja, dass Matthias' Name auf eine einzige Familie mit irgendwann verloren gegangenem, ganz niedrigem Adel in der Sippe zurückzuführen war. Nun gab es also ein Familienwappen der Ritter zu Wasserschaff und Billig. Hm, interessant. Also mal schauen, was der Ritter da so in seinem Schilde trug? Das sah so gar nicht martialisch aus. Das war doch ein Bäumchen! - Ein Obstbäumchen!! Nun schloss sich der Kreis.

Matthias kam von einem alten Obstbauernhof. Das Obstbäumchen war vor Ewigkeiten bereits als »Wappentier« ausgesucht worden. Matthias hatte vor Jahrzehnten in einem »allerersten Leben«, vor dem schnöden Studium der Medizin, eine Lehre als Obstbauer abgeschlossen und seine große Liebe hier im Garten gehört seinen Obstbäumen. Ich entschloss mich, diesen Fund musste ich irgendwie »verarbeiten«! Mit meinem »geheimen Wissen« und der Abbildung besuchte ich den Steinmetz meines Vertrauens und erzählte die Geschichte. Der war sofort begeistert und zeigte auf eine mehrere Hundert Jahre alte Steinstele. »Da meißel ich Ihnen das hinein!« - Hat er gemacht. Mit Bravour, meiner Meinung nach!
Und letzte Woche nun bekam mein Mann seine Stele in den Obstgarten. Mit dem Familienwappen, mit dem Obstbaumritter! Jetzt schließt sich wirklich ein Kreis. Wie glücklich wäre der »alte Wasserschaff« gewesen, das zu sehen. Und überhaupt - zu sehen, dass sein abtrünniger Sohn, der ein blödes Studium der Medizin dem Erhalt des Obstbauernhofes vorgezogen hatte, nun doch wieder zurück ist bei seinen Wurzeln und denen seiner Familie! Sollte unser Garten lange schon nicht mehr bestehen, aus welchen Gründen auch immer, dieser Stein wird über die Reste wachen, da bin ich sicher.

Himbeermarmelade

Die Himbeerernte war bisher sehr gut. Da ich jeden zweiten Tag die besten vollreifen Beeren abpflücke und sie zu ein, zwei Gläsern Marmelade verarbeite, hat diese ein enormes Aroma und genau den vollfruchtigen Geschmack, den uns die Werbung immer verspricht, aber nicht einhält. Unser Jürgen, der den Beerenobstgarten angelegt hat, hat lebenslanges Beerenmarmeladenrecht. Das hat er aber auch nur, weil er jedes Glas, das er bekommt, wirklich schätzt. Er weiß, wie viel Arbeit dahintersteht. Die Obstbüsche müssen im Winter geschnitten werden, der Boden schweißtreibend freigehackt und ebenso schweißtreibend mit Kompost, der ja auch nicht von den Bäumen rieselt, belegt werden. Die Ruten müssen angebunden, die Beeren gepflückt und verarbeitet werden. Der Boden alle paar Wochen gehäckert werden. Nur wer all diese Arbeiten schon einmal gemacht hat, ahnt, was da mit so einem Glas verschenkt wird. Er jedenfalls berichtete letzte Woche, dass er jedes Mal, wenn er ein neues Glas unserer Marmelade öffnet, sich vorher frische Brötchen zur Feier des Tages kauft. Und dann freut er sich bereits auf den einen Moment, wenn das frisch geöffnete Glas diesen unfassbaren Duft reifer, frischer Beeren entlässt. Das sei stets etwas Besonderes.

Obsternte

Nun stehen jedenfalls etwa 40 Gläser Marmelade im Regal und die Ernte ist noch nicht komplett beendet. Heute werden wir die letzten Schwarzen Johannisbeeren pflücken und auch die Stachelbeeren sind vollreif. Sie schmecken eindeutig nach Kindheit. Die nächste Woche werden sicherlich noch weitere 20 Gläser mit leckersten Früchten verarbeitet und einige Tüten mit geputzten Beeren eingefroren, damit es für den kommenden Winter genügend Früchtekuchen geben kann.

WEINBEEREN

Beim Beerenobst sieht es gerade wunderbar aus - für mich! Denn die Japanischen Weinbeeren (*Rubus phoenicolasius*) beginnen zu reifen. Ich finde keine Beere so lecker wie diese. Und das Beste ist: Ich stehe damit quasi allein. Niemand mag sie sonst. Also alle nur für mich! Andere Leute, die sie probiert haben, mögen den sauren Anteil am süßsauren Geschmack nicht. Ich liebe diesen Geschmack, erinnert er mich doch ganz genau an den Geschmack von Brausebonbons aus Kindertagen. Und das nächste Praktische ist, dass über einen langen Zeitraum immer wieder nur einzelne Früchte reif werden. Man muss nicht alle gleichzeitig pflücken und essen. So gehe ich bei jedem Abendspaziergang an ihnen vorbei und nasche die ganz reifen, sehr roten Beeren, die kleiner als Himbeeren sind, ihnen jedoch ansonsten sehr ähneln. Hm, lecker!

Und wieder überkommt mich dieses Gefühl großen Reichtums. Was für ein Glück ist es doch, einfach so hinausgehen zu können, um händeweise frischestes Obst in sich hineinzufuttern? Wir erwarten noch sicherlich 30–40 Kilogramm Brombeeren, wenn das, was da hängt, wirklich reif werden sollte. Die Ruten sind so übervoll beladen, es ist nicht zu glauben. Da werden wir uns für die vielen Süßkirschgeschenke von Freunden gut revanchieren können.

Und wie sieht es mit der weiteren Obsternte aus? Jetzt ist klar, Pflaumen bekommen wir auch in diesem Jahr wieder nahezu keine. Na ja, Matthias hat die paar, die reif wurden, bei der Arbeit vom Baum direkt in den Mund getragen. Da war nix übrig für Kuchen, Mus oder gar Einfrieren.

Bei den Birnen sieht es aber gut aus. Es hängen reichlich gute Früchte an den Bäumen, die wir nicht alle werden essen können. Von ein paar Kilos werde ich Saft kochen. Der ist mehr als lecker.

Äpfel haben wir seit zwei Jahren wieder reichlich. Es ist unglaublich, wie groß einige Apfelbäume, die wir doch erst vor zehn Jahren gepflanzt haben, inzwischen geworden sind. Und sie hängen übervoll mit köstlichen Früchten. Matthias geht stundenlang umher und dünnt die Äpfel aus, damit die sich biegenden Äste nicht brechen. Das wird dieses Jahr eine Menge Saft geben, sortenrein. Von der 'Dülmener Rose' schmeckt er nach unserer Erfahrung am besten.

Oh, wieder soooo viele Brombeeren. Aber es dauert noch einige Zeit, bis sie pflückreif sind. Jetzt kommt für diese Beeren eine gefährliche Zeit. Zu wenig Regen und sie vertrocknen.

Fallobst

Das erste Fallobst liegt bereits auf dem Boden und in diesem Jahr haben wir unfassbar viele Wespen. Zum Glück habe ich keine Angst vor ihnen. Die können um uns herumfliegen im Dutzend, das macht mir wenig aus. Aber unseren Mondo reizen diese Viecher unglaublich, sodass er auch schon den ersten bösen Stich in die Backe einstecken musste. Aber bereits mit noch sehr dicker Backe ist er erneut seiner Jagdleidenschaft nachgegangen. Der Kerl lernt es nie.

Gelernt hat es jedoch das arme Linchen. Bei unseren abendlichen Sitz-Platz-Bleib-Runden habe ich das arme Kind auf einem Erdnest von Wespen abgelegt, und als ich mich umsah, war sie mit bestimmt zwanzig Wespen im Fell wie ein Derwisch unterwegs. Da gab es kein Gehorchen mehr. Ich hatte ja quasi Schuld und das arme Kind dachte bestimmt, ich hätte sie dort zur Strafe hingelegt und nur durch mich käme die Pein. Zum Glück wälzte sie sich bald in der Blumenwiese und versuchte die Biester loszuwerden, was jedoch nur teilweise gelang. Ich habe dann doch die Wespen einzeln aus dem Fell pflücken dürfen und bin mit Lina ins Haus geflüchtet. Sie lag mit angstgeweiteten Augen auf ihrem Fell wie am ersten Tag, als wir sie vom Tierschutz aus suboptimaler Haltung übernommen hatten. Nach einiger Zeit bekam sie tatsächlich Schluckbeschwerden und atmete auch nicht mehr sauber. Da war das Herrchen aber schnell auf den Füßen und meinte: »Sofort Cortison rein in den Hund!« Wir gaben ihr eine passende Dosis und nach etwa zwanzig Minuten vergingen die Beschwerden und unser Linchen streckte sich wieder entspannt auf ihrem Platz aus. Das war knapp. Merke: Der Arzt im Haus ersetzt so manche Fahrt in die Tierklinik. Puh, Glück gehabt. Aber die Stelle im Garten hat Lina sich gemerkt. Da gibt es keine Möglichkeit, sie daran vorbeizu-

Im Juli blüht das viele *Allium* 'Millenium' auf und lockt enorm viele Insekten in den Gemüsegarten. Da können sich dann schon mal an einer Blüte 8–10 Bienen treffen.

führen. Nee, da lauert die Gefahr. Hier macht kein Linchen mehr Platz, nee, nie mehr!

Es summt im Zierlauch

Jetzt blüht der Zierlauch (*Allium*) 'Millenium'. Was für eine Pracht. Ich habe vor Jahren für reichlich viel Geld hundert Zwiebeln gekauft. Und seitdem vereinzeln wir in jedem Herbst die sich wirklich gut vermehrenden Zwiebeln und haben nun schon einige Beete, die völlig mit diesem absoluten Insektenmagneten umpflanzt sind. Während der Blüte ist es so laut im Gemüsegarten, dass man es eigentlich nicht glauben kann. Aber Hunderte und Aberhunderte von Insekten können eine gewaltige Phonstärke produzieren.
Ich werde weiterhin so vorgehen und auch in diesem Jahr wieder vereinzeln, so lange, bis alle Beete von diesem Schatz – sozusagen als Buchsersatz – eingefriedet sind. Und auch später werde ich die Zwiebeln im Hausgartenbeet an den Rand setzen. In zehn Jahren – bei entsprechendem exponentiellem Wachstum ist das realistisch – sollen im späten Juli alle Insekten dieses Gartens satt werden, nur allein vom vielen *Allium*! Diese Pflanze muss man einfach haben. Und sie sieht auch in Beeten wunderschön aus.

Störche

Unser Storchenkind ist tatsächlich flügge. Heute ist es wieder den ganzen Tag mit seinen Eltern unterwegs. Es begann damit, dass die Eltern sich stundenlang auf unseren Dachfirst stellten und sich nicht mehr zu dem armen, einsamen Kinde gesellten. Matthias wollte schon wieder die Storchenwacht benachrichtigen, wegen erwiesener Grausamkeit der Eltern gegenüber einem Einzelkinde. Aber das hatte alles schon so seinen Sinn. Unser dickes Küken tat sich nämlich schwer damit, fliegen zu üben. Normalerweise kann man vor dem ersten Flug wochenlang Flugübungen auf dem Nest beobachten. Jedes Mal halten wir dann die Luft an, wenn sich so ein Storchi - wie wild flügelschlagend - täglich höher und höher über dem Nest emporhebt. Dann haben wir immer wieder Angst, dass es zu einer Bruchlandung kommen könnte. Aber dieses dicke Kind fand das eindeutig zu anstrengend. Da gab es kein Gehopse zu sehen. Letzten Montag kam Matthias aufgeregt von draußen rein mit den Worten: »Das Nest ist leer!!! - Das Storchi ist weg. Ohne Üben. Wenn da mal nichts passiert ist.« Ich stellte mir schon vor, wie peinlich ein erneuter Anruf bei der Feuerwehr sein würde. Aber nein, nichts war geschehen. Außer, dass es das Kind in seiner Einsamkeit zu seinen Eltern getrieben hat. Es saß froh und stolz auf dem hohen Dach, während die beiden Eltern jetzt wiederum auf dem Nest aufgeregt klapperten und versuchten, es zum Rückflug zu ermutigen. Aber der Mut hatte wohl nur für einen Flug gereicht. Nachmittags dann änderten die Eltern ihre Taktik. Sie flogen nun stets zwischen Horst und Dach hin und her und klapperten dem kleinen Feigling aber mal so richtig die Geige. Irgendwann dann war er endlich müde und sicherlich auch hungrig genug, um noch einmal allen Restmut zusammenzunehmen und zum Horst zurückzufliegen. Okay, das mit der Landung wäre fast schiefgegangen, aber es hat gerade noch gereicht. - Was waren wir alle froh! Seither wird fleißig geübt, was die kleinen Flügel hergeben. Es wird nun nur noch kurze Zeit dauern, bis wir ihn zum letzten Mal sehen. Bei dem guten Wetter kann es mit jedem Tag so sein, dass unser diesjähriger Bruterfolg sich verabschiedet, sich zu anderen Jungstörchen gesellt, um sich auf die erste große Reise vorzubereiten. Das ist immer ein komisches, trauriges Gefühl. Man hat eine ganze Saison mit den Störchen gebangt und sich an ihnen gefreut gleichermaßen, um sie dann in eine ach so ungewisse Zukunft entlassen zu müssen.

HORTENSIEN

Hortensien gehören auch zu meinen Lieblingspflanzen. Gut, die Bauernhortensien funktionieren hier nicht, aber die Rispenhortensien (*Hydrangea paniculata*) und hier die Sorte 'Limelight' haben sehr viele gute Eigenschaften. Je nachdem, wie man sie schneidet, werden sie bis zu zwei Metern hoch und ihre Blütenrispen werden sicherlich 30 Zentimeter lang. Sie blühen im Juli auf in Weiß und die Blüte hält bei jedem Wetter monatelang, sich langsam rosa einfärbend. Außerdem brauchen diese Hortensien kaum einmal zusätzliches Wasser und sie mögen im Gegensatz zu ihren bäuerlichen Cousinen viel Sonne. Im Schatten kommen sie nicht zur Blüte. Die 'Limelight' haben wir nicht nur in den Beeten, sondern auch im Parkgarten an alle möglichen Stellen gesetzt. Sie ergeben zu dieser Zeit rechte Lichtblicke.

Wir werden den Zeitpunkt des Abfluges daran erkennen, dass die Eltern wieder für einige Wochen ins Nest zurückkehren. Sicherlich müssen sie sich nach der Aufzucht dieses einen einzigen Kindes nicht so sehr erholen wie bei drei Nachkömmlingen, aber sie scheinen die Zeit ohne ihre Kinder immer sehr zu genießen.

Schwalben

Leider gibt es von den Schwalben nichts Gutes zu berichten. Gestern Morgen noch sprach ich mit Handwerkern, die den Hof vor unserem Stallgebäude ausbaggerten, dass es den Schwalben absolut nichts ausmachen würde, wenn Handwerker mit schwerem Gerät in ihrer Nähe arbeiten. Sie fliegen unaufhaltsam mit neuem Futternachschub ein ums andere Mal zum Nest im Hausflur, wo sie alles versauen dürfen. Und nun lagen gestern Abend alle vier Schwalbenkinder tot unter dem Nest. Was war da nun wieder geschehen? Ich habe keine Ahnung. Wirklich gar keine. Aber es tat uns so weh, die toten Kinder zu sehen. Haben auch diese Kinder etwas Falsches zu fressen bekommen? Oder war eine Elster hier und hat sie aus dem Nest geholt? Aber dann hätte sie sie doch nicht unter dem Nest liegen lassen? Viele Fragen - keine Antworten. Nur Trauer. Was haben die Schwalbeneltern geackert, um die Brut hochzubekommen! Und nun schon befiedert, ganz kurz vor dem Ausfliegen, passiert dieses Drama. Es tut uns so leid! Und immer bleibt die Frage: »Haben wir irgendetwas falsch gemacht?« Ich weiß es nicht.

Trockenheit

Seit Beginn des Monats hat es gerade mal knapp 20 Millimeter geregnet. Da die letzten Monate auch durchweg viel zu trocken waren, wird die Trockenheit täglich zu einem größeren Problem. Einmal in der Woche legen wir für ein paar Stunden die Schläuche an die Beete, sodass etwa 5–8 Millimeter Wasser auf die Stauden kommen. Das erhält sie am Leben, aber richtig schön kann man einige so nicht erhalten. Dort, wo noch nie zusätzlich gewässert wurde, ist die Erde knochentrocken. Die Bäume verlieren in ihrer Not bereits jetzt über den Stressabwurf noch grüne Blätter, um so eine weitere Verdunstung zu vermeiden und sich als Ganzes eventuell zu erhalten. Wenn ich mit den Hunden durch den Wald gehe, habe ich ein richtiges Herbstgefühl, so viel Laub ist in den letzten Tagen gefallen. Es ist wirklich beängstigend und belastet uns sehr. Letzte Woche mussten wir zehn abgestorbene oder nahezu verstorbene Bäume fällen lassen, weil sie unsere Remise oder die Garagen bedrohten. Alle Bäume erfreuten sich vor zehn Jahren, als wir den Hof kauften, noch bester Gesundheit und sie machten uns mit ihrem stolzen Habitus glücklich. Wer konnte schon solch hohe Bäume in so großer Menge in unmittelbarer Nähe zum Haus sein Eigen nennen? Wir empfinden sie als Schutzbäume und Wächter und möchten sie nicht als Bedrohung wissen.
Komisch ist, dass die Klimakatastrophe in den Medien stets so freundlich als Krise betitelt wird. Das Wort Krise suggeriert ja, dass es in absehbarer Zeit wieder besser werden könnte. Aber so ist es ja eben gerade nicht. Es ist vielmehr so, dass es in unserer Erlebenszeit nur immer schlimmer wird. Wenn wir darüber nachdenken, wird uns angst und bange. Und wir fragen uns täglich, wie es mit unserem gesamten Garten weitergehen wird? Okay, die Beete kann man relativ leicht umgestalten und rein mit trockenverträglichen Pflanzen bepflanzen. Aber was wird aus den Bäumen? Teils sind sie schon hoch gewachsen, aber dennoch sind es ja gerade mal Baumkinder, die noch ein langes Leben vor sich hätten. Wie soll der Garten bestehen bleiben ohne sie? Diese Gedanken sind schrecklich und belasten uns sehr.

Phlox

Aber noch können wir ja gießen und gerade der Terrassengarten bekommt so viel Wasser, wie er braucht, um schön auszusehen. Und das tut er, denn es ist Phloxzeit! Flammenblumen (*Phlox*) sind Opa-Pflanzen, die ich aus frühester Kindheit kenne und sehr liebe. Am meisten mochte ich die

In mehreren Beeten und mehrfach im Parkgarten erfreuen uns die Rispenhortensien 'Limelight'. Sie benötigen im Frühjahr einen kräftigen Rückschnitt und einen sonnigen Platz.

OBEN Fast nur noch im Terrassengarten ist Sommerzeit – Phloxzeit. Der Phlox braucht zu viel Wasser. Er wird ein Verlierer der Klimakatastrophe sein. Aber im Terrassengarten bekommt er so viel, wie er braucht, und da darf ich mich an ihm erfreuen.

UNTEN Im weißen Garten gibt es einige Schätze. Einer ist das *Thalictrum* 'Splendide White'. Es blüht in großen Puscheln und wirkt ähnlich wie ein Schleierkraut zwischen den anderen Stauden. Aus der Nähe sieht man seine filigrane Schönheit.

in Zartrosa mit dunklerer Mitte (den Stauden-Phlox 'Bright Eyes', *Phlox paniculata*). So verwundert es nicht, dass sich viele Sorten in fast allen Beeten bei uns finden. Nach den Sortennamen darf mich allerdings in der Regel niemand fragen. Ich füge seit Jahren nahezu bei jeder Staudenbestellung ein paar Phlox dazu, ich suche sie nach Lust und Freude aus und spätestens, wenn das Pflänzchen in der Erde steckt, habe ich die Namen schon vergessen. Bin halt eher die Bauchgärtnerin. Jedenfalls sieht es gerade umwerfend herrlich aus. Es ist eine wirkliche Freude, aus den Fenstern zu schauen oder auf der Terrasse zu sitzen. Man wähnt sich in einem üppigen Bauerngarten, der schon viele Jahre alt ist. Auf eine Sorte möchte ich aber doch besonders eingehen, nämlich *Phlox paniculata* 'Natural Feelings', auch als Knospenphlox beschrieben. Seine Blüten sehen so aus, als befänden sie sich noch in Knospe. Das bleibt auch so. Ganze drei Monate lang! Es ist ein echter Dauerblüher und gehört in jeden Garten, wenn es nach mir ginge.

Der weiße Garten

Die regelmäßigen Wassergaben hat uns auch der weiße Garten gedankt. Er sieht, wie stets zu dieser Zeit, besonders prächtig aus. Die ersten Silberkerzen, *Cimicifuga* (genau genommen heißen sie ja jetzt *Actaea*. Genau zu dem Zeitpunkt, als ich *Cimicifuga* gelernt hatte, wurden sie umgetauft, grrr!), stehen schon in dekorativen Knospen. Daneben blühen noch immer die Weidenröschen (*Epilobium*), die ja ein echtes Unkraut werden können. Wenn sie sich wohlfühlen an einem Platz, dann vermehren sie sich durch böse, nie enden wollende Ausläufer. Also die muss man im Blick haben. Aber so – hier und dort mal eine – sind sie sehr entzückend. Und als absolute Dauerblühleistung geben auch die Riesen-Dolden-Glockenblumen 'Alba' (*Campanula lactiflora*) noch immer ihr Bestes. Diese drei Pflanzen bilden ein nahezu undurchdringliches Dickicht und ich muss im Herbst unbedingt nachsehen, was sie alles unter sich begraben haben. Vielleicht kann man noch ein kleines Pflänzchen retten?
Gleich daneben knospen mehrere Chinesische Wiesenrauten der Sorte 'Album' (*Thalictrum delavayi*), die weißen Schwestern der rosa 'Splendid'. Was für eine zarte Schönheit ist dieses Pflänzchen! Und zu seinen Füßen vergehen schon die beiden cremeweißen Phlox 'Jill' und 'Jade'. Einer schöner als der andere.
Die Clematisblüte ist, wie nahezu überall im Garten, extrem mau in diesem Jahr. Keine Ahnung, zu trocken möglicherweise oder gar zu warm? Das Grün ist besonders üppig, aber es fehlen die Blüten. Bis auf eine Italienische Waldrebe (*Clematis viticella*, es könnte 'Hagelby White' sein), die direkt hinter der Eibenhecke mit Hunderten Glöckchen den in diesem Jahr endgültig verstorbenen Sanddorn erobert haben. Gut, er bleibt stehen – als Clematisstütze. Dafür kann er noch ein paar Jahre herhalten.
An anderen Stellen blüht die überall einsetzbare Staudengeheimwaffe Schönaster (*Kalimeris*). Sie blüht nicht absolut weiß, aber fast. Diese Pflanze kann man wirklich überall einpflanzen. Sie blüht anhaltend und zuverlässig, wenn die Schnecken nicht schneller waren im zeitigen Frühling. Allerdings muss man ihr manches Mal auf die Füße treten, sprich, sie verkleinern. Sie hat ein wenig die Neigung zur Opulenz. Und nur noch *Kalimeris* im Beet ist auch nicht so ganz mein Fall. Aber wenn man da aufpasst, dann ist das eine tolle Staude. Ach, herrje! Was haben wir denn da mal wieder im ach so weißen Garten? Die ansonsten silbrigblättrige Artischocke blüht! Leider in herrlichstem Blau! Jedes Jahr sage ich wieder: »Die Blüte muss

Im rosa Beet blüht Rispenhortensie an Kerzenknöterich. Beide Pflanzen neigen ein wenig zur Opulenz, aber das macht nichts.

da raus!« - aber dann denke ich, dass mir alle Dogmatiker suspekt sind, auch die mit den weißen Gärten. Die Blüte ernährt mindestens ein halbes Hummelvolk, also bleibt sie drin! So. Wer blaue Prärielilien (*Camassia*) im weißen Garten wachsen lässt, der sollte sich mal nicht über so eine blaue Blüte aufregen.

Das rosa und das große Beet

Das rosa Beet hat sich denn doch tatsächlich in den letzten Wochen noch erholt. Nach dem Schnecken- und Wühlmausdoppelangriff hatte ich schon bald keine rechte Lust mehr, dorthin zu schauen. Aber jetzt - ich muss sagen - doch, ist wieder nett anzusehen. Vor allem die Hortensien haben sich gut gemacht und blühen nun und diverse Kerzenknöteriche (*Bistorta amplexicaulis*) geben auch alles und machen vieles wieder gut. Ich darf so einigermaßen zufrieden sein. Und die Schnecken haben wohl aufgegeben in der Hitze. Das wird den Wühlmäusen nicht viel ausmachen, aber die sind lieb, im Moment.
Das große Beet am Bogengang verschenkt im Moment auch herrliche Bilder. Die Roten Scheinsonnenhüte der Sorte 'Magnus' (*Echinacea purpurea*), die einzigen, die die Schnecken nicht gefuttert haben, sehen ganz zauberhaft aus. Der Entenschnabel-Felberich (*Lysimachia clethroides*) hat sich breitgemacht, was er in einem solch großen Beet ja auch soll, und ich mag seine Blüten sehr gern. Ein Neuzugang ist für mich *Verbena hastata*, die Lanzen-Verbene. Ich habe im Frühling drei mitgenommen und frage mich jetzt, warum ich diese zauberhafte Staude, die obendrein auch noch reichlich Insekten anlockt, nicht überall stehen habe. Nur die Taglilien (*Hemerocallis*) liegen überall platt. Sie haben die Trockenheit gar nicht gut vertragen. Ich hätte sie schon längst heruntergeschnitten, aber das mache ich erst, wenn sich das Wetter ändert. Bei den Hitzegraden beschattet auch plattes Hemerocallisgrün noch ein wenig den Boden und den Pflanzenfuß. Besser als nichts.

Wilde Ecken

Jetzt, im Hochsommer, werden die wilden Ecken immer wilder. So soll es aber auch sein. Denn dort tummeln sich nun die großen Grashüpfer in Mengen und auch Käfer und Co. besiedeln die wilden Stellen, denn hier gibt es für sie Schatten im Dickicht und keinerlei Störung. Auch im restlichen Jahr nicht mehr. Mir gefallen die Stellen mit dem Wildwuchs sehr gut, konservativere Gärtner würden sicherlich eher zu viel bekommen.
Aber gerade jetzt blüht überall der Wiesen-Bärenklau (*Heracleum sphondylium*) mit wirklich tollen Doldenblüten, die in aller Regel von jeder Menge Käfern besucht werden. Vor einer Woche noch waren die gleichen Stellen über und über voll mit der Nesselblättrigen Glockenblume (*Campanula trachelium*). Ich erinnere mich noch genau an die Stelle, an der wir vor Jahren die erste fanden. Nun gibt es Hunderte und sie vermehren sich durch Aussaat selbst in jede Ecke des Gartens. Natürlich dürfen sie überall stehen bleiben, auch in den Beeten, blühen sie doch wirklich sehr schön und als Wildpflanze haben sie Vorrang an fast allen Stellen. (Nicht im weißen Garten! Da fliegen sie raus. Irgendwann muss auch mal gut sein!)

Stumpery

Kommt man nun in der Wärme zur Stumpery, empfängt einen ein herrlicher Duft von Feuchtigkeit und Wald. Die Tannen und auch die Feuchtigkeit, die die Farne brauchen und bekommen, verursachen dieses betörende olfaktorische Spektakel. Unser Garten ist so vielfältig. Eben geht man über eine Wiese in absoluter Hitze und Trockenheit, dann biegt man um die Ecke und steht im totalen Schatten und es duftet ganz intensiv nach feuchtem Holz, Harz und Erde. Diese Vielfalt ist es, die Spannung in den Garten bringt und Artenreichtum gleich mit. Und direkt hinter der Stumpery kommt der Steinhügel, der in voller Sonne liegt und jetzt so herrlich blüht wie nie wieder im Jahr; und auch hier tanzen die Schmetterlinge mit den vielen anderen Insekten um die Wette.

Mahdfragen

Gleich dahinter sieht man die letzten Blüten in der Trockenwiese. Neben den Flockenblumen habe ich in diesem Jahr zum ersten Mal die ganz zauberhafte, kleine, zarte Pracht-Nelke (*Dianthus superbus*) gefunden. Nur ein paar Exemplare, aber sie hat mich richtig angerührt. Doch auch sie werden bald verblüht sein und dann war es das mit dem Zauber der Blumenwiese für dieses Jahr. Jürgen rät sehr dazu, die Wiese abzumähen, weil er Angst hat, dass gerade solche zarten Blümchen über den Herbst und Winter von den größeren Pflanzen erstickt werden. Noch kann ich mich nicht wirklich entscheiden. Aber in zwei Wochen bin ich auf dem Pagels-Symposium in Papenburg und werde auf Fachleute treffen. Christian Kress und Joachim Hegmann werde ich ausquetschen, was sie dazu meinen, und dann muss ich zu einer Entscheidung kommen. So ist es doch oft. Man will es ja nicht falsch machen, aber die Erfahrung fehlt einfach.

Überall breitet sich im Hochsommer eine große Üppigkeit aus. In den wilden Ecken und in allen Beeten blüht die Nesselblättrige Glockenblume (oben und unten links), der Steinhügel erblüht auch ohne Wasser und Erde (oben rechts), der Königsfarn in der Stumpery erklärt seinen Namen, braucht aber viel Wasser (unten rechts).

Das große Bauernbeet im Hausgarten gleicht jetzt einem einzigen riesigen Blumenstrauß. Ein klein wenig muss ich immer an Great Dixter denken, wenn ich diese überbordende Fülle sehe.

Auf keinen Fall jedoch wird die Obstwiese gemäht. Wegen der Trockenheit muss sie kein zweites Mal gemäht werden. Was soll da groß wachsen? Aber über der ganzen Wiese liegt jetzt ein leichter Schleier von Bärenklau-Blüten, was ganz wunderschön aussieht, und die ersten Schafgarben (*Achillea*) erblühen auch. Auch hier gibt es genügend Futter für unsere Insekten. Nein, hier wird auf keinen Fall jetzt gemäht.

Hausgarten

Die Beete im Hausgarten sind nun mal wieder zum Modell »Grüne Hölle« entartet. Da dort alles recht dicht bepflanzt ist, kann ich kaum in die Beete treten und auch nicht gut etwas beschneiden. Jetzt wächst alles durch. Die hohen Stauden im Kanzanbeet geben alles und erreichen weit mehr als zwei Meter Höhe. Alles zusammen sieht wirklich gut, gesund, üppig und wundervoll aus. Da versteht man, was der Begriff Prachtstauden einem erklären möchte. Und das, obwohl es so trocken ist. Aber selbst die verschiedenen Sorten von Wasserdost (*Eupatorium*) halten sich tapfer. Die dichte grüne Pflanzenschicht wird den Lehmboden sehr gut vor Austrocknung schützen, sodass gelegentliches Gießen absolut ausreicht, diesen prachtvollen Anblick zu erhalten.

Nachtspaziergang

Vor drei Tagen weckte mich unser Linchen gegen elf Uhr abends und musste dringend raus. Ich nahm mir meinen Mantel und begleitete sie in die aufkommende Nacht. Die Nachtigall sang noch so herrlich und schon lange wollte ich einmal einen Nachtspaziergang durch unseren Garten machen. Der um diese Zeit noch einmal angeschwollene Lindenblütenduft lud mich außerdem ein.

Storchenträume

Zuerst einmal erschrak ich sehr, weil die Schleiereule sehr niedrig und ganz entgegen ihrer normalen Angewohnheit mit lautem Flügelschlag über meinen Kopf herflog - aus dem Nichts kommend. Puh, da kommt schon mal schnell ein Eimerchen Adrenalin mitgeflogen. Sie wollte mir wohl sagen, dass ich nun aber bitte mal um diese Zeit ihr Revier freimachen sollte, gefälligst. Ich ging weiter durch den Obstgarten Herrn Nachtigall entgegen, weil ich mich noch ein wenig an seinem Gesang erfreuen wollte. Da hörte ich ein anderes, komisches Geräusch. Es kam doch aus Richtung des Storchennestes? Hörte sich an wie ein laut quietschender und gurgelnder Blasebalg. Hm, sollte das ein Storch sein? Aber der eine Elternteil schlief auf einem Bein auf dem Dach stehend, der andere stand ebenfalls auf einem Bein am Rand des Horstes. Das Geräusch kam eindeutig von einem träumenden Storchenkind. Jetzt wusste ich auch, woran es mich erinnerte. Das war doch der gleiche Bettelton, den die jungen Störche machen, wenn die Eltern mit Futter auf dem Nest ankommen. Genau, war ja klar, unser Storchenmops träumte vom Fressen. Nee, wie süß war das denn?! Wer hat je ein Storchenkind träumen gehört?

Ein magischer Moment

Weiter ging ich dem nächsten Geräusch nach. Ein dicker, fetter Igel bewegte sich raschelnd durchs Beet. Gut, dass ich die Wasserschalen am Abend noch einmal gefüllt hatte. Über der Blänke flogen, kaum noch sichtbar für mich, die Fledermäuse. Es wurde nun jede Minute dunkler. Ich ging zum weißen Garten. Ein paar letzte Frösche, die

OBEN Im weißen Garten denke ich oft, Vita Sackville-West, »die Erfinderin des Weißen Gartens« in Sissinghurst, hätte meinen auch gemocht. Ganz anders, aber einfach wunderbar.

MITTE Da den Hausgarten schon ein mit Rosen berankter Pavillon schmückt, wollten wir hier etwas anderes. Wir wählten ein geschmiedetes Rankgitter mit einer integrierten Bank.

UNTEN Richtig mystisch wird dieser Garten in der Dämmerung. Tatsächlich bekommen die weißen Blüten dann eine große Leuchtkraft und sie scheinen in den Beeten zu schweben.

---

anscheinend keine Braut abbekommen hatten, quakten noch halblaut vor sich hin. Ich setzte mich ein wenig auf meine Bank unter der Linde.
Es war einfach unglaublich. Nun, in nahezu völliger Dunkelheit, leuchteten die weißen Blüten wie kleine flackernde Kerzen. Das musste Vita Sackville-West gemeint haben, als sie ihren weißen Garten in Sissinghurst angelegt hatte. Die weißen Blüten sollten ihr den Weg in der Nacht »beleuchten«. Was war das für ein magischer Moment. Das sind die Augenblicke, in denen man meint, dass sich ganz genau so das Paradies anfühlen muss. Schöner geht nicht. Man fühlt sich im absoluten Frieden mit sich und der Welt - und das alles schenkt einem ein Garten. Da geht man danach ganz klein und glücklich zurück ins Bett. Versucht, behutsam und leise die Blumenwiese zu queren, um die Heupferdchen nicht aus dem Geigenrhythmus zu bringen. Und ist natürlich darauf bedacht, die Eulen nicht weiter zu stören.

So ist auch die zweite Julihälfte, bei allen bedrückenden Ängsten, die die Trockenheit auslöst, dennoch ein großer Erfolg in unserem Garten. Aber es ist ein mit Anstrengung erkaufter Erfolg. Das Hauptaugenmerk liegt nun nicht so sehr auf den normalen Alltagsarbeiten oder gar darauf zu genießen, das Hauptaugenmerk liegt darauf zu schauen, wo es gerade (ver)brennt, wo gewässert werden sollte, die Schüsseln für die Tiere regelmäßig zu füllen und auf Regen zu hoffen.

Nach etwa zehn Jahren Pflanzenwachstum verschmelzen die einzelnen Bereiche miteinander zu einem wundervollen großen Ganzen. Spaziert man jetzt durch den Garten, kann man sich in jeder Ecke an zauberhaften Bildern erfreuen.

Der weiße Garten

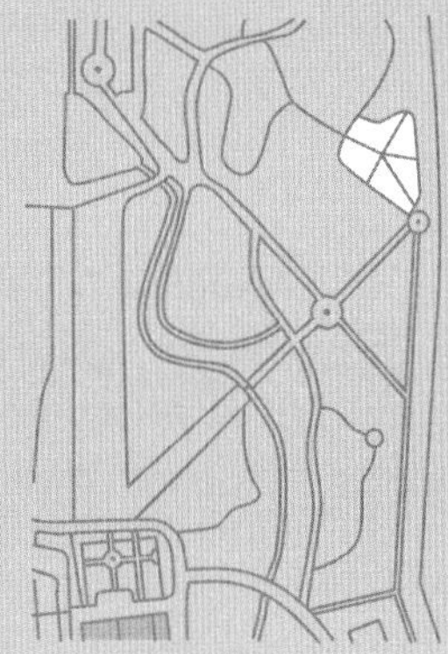

Gartenbereiche

Schon seit vielen Jahren ist Sissinghurst einer meiner Lieblingsgärten in England. Er liegt so praktisch und es wurde zu einer lieben Tradition, den Gartenurlaub mit dem Besuch dieses ebenso berühmten wie herrlichen Gartens zu beginnen.

Wenn man sich einem Garten wirklich nähern möchte, tut man gut daran, sich auch mit seinen Besitzern zu beschäftigen, denn wie sage ich immer? »Zeig mir deinen Garten – und ich sage dir, wer du bist!« Bei Vita Sackville-West ist es leicht, sehr viel von und über sie zu erfahren, denn schließlich war sie eine der wichtigsten und bekanntesten Literatinnen ihrer Zeit. Das bedeutet, dass ich mich mit den Jahren durch eine Menge ihrer Bücher durchgearbeitet habe, mit dem Gefühl, ihr wirklich recht nahezukommen. Diese Kombination macht sicherlich aus, dass mir Sissinghurst wie kein anderer Garten in England lieb ist. Ein klein wenig ist er zu »meinem« geworden.

Eine Woche in Sissinghurst

Als ich davon hörte, dass der National Trust ein Gebäude im Garten vermietet, machte ich sofort von der Möglichkeit Gebrauch, mit Freunden zusammen eine Woche lang das Priest`s House zu bewohnen. Es handelt sich dabei um eines der ehemaligen kleinen Wohnhäuser von Vita und Harold. Nun, schöne Häuser kann man in England Tausende mieten, aber die wertvolle Möglichkeit, diesen einmaligen Garten von abends 18 Uhr bis morgens um zehn ganz allein für sich zu haben, die gibt es nur einmal.

Da ich plante, in unserem Garten einen weiteren Rosengartenbereich anzulegen, sollte der Besuch in die Hauptblütezeit der Rosen fallen. Und so kam es, dass ich Mitte Juni eine Woche lang einen jeden Morgen und jeden Abend mindestens einmal für lange Zeit diesen herrlichen Garten erleben konnte. Meist für mich allein, denn meine Gefühle waren so intensiv, dass ich sie kaum teilen konnte. Ich glaube, es gab keinen einzigen Gartenspaziergang, den ich nicht in Tränen absolvierte. Ich neige wirklich keinesfalls zur Esoterik, aber ich fühlte mich Vita und Harold bei meinen Spaziergängen oft so nah, als würden sie mich begleiten und mir über die Schulter schauen. Ich »hörte« sie quasi oft sagen: »Schau! Hast du das schon gesehen?« – »Und sieh doch, wie wunderschön sich diese Kombination von Stauden zu dieser Rose macht!« Ich fühlte mich unglaublich bewegt. Tatsächlich gehört diese Woche zum Intensivsten, was ich je in Gärten erlebt habe. Und ich habe bei sicherlich dreißig Gartenreisen in England eine Menge erlebt, das darf ich wohl behaupten.

Der für die Reise gewählte Zeitpunkt hätte nicht besser sein können. Die Rosen empfingen uns in absoluter Hochblüte und mich an mein Vorhaben erinnernd, studierte ich natürlich den Rosengarten ganz besonders. Er war ein solcher Traum. Aber auch ein absolut unerreichbarer Traum, das musste ich mir eingestehen. Nie würde es mir allein gelingen, die Rosen so zu erziehen, wie es hier von einer Schar Gärtner in jedem Jahr praktiziert wurde. Und nur, wenn man sich ebensolche Mühe geben würde, könnte man ein nahezu gleich schönes Ergebnis erreichen.

Ich war nach jedem Besuch dort so aufgeregt und auch hin- und hergerissen, dass ich mich zurück im Weißen Garten, der direkt an das Priest´s House angrenzt, erst einmal erholen musste. Hier kam ich besonders in den Abendstunden so wunderbar zur Ruhe. Ich konnte mich der Magie dieser Pflanzung kaum entziehen. In einem solchen Moment der Kontemplation entstand dann die Idee: Aufregende Beete und Ecken gibt es genug in unserem Garten. Alle unsere Beete quellen über, und wenn auch meist farblich einigermaßen ein-

Wenige Jahre nach der Bepflanzung war der Eibenbogen noch nicht geschlossen, aber die Beete überzeugten bereits mit einem wirklich üppigen Blütenflor.

heitlich gehalten, sind sie doch bunt und äußerst lebendig. Aber einen solchen magischen Ort der Ruhe und des Friedens wie den Weißen Garten in Sissinghurst gab es bei uns nirgends. Und so kam es, dass ich zwar auszog, Tipps für einen überbordenden Rosengarten einzuholen, aber zurückkam mit der Idee, dass das genaue Gegenteil entstehen soll. Ein Garten ganz in Weiß.

Planung und Umsetzung

Wieder zurück, suchten wir sofort nach einer geeigneten Stelle im Parkgarten. Es gab einen Bereich, in dem schon die passende Atlaszeder (*Cedrus atlantica*) der Sorte 'Glauca' mit silbernen Nadeln stand. Außerdem zwei Linden.
Der etwa 400 Quadratmeter große Bereich wurde mit einer Eibenhecke umgeben, für den Eingang wurde vom Schmied des Vertrauens ein Bogen angefertigt, der die Eiben eines Tages als Torbogen aufnehmen konnte. Der Bereich grenzt an die Vogelhecke. Die wollte ich für einen solch formal gestalteten Gartenteil erhalten, aber nicht sehen. So musste Berthold, der Schmied, noch einmal ran und ein Gerüst nach dem Vorbild der Rankgerüste von Bourton House Garden nach Maß fertigen.
Um den Mittelteil pflanzte ich an jede Seite einen Rambler 'Guirlande d'Amour', links und rechts daneben je eine Kletterrose 'Lykkefund' und daneben mehrere Rosen der Sorte 'Kew Gardens'. Zu Füßen der Rosen fanden noch an jeder Seite zwei Texas-Waldreben (*Clematis texensis*) der Sorte 'Kaiu' ein Plätzchen.
Die Aufteilung der Beete ergab sich nahezu von selbst. Relativ mittig wollte ich gern eine Wasserstelle haben, von der sich fünf Beete sternförmig ausbreiten sollten Die Wege sollten so schmal

Matthias geht gerade im weißen Garten regelmäßig auf Fotosafari. Hier war das Fotomodell eine Clematis.

wie möglich werden und dafür wählten wir der Einfachheit halber Rollrasen. Die Beete hat unser Freund Chris mit kleinen Risslingen des letzten Buchsrückschnittes eingefasst. Ich war sehr skeptisch, aber sie sind allesamt wunderbar angewachsen und heute bilden sie eine kleine, feine Buchsumrandung.
Zum Ende des längsten Weges nach Westen, zum Eibenrund hin, stellten wir eine Bank auf. So entstand mein absoluter Lieblingsplatz im Garten, gleich unter einer Linde. Von hier habe ich einen ganz herrlichen Blick über alle Beete des weißen Gartens und darüber hinaus. Hier fühle ich mich absolut geborgen.

Details wie in Sissinghurst

Der Bank gegenüber steht ein alter Kupferkessel, ähnlich dem berühmten Kessel in Vitas Bauerngarten. Ich wollte schon lange einen solchen Kupferschatz haben, fand sie jedoch stets nur mit einem unverschämt hohen Preisschild am Henkel. So etwas musste gefunden werden. Als ich einer Freundin beim Auszug half vor ein paar Jahren, fand ich »meinen Kessel« vor ihrer Haustür, rausgestellt für den Sperrmüll. Da war er doch! Ähnlich wie Vita hatte nun auch ich einen gefunden und somit war es klar, dass er nur im weißen Garten seinen endgültigen Platz finden konnte. In diesem Jahr habe ich es mir fest vorgenommen, ihn mit weißen Tulpen zu bepflanzen.
Ein Gehölz haben wir noch gepflanzt. Eine kleine Weiden-Birne 'Pendula' (*Pyrus salicifolia*) musste ich einfach haben. Sie ist neben dem Rosenpavillon in Vitas Garten ein zweiter Höhepunkt. Ich wollte zwar kein zweites Sissinghurst, aber die musste einfach sein. Ihr silbernes Laub, der zarte Wuchs, die weißen Blüten, die kleinen Früchte, über die sich die Vögel im Winter freuen können, das ist einfach perfekt. Sie entwickelt sich in den wenigen Jahren schon sehr schön und wird in einiger Zeit auch hier ein Hingucker sein, denke ich.

Pflanzung

Im kommenden Frühling dann kamen 650 Stauden auf unseren Hof. Ich rief bei meiner Gartenfreundin Petra um Hilfe. Wie sollte ich das alles allein bewältigen? Drei halbe Tage haben wir gebraucht. Den ersten haben wir sortiert und die Stauden gestellt. Die beiden nächsten Tage je fünf Stunden gepflanzt. In ziemlichen Lehmklitsch, wohl bemerkt. Nur für diejenigen, die nun meinen:

PLANUNGSFREUDEN

Für die Pflanzpläne der Beete habe ich mir einen Winter Zeit gelassen. Ich habe es geradezu zelebriert. Jeden Tag habe ich Seite für Seite den gesamten Staudenkatalog meines liebsten Staudenhändlers durchgearbeitet und gegoogelt, was ich noch nicht kannte. So bekam ich eine Liste, die eines 4000 Quadratmeter großen weißen Gartens würdig gewesen wäre. Okay, also 80 Prozent rausstreichen. Mit den verbliebenen Staudenschätzen und ein paar wenigen Rosen und Clematis füllte ich nun meine einigermaßen im Maßstab gezeichneten Pläne Stück um Stück auf dem Papier. Was war das für eine Vorfreude.

»Päh, 650 Stauden sind doch ruckzuck in der Erde.« Klar, in Erde pflanze ich die auch schnell, aber nicht in zähes Kaugummi. Ich kann jedenfalls sagen, zum Schluss konnte ich kaum noch kriechen. Aber ich war sehr, sehr glücklich.
Für das erste Jahr hatte ich noch einige weiße Kosmeen (*Cosmos*) ausgesät und in die Lücken gepflanzt, damit die Beete schnell etwas hermachten. Das hat sich gelohnt. Schon nach wenigen Wochen entwickelten sich herrliche Bilder. Im kommenden Herbst haben wir noch viele Hundert Zwiebeln gesetzt. Unter anderem Tulpen der Sorte 'Spring Green', die ich sehr liebe, weiße Prärielilien (*Camassia*), die sich dann - oh Schreck - im nächsten Frühling als blaue herausstellten, und einige Hundert weiße *Allium* 'Mount Everest' dazu. Im nächsten Jahr wollte ich nicht mehr mit Einjährigen arbeiten, da sollten frühzeitig im Jahr die Zwiebelpflanzen die Lücken schließen und die Stauden waren eh schon gut gediehen.

Jetzt habe ich es also geschafft. Ich habe meinen eigenen weißen Garten. Sicherlich einer der liebsten und schönsten Gartenbereiche, in dem ich mich besonders gern aufhalte. Die Arbeit und der Aufwand haben sich absolut gelohnt. Es gibt kaum einen Tag, an dem ich hier nicht ein Weilchen schaue, was gerade wo wächst und sich wie entwickelt. Wo muss korrigiert, wo nachgepflanzt werden? Oder ich ruhe ein paar wenige Minuten aus auf einer der Bänke und genieße. Ich liebe meinen weißen Garten! Und ich glaube, Vita und Harold hätten ihn auch gemocht, auch weil er so ganz anders ist als der in Sissinghurst.

Jede Pflanzung beginnt mit dem Aufstellen der Töpfchen. Nach etlichen Stunden waren sie im Boden am möglichst richtigen Platz. Die sternförmig angelegten Wege wurden mit Rollrasen ausgelegt, die Beete mit Buchsrisslingen eingefasst. Eine Bank wurde aufgestellt und ab dann mussten die Pflanzen nur noch wachsen.

LIEBLINGSSTAUDEN IM WEISSEN GARTEN

BOTANISCHER NAME	DEUTSCHER NAME	FARBE	HÖHE	BLÜTE
Aconitum septentrionale 'Ivorine'	Weiß blühender Schweden-Eisenhut 'Ivorine'	creme	80 cm	6-7
1 *Anemone japonica* 'Wirbelwind'	Japanische Herbst-Anemone 'Wirbelwind'	weiß	80 cm	8-10
Artemisia lactiflora 'Elfenbein'	Weißer China-Beifuß 'Elfenbein'	cremeweiß	150 cm	9-10
2 *Astrantia major* 'White Giant'	Große Sterndolde 'White Giant'	weiß	60 cm	6-8
Bergenia cordifolia 'Bressingham White'	Altai-Bergenie 'Bressingham White'	weiß	30 cm	4-5
3 *Bistorta amplexicaulis* 'Album'	Kerzen-Wiesenknöterich 'Album'	weiß	90 cm	7-10
Brunnera macrophylla 'Betty Bowring'	Großblättriges Kaukasusvergissmeinicht 'Betty Bowring'	weiß	40 cm	4-5
4 *Campanula lactiflora* 'Alba'	Riesen-Dolden-Glockenblume 'Alba'	weiß	90 cm	6-8
8 *Cimicifuga simplex* 'White Pearl'	Oktober-Silberkerze 'White Pearl'	weiß	120 cm	9-10
Cyclamen hederifolium 'Ivy Ice Pure White'	Herbst-Alpenveilchen 'Ivy Ice Pure White'	weiß	10 cm	9-10
11 *Echinacea purpurea* 'Alba'	Scheinsonnenhut 'Alba'	weiß	70 cm	7-9
Eryngium planum 'White Glitter'	Flachblättriger Mannstreu 'White Glitter'	weiß	80 cm	7-8
Geranium cultorum 'Coombland White'	Storchschnabel 'Coombland White'	weiß	30 cm	6-9
5 *Geranium maculatum* 'Album'	Amerikanischer Storchschnabel 'Album'	reinweiß	60 cm	5-6
Geranium phaeum 'Album'	Brauner Storchschnabel 'Album'	weiß	50 cm	6-7
6 *Gilennia trifoliata*	Nördliche Dreiblattspiere	weiß	80 cm	6-7
9 *Helleborus orientalis* 'Conny'	Orientalische Nieswurz 'Conny'	rosa Sprenkel	30-40 cm	1-5
Hemerocallis culturum 'White Temptation'	Taglilie 'White Temptation'	weiß	75 cm	6-8
Hesperis matronalis 'Alba plena'	Gewöhnliche Nachtviole 'Alba plena'	weiß	60 cm	6-7
10 *Iris sibirica* 'White Swirl'	Wiesen-Schwertlilie 'White Swirl'	weiß	100 cm	6-7

1

2

3

4

5

LIEBLINGSSTAUDEN IM WEISSEN GARTEN

BOTANISCHER NAME	DEUTSCHER NAME	FARBE	HÖHE	BLÜTE
Kalimeris incisa 'Alba'	Schönaster 'Alba'	weiß	80 cm	6-9
Lysimachia ephemerum	Iberischer Felberich	weiß	80 cm	6-9
Nepeta racemosa 'Snowflake'	Traubige Katzenminze 'Snowflake'	weiß	30 cm	6-9
Paeonia x *suffruticosa* 'Renkaku'	Strauch-Pfingstrose 'Renkaku'	weiß	150 cm	5-6
Phlox arendsii 'Jill'	Arends Phlox 'Jill'	weiß	100 cm	6-7
Phlox divaricata 'White Perfume'	Wald-Phlox 'White Perfume'	weiß	40 cm	4-5
12 *Phlox paniculata* 'Jade'	Stauden-Phlox 'Jade'	weiß/grün	40-50 cm	7-9
Salvia nemerosa 'Adrian'	Steppen-Salbei 'Adrian'	weiß	40 cm	6-9
Sanguisorba 'White Tanna'	Großer Wiesenknopf 'White Tanna'	weiß	120 cm	7-8
Selinum wallichianum	Kaschmirdolde	weiß	120 cm	6-8
Thalictrum aquilegiifolium 'Album'	Akeleiblättrige Wiesenraute 'Album'	weiß	100 cm	5-6
7 *Thalictrum delavayi* 'Splendide White'	Chinesische Wiesenraute 'Splendide White'	weiß	150 cm	7-10
Veronica longifolia 'Schneeriesin'	Wiesen-Ehrenpreis 'Schneeriesin'	weiß	80 cm	7-8
Veronica spicata 'Icicle'	Scheinähriger Garten-Ehrenpreis 'Icicle'	weiß	30 cm	6-8

6

7

8

9

10

11

12

Der Hausgarten

Der Hausgarten umfasst den Bereich vor dem Haupthaus bis zu einem circa 40 Meter entfernten kleinen Mäuerchen, das wir bereits beim Kauf vorfanden.

Gartenbereiche

Nach Westen wird dieser Bereich durch die Scheune begrenzt, die wir zu unserem Wohnbereich ausgebaut haben. Nach Osten durch einen Gehölzrand, der den Gemüsegarten abtrennt.
So ergibt sich ein in sich abgeschlossener Bereich, der relativ wind- und wettergeschützt ist. Als wir den Hof erwarben, gab es lediglich einen Weg aus Betonplatten zum ehemaligen Haupteingang des Hauses und einige kleinere Beete direkt davor, die mit Sommerblühern (gern wählte man Eisbegonien, *Begonia semperflorens*) bepflanzt wurden. Der Rasen glich einem gepflegten Golfgrün.

So sah der Hausgarten aus, als wir ihn übernahmen. Sauber, gepflegt, langweilig. Die wenigen Beete vor dem Haus wurden jedes Frühjahr mit Eisbegonien bepflanzt. Mehr gab es nicht.

Beete

Das sollte anders werden! Als erste Maßnahme pflanzten wir sechs Zierkirschen auf den vorderen Teil der sich entwickelnden Wiese. Dann wurden Hunderte von Zwiebeln in den Rasen gesetzt. Ein oder zwei Jahre später wollte ich gern ein großes Beet anlegen. Dafür wurde auf den letzten acht Metern vor dem Mäuerchen der Rasen abgetragen und die Erde gefräst. So entstand ein circa 250 Quadratmeter großes Staudenbeet. Optisch gefiel mir das lange Beet nicht. Zu wuchtig das Ganze! Ich setzte mich auf das Mäuerchen und ließ die Umgebung auf mich wirken. »Was für ein schöner Blick aufs Haus«, dachte ich, »hier möchte man gern sitzen.« Das war die Lösung. Das Beet wurde unterteilt, ein kleiner Kiesweg angelegt und an seinem Ende stellten wir eine kleine Gartenbank auf. Jetzt kann man von hier aus den Blick auf das herrliche Haus genießen.
In den Jahren vor unserem Einzug pflanzte ich zuerst einmal alles in die Beete, was mir erhaltenswert erschien: Ableger aus meinem alten Garten, dem meiner Mutter und den Gärten von Freunden. Zudem fanden dort viele Geschenke ihren Platz. Außerdem begann ich, Staudenbörsen zu besuchen, und kaufte dort für kleines Geld, was in mein Auto passte. Aus all diesen Pflanzen entstand ein kunterbuntes Bauernbeet.
Leider rächten sich einige Anfängerfehler. Ich musste lernen, dass auf den Staudenbörsen der Landfrauen die preiswertesten Astern meist

Zwei Jahre nach unserem Umzug genossen wir bereits dieses Bild. Es verschwand das gepflegte Grün, dafür bekam der riesige Bereich neue Wege und üppige Bepflanzung.

solche sind, die sich ausläuferbildend alsbald durch die gesamten, noch so großen Beete ziehen. Anfangs freute ich mich ja noch über den sich so herrlich schnell schließenden Bewuchs und die Blütenwolken, die dem Ganzen die Anmutung eines echten Bauernbeetes gaben - jedoch war der gesamte Staudenbewuchs schon nach wenigen Jahren von diesen invasiven Astern durchzogen. Also einmal alles neu! Wir entnahmen vor drei Jahren nahezu jede Pflanze aus dem riesigen Beet, alles, was nur irgendwie nach einer Ausläufer bildenden Aster aussah, wurde entfernt und dann das gesamte Beet neu bepflanzt. Eine Arbeit, die mehrere Wochen im Herbst beanspruchte. Seither achte ich bei jeder Pflanze, die ich kaufe, darauf, dass sie nicht als »ausläuferbildend« beschrieben wird. Und auf Staudenbörsen kaufe ich nur noch, wenn die Pflanzen klar beschriftet und damit einzuordnen sind.

Insgesamt ist aus dem Beet inzwischen jedoch ein ganz herrliches Durcheinander geworden. Es blüht so überreich über viele Monate hinweg, dass es jetzt eines meiner Lieblingsbeete ist. Hier durften auch einige gelbe Lichtblicke Einzug halten. So vermehrt sich zum Beispiel im Mai ein in der Gärtnerei von Beth Chatto gekaufter Kriechender Gämswurz (*Doronicum pardalianches*) ganz herrlich. Später dann bezaubern uns die vielen Gelbtöne der Taglilien (*Hemerocallis*), die sich überall gut entwickeln. Nun ist es mir zwar nicht gelungen, ein richtiges englisches Borderbeet anzulegen, aber stattdessen ist ein münsterländisches Bauernbeet entstanden! Und das erfreut mich in jedem Jahr sehr.

Kaffeetrinken zur Rosenblüte im Rosenpavillon, das ist wirklich etwas ganz Besonderes. Leider machen wir das nur, wenn Gäste kommen. Wir müssen uns vornehmen, das öfter zu tun.

Wer ein solch herrliches englisches Glashaus sein Eigen nennen darf, hat geradezu die Verpflichtung, den Weg dorthin ganz besonders schön zu gestalten, sonst hat er es nicht verdient.

Rosenpavillon

Nach Osten endet das Beet an einem in der Ecke stehenden Rosenpavillon, der nach unseren Wünschen von einem Kunstschmied angefertigt wurde. Er wurde mit diversen Ramblern, 'Madame Alfred Carrière', 'Perennial Blue', 'Bonny' und 'Super Excelsa', sowie den Kletterrosen 'Guirlande d'Amour' und 'Jasmina' bepflanzt. Auf dem mit feinem Kies ausgelegten Boden vermehren sich nach Lust und Laune spanische Gänseblümchen und Vergissmeinnicht. Hier haben wir einen Sitzplatz, der die Abendsonne einfängt, und ein schattiges Plätzchen im Sommer für die Kaffeetafel.
Nachdem der Pavillon innerhalb weniger Jahre so herrlich zugewachsen war, starben leider auch hier alle Rosen im Kahlfrost bis zum Boden ab. Nun beginnt das Warten ein weiteres Mal, wenngleich man sich wundert, wie schnell sich eine Ramblerrose wieder aufbauen kann. Aber bis wir wieder ein solch herrliches Rosenwunder genießen können, das wird dann doch noch dauern. An den Pavillon anschließend legten wir ein weiteres, etwa zwei Meter tiefes Beet entlang der Ostseite an. Dadurch entstand ein von Stauden umgebener Rasenbereich.

Glashaus

Ein weiterer großer Traum wurde in diesem Gartenbereich wahr. Seit meiner Kindheit durfte ich jedes Jahr in den Ferien nach England zu meinem dort lebenden Bruder reisen. Sein Schwiegervater hatte ein viktorianisches Glashaus in seinem Garten, in dem wir die kühlen Abende gern bei Kerzenlicht verbrachten. Auch Freunde meines Bruders besaßen solche Glashäuser in den herrlichen Gärten ihrer Landhäuser.

Für mich ging eine große Faszination von ihnen aus. Und spätestens mit 14 Jahren schwor ich mir: »Wenn ich einmal groß bin und genügend Geld haben werde, dann bekomme ich auch ein viktorianisches Glashaus.« Was soll ich sagen ... Es ist zwar nur eine Mini-Ausführung, die wir aus baurechtlichen Gründen wählen mussten, aber da steht es nun! Und ich sehe einen jeden Tag aus Küche und Arbeitszimmer dorthin und erfreue mich zu jeder Jahreszeit unendlich daran.
Hier werden im frühen Frühjahr die Blumen- und Gemüsepflänzchen angezogen und hier sitzen wir gerne im Herbst, gut geschützt bei kühlen Temperaturen, zu einer Tasse Kaffee und genießen den Paradiesgarten um uns herum. Diese Ausgabe hat sich wirklich gelohnt. Natürlich ist es sehr aufwendig und auch nicht preiswert, das Haus aus England kommen zu lassen, aber es gibt eine lebenslange Garantie auf diese seit über 150 Jahren total identisch gebauten Häuser und ihre Qualität ist überzeugend. So ein Häuschen ist eine echte Investition in die Zukunft. Es wird mich ganz sicher überleben und hoffentlich noch Generationen nach mir glücklich machen.
Um das Glashaus habe ich reinweiße Pflanzen gesetzt, sie sollen das Weiß des Häuschens unterstreichen. Hinter dem Häuschen pflanzten wir eine Aprikose. Hier steht sie so geschützt wie nur irgend möglich. Einmal bisher, im viel zu heißen Sommer 2019, hatten wir tatsächlich eine unglaubliche Aprikosenernte, die ein griechischer Freund mit: »Wie bei uns zu Hause!« kommentierte. Von der daraus gekochten Marmelade schwärmen noch immer alle ... Das war dann aber auch der einzige Vorteil, den uns die Trockenheit und Hitze dieses Jahres gebracht hatten.

Wege

Nun mussten aber auch noch die schrecklichen Betonplatten auf dem Weg weichen. Ich erstand in Holland sogenannte Waaltjes, ein vormaliger Straßenbelag aus schmalen Klinkersteinen. Unser Gärtner, der zum Glück ja einfach alles kann, hat mit ihnen die herrlichsten Wege angelegt. Daraus ist ein kleines Wegekreuz geworden. Außer der alten Wegführung vom Törchen zum Haus kam noch ein weiterer Weg vom Terrassengarten zum Glashaus dazu. Dieser wird auf beiden Seiten von einem schmalen Beet gesäumt, das mit der Rose 'Escimo' und einer kleinen Katzenminze bepflanzt wurde und eine herrlich blühende Wegbegleitung darstellt. Im Herbst, wenn die Rosen remontieren, blüht außerdem das sich üppig versamende Eisenkraut (*Verbena bonariensis*). Auch dies präsentiert sich als eine wunderschön und romantisch anmutende Kombination.
Die Wegkreuzung wurde betont und in genau gleichem Muster wie der Hausgiebel verlegt. Dort entschieden wir uns für eine Pflanzung von Blauer Katzenminze (*Nepeta* x *faassenii*) 'Walkers Low', die monatelang blüht und ein echter Bienenmagnet ist. Der Hauptweg wird beidseitig von einigen Wächter-Eiben begleitet, die kegelförmig geschnitten werden. Diese Idee habe ich in Tintinghull gestohlen. Dort hatte Penelope Hobhouse die Idee, die Wege mit Buchsen zu betonen und gleichzeitig zu begrünen. Das gefiel mir so gut, dass ich die Idee aufnahm. Vom Eingang des Glashauses führt außerdem noch ein kleiner Weg zum hinter dem Gehölzstreifen liegenden Kompostbereich und dem Gemüsegarten.

Hier sieht man gut, wie die Wegeführung aufgebaut wurde. Mit alten Steinen erstellt und daneben Platz für weiße Rosen.

Nordostterrasse

Entlang der erhöht liegenden Scheune wurde ein Wall auf Terrassenhöhe angeschüttet. Darauf entstand eine weitere, schon vormittags im Schatten liegende Nordostterrasse. Davor ein etwa drei Meter tiefes Beet, bepflanzt mit Rispenhortensien und Storchschnabel (*Geranium wallichianum*) der Sorte 'Rozanne'. Eine sehr pflegeleichte und dennoch über Monate schöne Bepflanzung für den halbschattigen Bereich.

Das Ganze musste natürlich mit einer Mauer abgefangen werden. Wir entschieden uns für einen heimischen Stein und Jürgen, unser Allrounder, hat in einigen Tagen eine ganz herrliche Bruchsteinmauer aus heimischem Sandstein aufgesetzt, unterbrochen von einer Steintreppe zur Terrasse. Diese Mauer habe ich mit diversen Sukkulenten »geimpft«. Einige haben sich gut vermehrt, anderen gefiel es nicht sehr und sie verschwanden. Frei nach dem Motto: »Du kannst entscheiden, was du in deinen Garten pflanzt, aber der Garten entscheidet, was in ihm wächst.« Dafür haben sich inzwischen unglaubliche Mengen an »Mauerblümchen« eingefunden. Hier wachsen inzwischen Mauerpfeffer (*Sedum*), Lerchensporn (*Corydalis*), Spornblumen (*Centranthus*), Akeleien (*Aquilegia*), Glockenblumen (*Campanula*) und diverse andere Pflänzchen, sodass man im Sommer die Mauer teils kaum noch erkennen kann. Außerdem ist sie ein wunderbarer Lebensraum für viele Tiere. In einem Hohlraum fanden wir bereits Wildbienen. In den Fugen leben viele Spinnen, die auf Insektenjagd gehen, und immer wieder findet man hier auch die eine oder andere kleine Kröte. Ich hoffe, sie verspeisen die vielen Schnecken, die im schattigen Teil der Beete in Mengen vorkommen.

Und noch ein Beet

Der Symmetrie halber wurde zuletzt, das große Bauernbeet optisch verlängernd, auf der anderen Seite des Weges noch ein kleines Beet angelegt. Hier pflanzten wir eine weitere Zierkirsche, die Grannen-Kirsche (*Prunus serrulata*) 'Kanzan'. Das Beet ist mit vielen im Sommer blühenden Stauden bestückt. Im Frühling kann man sich nicht vorstellen, dass man einige Monate später in ein 1–2 Meter hohes, dauerblühendes Staudendickicht schaut.

Wiese

Und was ist aus dem Golfgrün geworden? Wir nennen es jetzt Wiese, besser Blumenwiese. Seitdem wir den Rasen in Ruhe lassen, also weniger mähen, nie vertikutieren oder gar düngen, wachsen hier so viele verschiedene Arten, dass ich sie nicht aufzählen kann. Besonders herrlich sieht unsere Wiese aus, wenn im April das Wiesen-Schaumkraut (*Cardamine pratensis*) blüht, aber auch die Magerwiesen-Margeriten (*Leucanthemum vulgare*) im Juni sind eine große Pracht. Hier wimmelt es vor Insekten.

Gemäht wird selten, oft mähe ich hier nur einzelne Wege hinein. Dann wird der ganze Bereich erst im Spätsommer mit dem Balkenmäher heruntergeschnitten und natürlich wird stets alles abgetragen, um den Boden auszumagern und damit die Gräser zu schwächen. Der Maulwurf fühlt sich pudelwohl und erfreut uns mit jeder Menge bester Erde alle paar Meter. Ich trage die Haufen gern ab und nutze die herrlich weiche Erde zum Topfen von Pflanzen. Aus dem Golfgrün ist ein Lebensraum geworden.

Zuweilen finde ich es selbst ein wenig viel und durcheinander. Dann kann es sein, dass ich alles abmähe. Ich kann mich selten entscheiden, was ich schöner finde, eine ruhige gemähte oder die üppig blühende Wiese. Wir erfreuen uns einfach an beidem und an jeder neu hinzukommenden Wildstaude außerdem, denn wir wissen, dass mit ihr ein ganz genau auf sie spezialisiertes Insekt einen Lebensraum und Nahrung findet und sich die Artenvielfalt in unserem Garten wieder und wieder vergrößert. Auf jeden Fall möchte ich nicht tauschen mit den künstlichen und leblosen Rasenflächen anderer Gartenbesitzer.

RECHTS Inzwischen geht man durch ein bunt blühendes Paradies zum Haus. Überall blüht es überschwänglich. Ruhe geben die 18 Wächter-Eiben links und rechts vom Hauptweg.

August – ein Monat ganz ohne Niederschläge!

Damit haben wir eine katastrophale Situation erreicht. Seit Anfang März hat es um die 100 Millimeter Regen gegeben. Es müssten normalerweise jedoch 300–400 Millimeter sein. Alles ist so unglaublich trocken, obwohl wir nahezu täglich einen anderen Bereich des Gartens wässern.

Täten wir es nicht, es würden noch mehr Bäume und Büsche absterben. Wir versuchen einfach zu retten, was noch möglich ist. Bei einigen Schneebällen haben wir es verpasst, genügend zu gießen. Die sind verloren. Eh scheinen alle Schneebälle eher an der Wassernadel zu hängen als andere Büsche. Außer dem heimischen Gewöhnlichen Schneeball (*Viburnum opulus*) und dem Wolligen Schneeball (*Viburnum lantana*). Die kommen auch mit der Trockenheit noch ganz gut klar.
Viele Bäume haben bereits braunes Laub. Ein nicht heimischer Ahorn mit fast weißem Blatt, der Eschen-Ahorn (*Acer negundo*) der Sorte 'Variegatum', scheint auch verloren. Was lernen wir daraus? Gehört hier nicht hin! Kommt nicht wieder her! Wir werden ihn lieber durch heimische Gehölze ersetzen. Die Natur als Lehrmeister akzeptieren, ist immerhin auch ein Lernprozess.
Die Beete werden allerdings weiterhin einmal wöchentlich mit circa 8–10 Millimeter Wasser not-bedacht. So schaffen wir es hier, den Garten einigermaßen am Leben zu erhalten. Das lasse ich mir noch nicht nehmen, denn jetzt im Spätsommer blühen einige meiner Lieblingspflanzen herrlich und ausdauernd und würden sie sterben, käme es zu einem Dominoeffekt: Die auf ihre Blüten angewiesenen Insekten würden ebenfalls sterben, was bedeutete, dass weder Vögel noch kleine Säuger überleben könnten.

LINKS Eigentlich mag ich Gelb nicht so gern. Aber im Spätsommer sehen Rudbeckien, hier die hohe *Rudbeckia nitida* 'Herbstsonne' mit *Rudbeckia fulgida* var. *deamii* einfach toll aus.

Es geht bunt zu in den Beeten

Frikarts Aster 'Mönch' (*Aster* x *frikartii*) blüht nun an allen möglichen Stellen als prächtige Staude, die sich herrlich in andere hineinwebt. Und das wird sie noch einige weitere Wochen lang tun.
Das Blaue Herbst-Helmkraut (*Scutellaria incana*) hat einige Jahre gebraucht, bis die Stauden groß und breit waren. Jetzt blühen sie – sehr trockenresistent – in herrlich himmelblauen Tuffs in mehreren Beeten und ihre Lippenblüten werden gern von diversen Insekten angeflogen.
In allen möglichen – nicht zu trockenen – Beeten blühen jetzt die diversen Sorten der Herbst-Anemone (*Anemone hupehensis*) in Weiß und Rosa, halbgefüllt und gefüllt. Besonders 'September Charme' versprüht den ihren schon seit Wochen.
Im weißen Garten glänzt unter anderem die Japanische Herbst-Anemone 'Honorine Jobert' (*A. japonica*) und eine zuckersüße rosa Variante, nur circa 40 Zentimeter hoch, *A. hupehensis* 'Pretty Lady Emily', beginnt in einem der schattigen Beete im Gemüsegarten ihr Blühfeuerwerk.
Jeder, der mich kennt, weiß, die Farbe Gelb gehört nicht zu meinen Lieblingsfarben im Garten. Dennoch möchte ich auf den Dauerblüher Sonnenhut nicht verzichten. Wir bevorzugen die unkomplizierte und leicht ausläuferbildenden Prärie-Sonnenhut, *Rudbeckia fulgida* var. *deamii*. Sie blüht wirklich über Monate, braucht tatsächlich nicht viel Wasser, kommt jedoch ohne auch nicht klar.

Ein richtiger Allrounder ist das *Teucrium* 'Paradise Delight'. Es verträgt gut einen trockenen Standort und seine lang andauernde Blüte sorgt für Insektenrummel im Beet.

Das rosa Beet

Das rosa Beet hat sich jetzt endlich in den letzten Wochen komplett geschlossen. Die Schnecken scheinen kein Problem mehr darzustellen. Die haben sich anscheinend verkrochen oder sind schlicht gegrillt. Meinetwegen gerne. Auch die Wühlmäuse haben ihre Kinder besser im Griff. Sie fressen nicht mehr absolut ungezügelt alles, was ihnen vor die kleinen Mausezähne kommt. Und so sieht das Beet jetzt zum ersten Mal in diesem Jahr wieder prachtvoll aus. Sogar einige Astern haben den bodennahen »Rück-Kau« der diversen Tierchen überlebt. Sie stehen nun frisch und kräftig nachgewachsen wieder im Grün und versprechen noch die eine oder andere späte Blüte, so wie ich es liebe im September. Das ist doch einmal eine gute Nachricht!

Der weiße Garten

Im weißen Garten blühen tatsächlich wieder die weißen Gladiolen. Im ersten Herbst des weißen Gartens brachte mir mein Bruder zwei Tüten mit Zwiebeln dieser strahlend weiß blühenden - unbekannten - Sorte mit. Von einem Discounter, der mit »Al« anfängt und mit «di« aufhört und von dem ich niemals irgendwelche Pflanzen - egal in welchem Aggregatzustand - kaufen würde. Ich schaute die Zwiebelchen skeptisch an und vergrub sie mit einem »Auf Nimmerwiedersehen« auf den Lippen. Und was soll ich sagen? – Seither habe ich sie niemals ausgegraben und sie haben auch den Winter mit dem späten, harten Frost überstanden. Sie blühen sicherlich rein zum Trotz in jedem Jahr besonders üppig. Aber auch viele weiße Stauden sind noch immer prächtig. So blüht die Chinesische Wiesenraute 'Album' (*Thalictrum delavayi*) seit Wochen reich und üppig. Wie ein Schleierkraut durchzieht sie mit ihren wunderbar eleganten Blütchen in großer Fülle die Beete, und ich finde sie in jeder Kombination einfach wunderbar. Wenn sie sich an einer standfesten Nachbarin anlehnen kann, muss sie auch nicht gestützt werden. Jetzt kommt auch der in jedem Jahr kräftiger austreibende Moorabbiss zur Blüte, hier die Sorte *Succisella inflexa* 'Frosted Pearls'. Nach einiger Zeit sind die kleinen Blütenbällchen nicht mehr reinweiß. Aber auch ein ganz zartes Violett wird hier nun akzeptiert. Denn, was für kleine Insektenmagneten sind diese zarten Blüten?! Man sieht sie nahezu niemals unbesucht. Eigentlich eine Moorpflanze, toleriert sie hier gezwungenermaßen recht große Trockenheit.

Totfund auf der Wiese

Einen Todesfall haben wir noch zu beklagen. Eines unserer neuen Blumenhühnchen fanden wir tot auf der Wiese. Normalerweise hätte es gar nicht auf der Wiese sein sollen, denn das Gatter war noch verschlossen. Aufgefallen wäre es mir auch nicht, wenn unser Linchen sich nicht so komisch schuldbewusst verhalten hätte. Je näher ich auf sie zuging, umso ängstlicher wurde ihr Blick. Als ich dann vor dem einbeinigen und sehr toten Huhn stand, hat sie mir den Vorfall folgendermaßen erklärt. Der Blick sagte: »Frauchen! Zuerst einmal: Ich war das nicht!!! Dieses dumme Huhn habe ich auf der Wiese gefunden, wo es gar nicht hingehörte um diese Zeit, wenn ich rausdarf. Und da wollte ich es gern wieder reinbringen. Und dabei muss es irgendwie gestorben sein. Verstehe ich ganz und gar nicht!!! Und weil ich ja weiß, dass du dich dann immer so aufregst, wenn etwas mit einem von uns Tieren passiert, wollte ich gar nicht, dass du das arme tote Hühnchen findest. Und darum habe ich angefangen, es aufzuessen. Aber kaum hatte ich ein Beinchen geschafft, bist du schon gekommen. Das tut mir jetzt echt sooo leid!« – Oh Mann. Ich hätte das mit ihr tun wollen, was sie sicherlich schon oft genug erlebt hat in ihrem früheren Leben bei Menschen, die es nicht so gut mit ihr gemeint hatten. Als ich jedoch dieses verschüchterte Hundemädchen sah, verging mir alle Wut und Trauer über das arme Hühnchen. Unser Linchen hat mir so leid getan. Nein, ich habe nicht geschimpft. Das war aus erzieherischer Sicht vielleicht falsch. Ich konnte es nicht. Ich hab sie in den Arm genommen und getröstet. Das Hühnchen hat sein Grab neben den anderen toten Tieren gefunden auf dem Tierfriedhof. Mehr konnten wir nicht tun. Armes kleines Blumenhühnchen. Ich hätte dir ein längeres, glückliches Leben gewünscht. Und armes kleines Linchen, das noch nach einem Jahr bei uns so voller Angst vor Schlägen ist, wenn sie etwas Falsches getan hat. Ich hab es dir doch schon so oft gesagt: Hier gibt es niemals Haue. Versprochen. Ganz großes Ehrenwort!

Störche

Und was ist mit unseren Störchen? Der junge Storch hat schon zu Beginn des Monats den Abflug gemacht. Seine Eltern hatten auch keine rechte Lust mehr zu bleiben. Ich könnte mir vorstellen, dass es ihnen viel zu heiß und trocken war. Vielleicht sind sie auf Stippvisite in die Alpen

Eins unserer Blumenhühnchen lag tot auf der Wiese. Wir denken, dass Lina einmalig die Tat beging.

geflogen. Dort ist es angenehmer. So jedenfalls hätte ich es getan. Dieses Jahr war es ein sang- und klangloser Abschied. Durch das immer gleiche warm-trockene Wetter und das Dauerhoch haben wir sie niemals beobachtet, wie sie sich hoch in die Lüfte schraubten. Auch spürten wir keine aufkommende Unruhe wie in den letzten Jahren. Die Elterntiere verließen jeweils morgens den Horst und kamen stets erst sehr spät abends wieder zurück. Und eines Tages gegen Mitte August eben nicht mehr. Undankbare Bande. Da sorgt man sich über Monate und dann - einfach weg. Na, wir hoffen wie in jedem Jahr auf eine glückliche und gesunde Rückkehr im Februar und sind dankbar, dass wenigstens ein Storchenkind das Nest gesund und munter verlassen konnte.

Ein besonderer Staudenschatz

In diversen Beeten an mindestens halbschattigem Standort kommt nun der in unseren Gärten viel zu selten gesehene Otternkopf (*Strobilanthes atropurpureus*) zur üppigen Geltung. Diese bis zu gut einem Meter hohe, zart gegliederte Staude ist extrem winterhart und blüht im späten Sommer in einem eindrucksvollen tiefen Blau. Die ungezählten kleinen Blütchen sind wieder eine gern benutzte Insektenweide. Hoffentlich werden wir diesen Pflanzenschatz erhalten können. Aber noch scheint er sich absolut wohlzufühlen und die buschig-horstige Staude wird in jedem Jahr üppiger. Aber auch sonst geben die Staudenbeete noch immer eine Menge her. Das regelmäßige Wässern lohnt den Aufwand. Die Beete sehen zwar nicht annähernd so üppig aus wie im letzten regenreichen Jahr, aber sie halten sich tapfer und sie beglücken die (zwei-, vier-, sechs- und achtbeinigen) Besucher. Immerhin!

Sind diese kleinen Hauhechel-Bläulinge nicht wunderhübsch? Während der Blüte halten sie sich gern am Rainfarn auf, um seinen Nektar zu trinken. Aber auch der Feuerfalter mag ihn.

Staudenwiesenplanung

Gestern habe ich mit Freund Jürgen die Außenmaße unserer zukünftigen Staudenwiese abgesteckt, nachdem uns die Blumenwiese an dieser Stelle nicht wirklich überzeugte. Das nächste Projekt wird vorbereitet. Ich muss an die 800 Stauden bestellen bei meinem Staudenhändler. Ich habe bereits eine Liste mit circa 60 trockenresistenten Stauden und Gräsern erstellt. Jetzt geht es an die Einteilung, wie viele bestellen von welcher Sorte? Oh ... das ist der aufregendste Part während der Planung. Ich möchte es ja in jedem Fall so richtig machen wie möglich. Aber bei einer solch gewaltigen Anzahl von Pflanzen wird auch mir recht schwindelig. Es bleibt also spannend.

Üppiger Obstgarten

Auf der Obstwiese haben wir zum ersten Mal einen recht hübschen Bestand von Rainfarn (*Tanacetum vulgare*). Wo diese Pflanzen jetzt plötzlich herkommen? Das ist das Schöne an den Wilden. Sie kommen, nehmen Platz genau dort, wo sie es mögen und wo es ihnen gut geht, und dann bleiben sie und bereichern unsere Flora ungemein. Denn die vielen Blütenkörbchen des Rainfarns sind sehr beliebt bei diversen Insekten. Nahezu immer finden wir verschiedene Bläulinge

Im August reifen die Brombeeren. Bis die Früchtchen richtig reif sind, braucht es seine Zeit. Sie reifen nacheinander und können dann gefuttert und verarbeitet werden.

auf ihnen. Aber auch Käfer, Läuse und Raupen des Rainfarn-Mönchs sind gern gesehene Gäste. Ich denke, einmal bei uns etabliert, werden wir diesen Wildstaudenschatz nun immer bei uns finden. Und auf der Obstwiese darf er sich gern ausbreiten, wie es ihm gefällt.

Der Obstgarten gibt jetzt alles. Gestern hat Matthias zwei Birnbäume abgeerntet und nun heißt es, Rezepte finden mit Birnen. Morgen gibt es Birnenkuchen, einige Früchte werde ich einkochen, Birnenmus einfrieren und seit einiger Zeit essen wir jeden Abend mindestens eine und eine Nashi gibt es noch dazu. Auch die Apfelernte ist in vollem Gange. Die ersten Kisten mit gepflückter 'Alkmene' stehen im Kühlschrank. Allerdings sind das noch keine Äpfel für mich. Ich warte auf die 'Rubinette'. Die ist supersüß und genau das Richtige. Von sauren Äpfeln bekomme ich Gänsehaut. Auch bei über 30 Grad. In zwei Wochen haben wir einen Termin bei der Obstpresse. Bis dahin müssen noch mindestens zwei Zentner Äpfel geerntet werden, um sie saften zu lassen. Es steht außer Frage, dass das klappen kann.

So, und nun gehe ich Brombeeren pflücken. Damit hat uns der Sommer wirklich reichlich bedacht. Wenn sie einem nahezu in die Finger rutschen beim Abpflücken, dann und nicht eher sind sie so reif, dass sie zuckersüß sind. Wir können nicht gegen sie anessen. Aber wir versuchen es fleißig. Da sie nacheinander reifen, hat man über Wochen davon. Und wenn es viel zu viele werden, um sie zu essen, dann kommen die letzten paar Kilogramm in 20 Gläser Marmelade. Dann fangen wir die Sonne und den viel zu heftigen Sommer wenigstens in diesen Gläsern ein und genießen davon einen ganzen Winter hindurch.

OBEN Zu Recht ist die Birne 'Conference' eine der am häufigsten gepflanzten Sorten. Ihr saftiger, süßer Geschmack ist für mich einfach unübertrefflich. Zum Glück ist sie lange haltbar.

UNTEN Der Winterapfel 'Topaz' ist wegen seiner geringen Anfälligkeit für Krankheiten in einem naturnahen Garten unbedingt zu empfehlen. Er ist lange lagerfähig (bis Mai) und sehr lecker!

LINKS Der Otternkopf hat sich zu einer meiner Lieblingsstauden entwickelt. Es handelt sich um eine Wildstaude aus Sibirien. Er versamt sich leicht.

Das Beth-Chatto-Beet

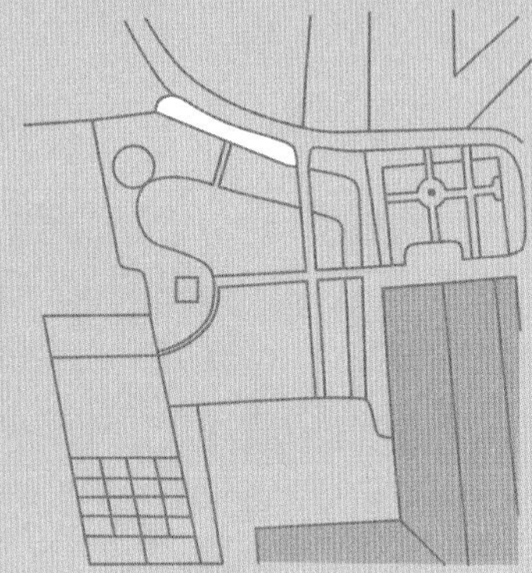

Gartenbereiche

Jenseits des den Hausgarten umgebenden Mäuerchens verlief früher die Zufahrt zum Haus. Nachdem wir sie verlegt hatten, ergab sich die Möglichkeit, gegenüber der Obstwiese einen ganz besonderen Standort zu nutzen.

Und zwar für ein Beet, das nahezu nur aus Schotter und Bruchsteinen bestand, halt allem, was man vor hundert Jahren benutzt hatte, um eine Zuwegung zu befestigen. Dass so etwas geht, hatten wir in Essex bei Beth Chatto gesehen. Ihr Garten liegt auf ehemaligem Marschland, der Boden ihres berühmten Kiesgartens besteht aus Schotter, Sand und Lehm mit eingelagerter Kreide. Das Ganze in einer der trockensten Gegenden Englands mit maximal um die 400 Millimeter Niederschlag im Jahr. Wahrlich keine guten Voraussetzungen zur Anlage eines Paradieses.

Wer war Beth Chatto?

Beth hat sich jedoch im Laufe von Jahrzehnten einen weltweiten Namen gemacht, wenn es um die Bepflanzung von Extremstandorten geht. Aus dem Marschland wurde im Laufe der Jahre ein einzigartiger Teichgarten, umgeben von unzähligen Sumpfpflanzen. Nach dem großen Orkan 1987, dem etliche große Bäume zum Opfer gefallen waren, legte sie in einem an den Garten angrenzenden kleinen Waldstück einen traumhaften Waldgarten an. Aber die größte Berühmtheit erlangte sie mit ihrem »Gravel Garden«, zu deutsch Kiesgarten.
Nach einem ersten großen Dürrejahr 1976 wollte sie demonstrieren, dass man einen wunderschönen Garten anlegen und erhalten kann, auch ohne ihn zu bewässern, und dass dieser obendrein noch zu einem Insektenparadies werden kann. So gesehen war sie ihrer Zeit weit voraus. Jetzt, fast fünfzig Jahre später, ist das Thema aktuell wie nie. Einerseits gehen wir mit der sich ausweitenden Klimakatastrophe uns schrecklich bedrohenden Dürresommern entgegen, die wir nie gekannt haben, andererseits haben wir es geschafft, 75 Prozent der Insektenbiomasse auszurotten. Und inzwischen weiß ein jedes Kind, dass ein Überleben unserer Natur ohne diese wichtigsten Tiere nicht möglich sein wird. Was die Fraktion der »Pflegeleicht-Gärtner« nicht davon abhält, einen Garten nach dem nächsten zuzuschottern, sodass dort noch nicht einmal eine Amsel einen Regenwurm aus einem Rasen ziehen kann.

Mein eigenes Beth-Chatto-Beet

Vor etwa 15 Jahren habe ich Beth Chattos Garten ein erstes Mal besucht. Ich war unendlich beeindruckt. Sumpf- und Waldgarten waren einfach eine Augenweide, aber der Trockengarten war ein blühendes Paradies. Dieser Bereich, entstanden aus einem ehemaligen geschotterten Parkplatz, lebte derartig. Bei großer Hitze und absoluter Trockenheit blühten Hunderte von Stauden und Gräsern und es summte und brummte - einfach unbeschreiblich!
Also war es für mich keine Frage, dass ich irgendwo auf dem Land ein solches Beth-Chatto-Beet anlegen wollte. Unser Gärtner hatte die Idee, dafür das Stück vor dem Mäuerchen zu nutzen. So hat er dann einen Streifen ein wenig gelockert. Danach wurde der Bereich mit einer wenige Zentimeter hohen Mutterbodenschicht belegt. Er quälte dann lauter hitze- und trockenheitsresistente Pflanzen in den Boden. Ich hätte es nicht geschafft. So viel kann ich sagen, denn es ist eigentlich kein »in die Erde kommen«, weil es keine gibt. Das ganze Gelände wurde danach mit Sand gemulcht und dann galt es abzuwarten.
In diesem Jahr bekamen wir mehrere Wald-Kiefern (*Pinus sylvestris*) der Sorte 'Watereri'

geschenkt, die mit ihrem gedrungenen Wuchs nirgends so recht hinpassen wollten. Also quälten die Männer auch sie vor das Mäuerchen etwa mittig und zum Ende in die Erde. Hier geben sie dem Beet Halt und Höhe.

Im Frühjahr

Dieses Beet beginnt seinen Blütenreigen im April mit unzähligen sich überall versamenden Küchenschellen, danach blüht die sich in alle Ecken ausbreitende Zypressen-Wolfsmilch (*Euphorbia cyparissias*), auch die Esels-Wolfsmilch (*Euphorbia esula*) macht sich gut. Im Mai dann beginnen die Stauden sich massiv zu zeigen. Anfangs erblühen die Spornblumen (*Centranthus*) in Weiß und Rot. Die Grasbüschel des überall aufkommenden Zarten Federgrases (*Stipa tenuissima*), auch Engelhaar genannt, werden wieder grün und üppig und dienen den Katzen als Versteck- und Schlafplatz. Die Lichtnelken haben sich hier reichlich ausgesät und es blühen auch erste Bart-Iris (*Iris barbata*) in nicht namentlich bekannten Sorten. Der Kaukasus-Storchschnabel (*Geranium renardii*), gibt alles mit seinen herrlich blauen Blüten. Insgesamt entwickeln jetzt alle Stauden ihr sattgrünes Laub und ich wundere mich in jedem Jahr wieder, woher sie die dafür nötige Feuchtigkeit nehmen.

Im Sommer

Im Juni hat das Beet seinen Höhepunkt. Zu Beginn breitet sich ein blauer Teppich des, nomen est omen, Teppich-Ehrenpreises (*Veronica spicata*) 'Blauteppich' aus. Zwei Sorten des Blutroten Storchschnabels (*Geranium sanguineum*) be-

Das Beth-Chatto-Beet steht auf dem Untergrund der alten Zufahrt zum Hof. Der Teer wurde entfernt und nach dem Absanden wurden trockenresistente Pflanzen gesetzt. Sehr bald entwickelte sich eine einmalige Blütenpracht, ganz ohne zu wässern. Mit der Zeit haben sich die Pflanzen flächendeckend versamt.

Im Mai beginnt der Blütenreigen mit *Veronica spicata* 'Blauteppich', ein blauer kleiner Teppich, der sich im mageren Substrat ausbreitet und einem von Weitem entgegenleuchtet.

zaubern wochenlang mit reichlicher Blüte: 'Tiny Monster' und 'Elke'. Auch hat sich die Pfirsichblättrige Glockenblume (*Campanula persicifolia*) hier und da versamt und blüht nun in reinem, klaren Weiß. Große Büsche der Eberraute (*Artemisia abrotanum*) sorgen für beruhigendes Grün und erfreuen mich mit ihrem leckeren Cola-Geruch, wenn man sie berührt.
Immer wieder ein wahrer Insektenmagnet sind die über Monate blühenden diversen Sorten von Katzenminze (*Nepeta* x *faassenii*), vor allem die Sorte 'Walkers Low', und auch der sich wirklich überall versamende Salbei (*Salvia*) ist sehr beliebt bei allen Bienen und Schmetterlingen. Hier sind sie wie nirgendwo sonst sicher vor den sie als besonderen Leckerbissen ansehenden Nacktschnecken, weil die es nicht mögen, über den Schotter zu kriechen, der das Beet umgibt. Wenn die Salbeisorten dem Fenchel (*Foeniculum vulgare*) noch eine Lücke frei gelassen haben, kommen seine Sämlinge an diversen Stellen hervor. Ich lasse sie nahezu überall gewähren. Fenchel ist unglaublich wichtig für den Schwalbenschwanz, diesen äußerst selten gewordenen, prachtvollen Schmetterling, dessen Raupen ihn als Nahrung benötigen.
Im Juni blüht wirklich überall im Beet meine allerliebste kleine Glockenblume, die Acker-Glockenblume (*Campanula rapunculoides*). Sie ist so unglaublich zart. Circa 50 Zentimeter hohe Einzelstiele mit zart lilablauen, nur 1–2 Zentimeter großen Blüten in Rispen zeigen sich wunderbar verteilt überall im Beet. Wie nur kann ein solch unscheinbares Pflänzchen so wunderschön sein? Sie ist mein absoluter Favorit in diesem Beet.
Den Höhepunkt des Blütenreigens erleben wir allerdings, wenn der Herzblättrige Meerkohl, die riesige *Crambe cordifolia*, blüht. Ihre etwa zwei Meter hohen Blütenstände sind äußerst imposant und sie wirken wie weiße Wolken, die über dem Beet stehen.
Später im Sommer blühen noch einige Lavendel (*Lavendula angustifolia*) der Sorte 'Hidcote Blue', der Salbei, im Frühsommer zurückgeschnitten, holt noch einmal zu einem zweiten Blütenreigen aus und die Silber-Perowskie (*Perovskia atriplicifolia*) 'Blue Spire' weiß auch, was sich gehört, und legt ihre blauen Blüten über die Stipa-Büschel. Vor drei Jahren habe ich noch einige Hundert Kugel-Lauch (*Allium sphaerocephalon*) gekauft und zwischen die Gräser gepflanzt. Sie ergeben gemeinsam eine ganz unerhört schöne Kombination. Der Blütenreigen endet mit der spät blühenden Weißen Wald-Aster (*Aster divaricatus*) und mehreren Schmetterlingsfliedern.

Ich liebe dieses Beet wirklich. Es macht mir unglaublich wenig Arbeit, man muss es niemals bewässern, die Pflanzen vermehren sich nach Art des Black-Box-Gardenings, so wie sie es mögen. Es blüht und es ist eine Futterweide für viele Insekten. Also insgesamt ein Beet, wie es jeder, der sich für viel Geld einen dieser unglaublich traurigen Schottergärten vor die Tür setzen lässt, auch haben könnte – für viel weniger Geld. Pflegeleicht, aber blühend und für die Natur so wertvoll wie wunderschön.

RECHTS Dürfte ich mir für ein Trockenbeet nur drei Pflanzen aussuchen, ich nähme diese: die Edeldistel *Eryngium alpinum* 'Blue Star', das Mexikanische Federgras, *Stipa tenuissima*, und den Kugelköpfigen Lauch, *Allium sphaerocephalon*.

Naturgarten

Wasser im Garten ist so lebenswichtig

Wasser im Garten – für mich ein Muss. Seit ich im Garten meiner Großeltern schon als kleines Mädchen stundenlang dem Treiben der verschiedenen Lebewesen in der Wassertonne fasziniert folgte, stand für mich immer schon fest: Ohne Wasser kein Garten!

Was ich als naturliebendes Kind intuitiv erfasste, ergibt heute auch bei genauerer Betrachtung durchaus Sinn. Wasser ist nicht nur ein tolles Gestaltungselement. Es bringt Harmonie, Ruhe und besseres Kleinklima in den Garten und fördert in jedem Fall die Artenvielfalt, weil ein jedes Wasser in kürzester Zeit von unzähligen Lebewesen bevölkert wird. Allerdings sollte man die wichtigste Regel beachten: keine Fische! Die würden in einem kleinen Biotop unter Insekten und Amphibien sehr schnell großen Schaden anrichten und vorbei wäre es mit der ökologischen Vielfalt. Außerdem verwandeln ihre Hinterlassenschaften den einst klaren Teich in eine trübe Brühe.

Immer wieder durfte ich erleben, dass sich auch im kleinsten, neu angelegten Teichlein praktisch binnen Tagen kleine Wasserfrösche ansiedeln. Ich habe großen Spaß an ihnen.

Hauptsache Wasser

Was man anlegt, um ein weiteres Naturelement im Garten einzufügen, richtet sich nach Platz, Geschmack und Geldbeutel. Vom Schwimmteich bis zur Wasserschüssel ist alles möglich und wertvoll. Hat man viel Platz und den Gegenwert eines Oberklassewagens übrig, dann kann man einen großen Schwimmteich zum Mittelpunkt des Gartens werden lassen. Stehen nur weniger Platz und Geld zur Verfügung, tut es auch schon ein kleiner Gartenteich. Auch der zwei Quadratmeter kleine Mini-Teich im Steingarten meiner Mutter beherbergte nicht nur eine große Menge an Pflanzen wie Sumpf-Dotterblume (*Caltha palustris*), Blut-Weiderich (*Lythrum salicaria*), Schwanenblume (*Butomus umbellatus*) im Sumpfbereich und Gewöhnlichen Tannenwedel (*Hippuris vulgaris*), Hechtkraut (*Pontederia*) sowie einigen mehr in den tieferen Regionen. Binnen kürzester Zeit fanden sich auch diverse Libellenlarven, Mückenlarven und Wasserläufer ein. Und eine ganze Frosch- und Molchfamilie fand auch noch darin Platz. Außerdem dienten die flachen Bereiche ständig als Vogeltränke und -badewanne, Bienen tranken auch immer in einem extra dafür angelegten steinigen Bereich. Die Größe entschei-

OBEN Unter dem Storchennest haben wir einen ehemaligen Futtertrog aus Sandstein umfunktioniert und aufgestellt, damit die Vögel stets ihren Durst stillen können. Selbstverständlich trinken hier aber auch andere Tiere. In diesem Fall zwei Bienen.

MITTE Hier haben wir ein Geburtstagsgeschenk umfunktioniert. Eine Salatschüssel aus schwerem Metall schien uns nicht praktisch. Also wurde ein wenig Kies eingefüllt und nun haben wir eine standsichere Insektentränke, die gern genutzt wird.

UNTEN Die Blänke und die zu- und ablaufenden Kanäle sind je nach Regenmenge mal mehr, mal weniger mit Wasser gefüllt. Dass es überhaupt kein Wasser gibt, kommt selten vor und nur bis zum nächsten Regen. Hier finden also alle Tiere Wasser.

det weniger über die Vielzahl an Lebewesen, die dort einen Lebensraum finden, es ist vielmehr wichtig, dass der Teich in einem Teilbereich 80 Zentimeter tief ist, damit Amphibien darin frostfrei überwintern können.
Hat man weder Platz noch Lust, einen Teich anzulegen, dann tut es auch eine Wasserstelle. Wir haben überall im Garten alte, ausgediente Zinkbadewannen stehen. Auch hierin lebt es. In diesem Fall aber bitte immer an einen Ein- und Ausstieg für Tiere denken. Sonst kann so ein tiefes Wasser schnell zur Todesfalle werden.

Auch auf Balkonien

Selbst wenn man nur einen Balkon hat, kann man etwas für die durstigen Tiere tun. Man kann egal wo im Garten oder auf dem Balkon eine Vogeltränke aufstellen, und sei es nur ein großer Tonuntersetzer. Man wird bei Trockenheit und Hitze ständig sehen, dass Vögel darin baden und trinken. Und wenn man dann noch ein Schüsselchen über hat, in das man ein paar Steinchen einlegt, dann hat man die perfekte Insektentränke und kann die faszinierenden Tierchen beobachten. Diese kleine Mühe kann eine Rettung sein für eine immer mehr in die Enge der ausgeräumten Natur gedrängte Tierwelt während der sich ständig verschlimmernden Folgen der Klimakatastrophe.

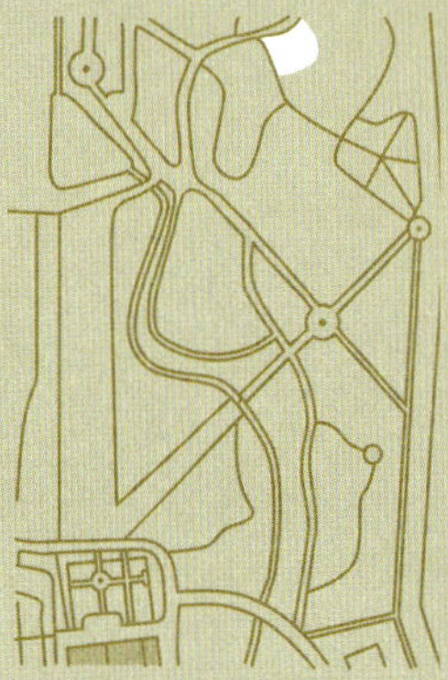

Die Stumpery

In den Sommerferien wollte Matthias sich einmal um die überall herumliegenden Baumstümpfe, die aus den angelegten Beeten geholt worden waren, kümmern. Er wollte eine kleine Stumpery anlegen.

Vor etlichen Jahren waren wir einmal in den Genuss einer Einladung nach Highgrove in den Garten von König Charles gekommen. Dort hatte er nach einem verheerenden Sturm aus den Baumstümpfen von Hunderten von Baumriesen, die er sich von all seinen Pächtern erbeten hatte, einen riesigen Totholzgarten angelegt mit Bergen von aufgeschichteten Stümpfen, einer Grotte mit kleinem Teich und Bogengängen. Alles war mit Hunderten von Farnen und Funkien (*Hosta*) bepflanzt und ergab einen äußerst beeindruckenden Gartenteil. Hier kam man sich vor wie in einer anderen, mystischen Welt und hätte sich kaum gewundert, wenn einen aus den Ritzen kleine Kobolde und Elfen angelacht hätten.
So etwas wollte Matthias auch haben. So holte er mit unserem kleinen Hoftraktor einen schweren Stumpf nach dem nächsten vom Land und stapelte sie zu einem Haufen auf. Danach wurden die entstandenen Höhlen mit Erde aufgefüllt und mit Dutzenden von Farnen bepflanzt. Was König Charles konnte, können wir doch schon lange ...
Es entstand jedenfalls ein einzigartiger Lebensraum im Schatten von vier der stehen gelassenen Tannen, der inzwischen Unmengen von Tieren einen Lebensraum bietet. Komischerweise ist hier auch der einzige Platz, an dem die Funkien nicht den Schnecken zum Opfer fallen. Wir nehmen an, dass die Blindschleichen und Kröten alles sofort vertilgen, was sich in Richtung *Hosta* bewegt.

In der Stumpery wachsen unzählige Farne. Besonders ist der Regenbogenfarn mit seinen metallisch wirkenden Wedeln.

Die besten und schönsten Farne in unserer Stumpery

- Pfauenradfarn oder Hufeisenfarn (*Adiantum pedatum*) ist mein absoluter Lieblingsfarn mit sehr filigranem Laub. Am schönsten kommt er zur Geltung, wenn mehrere davon zusammen gepflanzt werden.
- Brauner Streifenfarn (*Asplenium trichomanes*) ist ein wunderschöner Kleinstfarn von 10–15 Zentimetern Größe, den man sehr gut in kleine Fugen pflanzen kann.
- Frauenfarne, etwa der Wald-Frauenfarn (*Athyrium filix-femina* in Sorten) - einer schöner als der nächste. Besonders hervorheben möchte ich jedoch *Athyrium niponicum*, den Regenbogenfarn, der durch seine weiß-rötliche Zeichnung sehr dekorativ ist.
- Der Gewöhnliche Rippenfarn (*Blechnum spicant*) ist ein sehr schöner mittelhoher Farn, der allerdings bei zu viel Sonne verkümmert.
- Wurmfarne (*Dryopteris* in Arten), 60–80 Zentimeter hohe, sehr schöne Farne, der Gewöhnliche

Immer wieder sind Gartenbesucher von unserer Stumpery beeindruckt. Die Idee kam uns im Garten von King Charles in Highgrove, wo es eine riesige Stumpery gibt.

Wurmfarn (*Dryopteris filix-mas*) kann auch kürzere Trockenperioden gut überstehen.

- Der Europäische Straußenfarn (*Matteuccia struthiopteris*) ist wunderhübsch, doch breitet er sich durch unterirdische Ausläufer unkontrolliert aus. Wir haben ihn ganz nach hinten verbannt und entfernen alle neuen Tochterfarne.
- Perlfarn (*Onoclea sensibilis*) ist ein sehr hübscher Farn, mit ähnlichen Problemen. Er breitet sich durch dicke Rhizome in die Umgebung aus.
- Der Gewöhnliche Königsfarn (*Osmunda regalis*) macht seinem Namen alle Ehre. Ein bis zu 1,20 Meter großer, unter besten Voraussetzungen wirklich majestätisch wirkender Farn. Einen solchen Schatz zu halten, ist nicht ganz einfach, denn er braucht zugleich volle Sonne und ein ständig feuchtes Kompostbett.
- Hirschzungenfarne (*Asplenium scolopendrium* in Sorten) lieben tiefen Schatten und kalkreichen Boden, sind eher unkompliziert und ihr typisches breites Blatt ist sehr dekorativ. Sie brauchen reichlich Feuchtigkeit.
- Gewöhnlicher Tüpfelfarn (*Polypodium vulgare*), ein kleiner Farn, dessen Wedel direkt aus der Erde kommen und sich gern invasiv ausbreiten. Dem wirken wir entgegen, indem wir ihn in Baumhöhlen oder zwischen zwei Baumstümpfe pflanzen. Dadurch hat er eine natürliche Wurzelsperre, die ihm Einhalt gebietet.
- Schildfarne (*Polystichum*-Arten und -Sorten) haben wunderschöne filigrane Wedel und sind außerdem meist wintergrün. Wenn im Frühjahr die neuen Wedel austreiben, müssen die letztjährigen entfernt werden.

Mit den Jahren verschmelzen die Gehölze mit den Stauden in den Beeten. Zusammen mit Rosen und Clematis ergibt sich ein harmonisches Ganzes, ein Wohlklang für die Sinne, der uns bei Gartenspaziergängen einfach glücklich macht.

Entstehung des Parkgartens 2016–2018

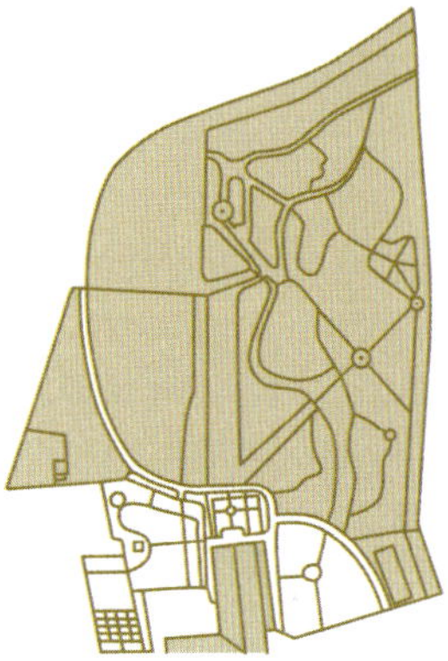

Wenn man einmal Erde geleckt hat, will man immer mehr davon bepflanzen ... Und so ging es in den kommenden Jahren mit vielen neuen Gartenbereichen weiter.

2016 Mit einem schönen Gruß aus Highgrove und gehörigem Beete-Nachschub

Da das in den beiden vorherigen Jahren so unverschämt gut geklappt hatte, wollte ich noch ein paar Beete. Zu schön ist es, bei jedem Gartenspaziergang daran vorbeizuschlendern und zu schauen, was gerade und was bald blüht. Es macht die Wege so ungemein spannend, wenn man Ziele hat, und auch für die sich inzwischen in Mengen einfindenden Besucher war es immer wieder schön. Außerdem wollten wir auch den Insekten eine Menge mehr anbieten. Also vergrößerten wir das blaue Beet und es wurde u. a. mit jeder Menge Duftnesseln (*Agastache*), Astern und Gräsern bepflanzt. So wurde daraus bereits im ersten Jahr ein kleines blühendes Wunder und immer mehr Schmetterlinge und Wildbienen kamen in unseren Garten, um hier zu leben.

Aber nicht nur Wildbienen zogen ein, auch vier Bienenstöcken wurde im hintersten Winkel des Gartens, unter den nun wirklich schon sehr üppig wachsenden und Schutz versprechenden Bäumen, eine Heimstatt angeboten. Sie sollten sich zu den wilden Vettern gesellen und unsere in jedem Jahr stetig größer werdenden Obstbäume kräftig bestäuben. Außerdem versorgen sie uns seither mit leckerstem Honig. Jetzt weiß man auch, wie unser Garten schmeckt!

Da mir die vielen Taglilien (*Hemerocallis*) in den Beeten große Freude machten, kam wieder einmal die Gier in mir hoch. »Jürgen! Bitte noch ein Beet!« Und dieses Mal fast nur mit *Hemerocallis*. Dieses Beet tat sich allerdings im ersten Jahr schwer. Daneben wurde aus dem ausgehobenen Lehm ein kleiner Irishügel angelegt, bepflanzt mit einem Dutzend Bart-Iris (*Iris barbata*), unterpflanzt mit dem Blutroten Storchschnabel (*Geranium sanguineum*) 'Tiny Monster'. Auch dieses Beet brauchte einige Jahre, bis es wirklich schön war.

Mergel + Sand = Insektenparadies

Neben der Stumpery entstand quasi ein Kontrapunkt. Beim Ausschachten eines Erdloches, das an anderer Stelle einen neuen Abwassertank aufnehmen sollte, kamen jede Menge Mergelbrocken an die Oberfläche. So sieht bei uns halt der Boden aus. Erst kommt nahezu undurchdringlicher Lehm, dann kommt komplett undurchdringlicher Mergel. Diese Brocken jedenfalls wurden nun an vollsonniger Stelle neben der Stumpery aufgeschichtet und die Lücken in diesem Fall mit Sand befüllt. Ein neuer Lebensraum für sandliebende Insekten war entstanden. Und die kamen sehr schnell. Kaum war das letzte Schippchen Sand an seiner Stelle, da kam schon eine Sandbiene und meinte, genau so etwas hätte sie gesucht, um ihr Nest zu bauen. Na dann, mal herzlich willkommen!

Pflanzen, pflanzen, pflanzen

Aber gepflanzt wurde neben den vielen Stauden natürlich auch weiter. In jedem Jahr hat Matthias bisher mindestens dreißig bis fünfzig Bäume und Büsche gepflanzt. Manche Männer lieben Traktoren, meiner liebt es zu pflanzen. Er kommt jedes Mal ziemlich fertig von getaner Schwerstarbeit rein, jedoch mit beseeltem Lächeln und dem

2016 wurde das blaue Beet neben dem zuerst angelegten Rosenstreifen deutlich vergrößert und mit vielen verschiedenen Stauden, Astern in diversen Sorten, Agastachen, Herbsteisenhut und diversen Gräsern bepflanzt.

immer gleichen Spruch: »Ach, pflanzen ist schön!« Wässern der gepflanzten Schätze danach nicht so. Gehört aber auch dazu.
So kamen in diesem Jahr jedenfalls auch die Kopfweiden entlang des hinteren Grabens dazu. Es wurden weitere Rosen der Sorte 'Raubritter' an die Laube am Ende der Blumenwiese gepflanzt und einige »Strauchbeete« nahmen mehr und mehr Büsche auf. In diesen Bereichen sollen in einigen Jahren dichte ineinanderwachsende Gebüschbereiche entstehen, in denen die Natur ansonsten sich selbst überlassen wird. Hier werden dann noch viel mehr Vögel ein Zuhause finden, zumal wir bei den Pflanzungen fast immer darauf achten, beerentragende Gehölze zu wählen.

Das Warme U

Das »Warme U«, ein Gartenbereich, der mit Immergrünen umgeben war, begann sich auch zu schließen. Die viel zu vielen immergrünen Baumkinder der Gärtnerei-Lieferung hatte Jürgen zu einem sich nach Süden öffnenden U gepflanzt. Hier könnte irgendwann einmal, wenn die Bepflanzung geschlossen sei und sich die Wärme in diesem Bereich sammelte, etwas Eigenes entstehen. Die in diesem Bereich wachsende Wiese wurde nur ab und an einmal gemäht und wir pflanzten einen schon recht imposanten Gewöhnlichen Trompetenbaum (*Catalpa bignonioides*). Was zukünftig in diesem Bereich weiterhin entstehen könnte, blieb zunächst unklar.

Rosengang

Damit aber nicht genug. Wir wollten weitere Rosen in die hinteren Beete pflanzen. Am liebsten noch viele Rambler. Also musste ein Gerüst her. Unser allerliebster Kunstschmied wurde also beauftragt, einen Bogengang über die gesamte Länge vom Baumkreis bis zur Amphore im Eibenrund zu schmieden. Doppelt - versteht sich! Wie gut, wenn man Künstler im Freundeskreis hat. Wir bekamen herrliche, künstlerisch wertvolle Bögen, die nun nur noch auf weitere Bepflanzung warteten.

Es war wieder ein Jahr, in dem wir sehr viel Arbeit in den Garten investiert hatten. Aber was wurden wir auch belohnt. Die älteren Beete entwickelten sich inzwischen enorm gut, im Obstgarten bogen sich die Bäume vor lauter Früchten. Wie viele Äpfel ein solch kleines Bäumchen schon tragen konnte. Es war einfach eine Pracht und ein großer Reichtum, mit dem wir nun belohnt wurden. Und auch weitere Tiere zogen ein. Zum einen bekamen wir einen Hund. Unser Mondo, ein schwerst traumatisiertes sizilianisches Straßenhund-Würstchen, kam zu uns und half ab jetzt bei der täglich anfallenden Arbeit. Die Steinkäuze bekamen vier gesunde Vogelkinder und die Falken flogen im Minutentakt über die Terrasse mit immer neuen Mäusen, die sie ihren Kindern anboten. Der Vogelgesang schwoll langsam an über Monate und das Brummen und Summen der stetig wachsenden Insektenarmada wurde auch immer lauter. Nur im Storchenhorst saß weiterhin unser einsamer junger Storchenmann, der einfach keine Frau finden wollte. Aber dennoch freuten wir uns sehr, ihn regelmäßig als Gast im Nest zu sehen.

2017 - Jetzt kommt der Feinschliff

In diesem sechsten Jahr haben wir das erreicht, was uns vorschwebte. Der Garten bekommt ganz vorsichtig an manchen Stellen einen echten Parkcharakter. Durch das Birkenwäldchen werden nun einige Wege gemäht und ich kann im Frühling nicht oft genug durchwandeln. Der Blick auf die blühenden Felsenbirnen (*Amelanchier*) ist einfach zu zauberhaft. Viele Büsche haben einiges an Größe zugelegt und blühen so herrlich. Die ersten Bäume, vor allem natürlich die Pappeln, sind enorm gewachsen und lassen die alten Tannen nicht mehr als Fremdkörper erscheinen.
Die Wege werden gemäht und nahezu täglich machen wir mindestens morgens und abends einen ausgiebigen Spaziergang durch unser Refugium, stets begleitet von Hund und Katzenbande. Es ist eine glückliche Zeit. Die Allee hat eine Größe erreicht, dass man sie als eine erkennen kann. Die Buchsbäumchen hatten sich jahrelang sehr schwergetan, jetzt erholen sie sich zunehmend. Und die Beete sind eine unglaubliche Freude. Immer wieder können unsere Besucher, die nun erstmalig mit Bussen anreisen, es nicht glauben, wenn wir ihnen erzählen, wie jung alles noch ist. Das blaue Beet ist zu meinem Lieblingsbeet geworden. Die Strauchrosen haben eine angenehme Größe erreicht und blühen überreich. Und die restlichen Stauden harmonieren ganz wunderbar. Ich kann mich nicht sattsehen an dieser Schönheit. Aber auch die anderen Beete sind einfach wunderbar. Es war eine gute Idee, die Staudenbeete durch Gehölze aufzulockern. Oft hatten wir so etwas in englischen Gärten gesehen und nun kopiert.
Die Blumenwiese hat sich auch gut entwickelt, das ständige, nun über Jahre praktizierte Ausmagern tut ihr gut und sie blühte noch nie so herrlich wie in diesem Jahr. Nur der obere Bereich tut sich noch immer sehr schwer. Blumenwiese und fetter Boden, das ist einfach keine gute Kombination. Die Bogengangbeete sind der Hammer! Da ist ein wahrer Blütendschungel entstanden. Die Rosen sind auch hier enorm gewachsen und die Stauden bilden mit den Gehölzen ein undurchdringliches Dickicht. Hier habe ich inzwischen nach dem ersten Pflegegang nichts mehr zu tun über das restliche Jahr.
Die Stumpery ist nun eine und die Besucher stehend staunend davor, vor allem die Männer. Viele Interessierte nehmen sich vor, daheim auch Totholz aufzuschichten, und so freue ich mich, dass wir für einige Käferpopulationen mehr verantwortlich sind.

IM UHRZEIGERSINN 2017 wurde ein doppelter Bogengang für Rosen und Clematis am Ende des Nord-Süd-Weges angebracht. Unser schlimm traumatisierter Tierschutzhund Mondo zog ein und begleitet uns seither täglich im Garten. *Amelanchier*-Allee und Stumpery bekommen Struktur.

Sonnenuhr

Matthias hat immer die Sonnenuhren bestaunt in den englischen Gärten. Nun fanden wir bei einem Steinmetz eine und erstanden auch eine Sandsteinsäule dazu. Sie steht jetzt im Rund am Anfang des langen Weges. Ich mag ja eigentlich nicht die vielen Deko-Elemente, die man häufig in anderen Gärten sieht, aber diese Uhr gefällt mir hier an dieser Stelle auch.

Projekte

Im Herbst wollten wir nun noch ein paar Projekte angehen. Bei meiner letzten Schottlandreise hatte ich in einem Waldgarten Unmengen von Steinhaufen und Pyramiden gesehen. Das sah nicht nur toll aus, es war auch, so wurde mir vom Besitzer berichtet, ein wichtiges Habitat für die unterschiedlichsten Tiere. So etwas wollte ich auch haben, und da wir gern Materialien verbrauchen, die eh auf dem Hof »herumliegen«, haben Jürgen und Matthias aus Reststeinen einige Steinhaufen und Pyramiden gezaubert. Die Innenbereiche wurden mit unterschiedlichen Materialien befüllt, sodass verschiedene Tiere damit glücklich werden können. Es wurden Hummelhäuser eingebaut und viele unterschiedlich große Eingänge und Löcher gelassen. So entstanden ein aufgeräumter Hof und ein weiteres Biotop. Es sind die besten Jungs der Welt, die ich hier habe!

Außerdem wollte ich gern noch den Sitzplatz an der Blänke ein wenig »gemütlicher« gestaltet haben. So pflanzte Jürgen mir ein weiteres Eibenrund, das

VON LINKS OBEN IM UHRZEIGERSINN 2017 haben wir viele Bereiche im Garten perfektioniert. So wünschten wir uns einen weiteren Sitzplatz unterhalb der Blänke mit Blick aufs Storchennest. Den haben wir mit Eiben umgeben, damit sich ein geschützter Raum entwickelt. Eine Aufräumaktion verbanden wir mit dem Aufbau von Steinpyramiden als Rückzugsort für Tiere. Auch wurden die Raubritterbeete mit restlichem Sandstein wunderschön eingefasst. Überall in den Beeten blühten die Astern, nachdem ich im Frühling eine Astern-Einkaufsaktion gemacht hatte.

mit der Zeit zur Hecke anwachsen und den Platz schützen soll. Zudem macht es sich optisch sehr gut. An die Bogengangstreben wurden Rambler und Clematis gepflanzt. Und auch das einsam über der Furt stehende Laubengangelement bekam nun endlich seine vier Raubritterrosen und die dahinter liegenden Beete ihren Namen.
Als Kontrapunkt zur Sonnenuhr am langen Weg kam es zu den Vorbereitungen einer anderen Aufräumaktion. Wir hatten noch jede Menge antike Sandsteine auf dem Hof. Daraus sollte eine Terrasse am unteren Ende des langen Weges entstehen. Da sehr schlechtes Wetter im Spätherbst dominierte, wurden nur die vorbereitenden Arbeiten unternommen.
Ebenso erging es dem neuen Projekt »weißer Garten«. Es wurde auch hier nur an einer festgelegten Stelle die Grasnarbe abgetragen, bevor die Maschinen im Schlick untergingen. An ein weiteres Arbeiten war nicht zu denken.
Zum Glück hatten wir vor dem großen Regen die 500 Osterglockenzwiebeln und 300 Prärielilien (*Camassia*) in das Birkenwäldchen eingegraben. Ich wollte sehen, ob sich Narzissen in unserem Lehmboden zurechtfinden können. Und so kam es zu einer Initialpflanzung.

In diesem Jahr haben wir die Grundlagen für neue Projekte gelegt. Ansonsten haben wir nur hier und da ein paar Verbesserungen angebracht. Aber wir waren zum Ende des Jahres erneut sehr zufrieden mit uns und unserer Arbeit.

2018 - Hier und da ein bisschen was und liebe Grüße aus Sissinghurst gab es dazu

Der Haselnussweg war jetzt als ein solcher zu erkennen und es konnte nicht mehr lange dauern, bis die Ruten sich oben begegneten und einen echten Hohlweg bildeten. Vielleicht war es bereits im nächsten Jahr so weit?
Die zum Graben abfallenden Raubritterbeete wurden mit den restlichen Sandsteinen der Bruchsteinmauer eingefasst. Zwei tolle Ergebnisse während eines Arbeitsganges. Erstens haben die eingefassten Beete nun eine viel schönere Ansicht, zweitens ist der unordentliche Steinhaufen vom Hof. Ha, so liebe ich das!

Asternflut

Da ich mich bei Gartenbesuchen vor allem in holländischen Gärten in Astern verguckt hatte, wälzte ich einmal mehr den Staudenkatalog meines Lieblingshändlers, orderte bestimmt dreißig verschiedene Sorten und pflanzte sie in alle möglichen Lücken, auch wenn da gar keine waren. In meinem alten Garten hatte ich auf diese Pflanzengattung verzichten müssen, weil wir zu viele Schnecken hatten. Aber hier hatte ich von den lieben Tierchen nur wenige gesehen bisher, so ging ich also meiner neuen Leidenschaft ungezügelt nach. Diese vergleichsweise geringe Ausgabe verzinste sich enorm. Den ganzen Herbst über hatten wir ein Farbfeuerwerk in den Beeten, das seinesgleichen suchte. Nie waren die Beete im Herbst auch nur annähernd so wundervoll wie in diesem Jahr.

Es geht voran an vielen Ecken und Enden

Aber zurück zum Frühjahr. Im Mai war es endlich so weit, das Projekt weißer Garten in die zweite Runde gehen zu lassen. Der Boden wurde mit Kompost verbessert, eingeebnet und - da es leider schon wieder viel zu trocken war - in diesem Jahr nur mit weißen Lupinen eingesät. Zumindest reichte unsere Kraft aber dafür, die diesen Garten umgebende Eibenhecke zu pflanzen. Dafür wurde das Ende des Eibenrunds, das schon Jahre zuvor gepflanzt worden war, aufgenommen und die Hecke gegenüber des großen Bogengangbeetes entlanggeführt. Den Eingang verlegten wir ziemlich ans untere Ende des neuen Gartenraumes und nahmen somit eine kleine, schon vor Jahren mit der Pflanzung von zwei Zitterpappeln festgelegte Sichtachse auf. Tja, wer denkt, hier würde einfach irgendwas irgendwohin gepflanzt, der täuscht sich! Ob das jemand bemerkt, ist eine andere Frage.
Auch der Sitzplatz am Ende des langen Weges bekam nun sein Finish. Er wurde mit den sehr alten Sandsteinplatten, die wir vor der Scheune gefunden hatten, ausgelegt. Wir stellten unsere

alten Deckchairs auf diesen Sitzplatz und - nein - wir haben es bisher niemals geschafft, dort auch nur eine Stunde zu liegen. Aber sie sehen sehr dekorativ und einladend aus, immerhin. Nun wurde der lange Weg mit der Sonnenuhr am Anfang und dem Sitzplatz am Ende eine harmonische Einheit, die man gern begeht.
Hinter der Stumpery hat Matthias eine Totholzhecke angelegt. Sie nimmt den üppigen Gehölzschnitt auf und macht sich an dieser Stelle wirklich gut. Außerdem wurden die Steinhaufen um ein weiteres Biotop ergänzt: Eines Tages kam unser Freund Johannes mit dem Trecker zu uns. In der großen Schaufel stapelten sich jede Menge Dachziegel, die er nicht fortwerfen wollte. Während ich Kaffee kochte, gingen die Jungs an die Arbeit und schichteten sie zu einem Ziegelwall auf, in dem nun weitere Wohnungen entstanden sind für allerlei Getier. So kann es kommen.
Das Taglilienbeet war jetzt zum ersten Mal ausgewachsen und erfreute uns und viele Besucher über mehrere Wochen mit einem Blütenrausch.

Hier sieht man, in welcher unglaublichen Üppigkeit das *Hemerocallis*-Beet im Juli aufblüht. Das ist wirklich großartig.

OBEN Dreieinhalb Jahre nach unserem Umzug bezauberte uns dieser Blick aus den Fenstern im Obergeschoss. Alles hatte sich wirklich ganz prächtig entwickelt. Die Allee führt das Auge in die Tiefen des Gartens, die Obstwiese ist gut zu erkennen.

UNTEN Der Blick vom Sitzplatz an der Blänke in Richtung Haus erfreut ebenfalls das Herz. Wir bemerkten, dass wir hier für kühle Abende eine Feuerstelle brauchen würden. Und so kam schon wieder ein Plan zum anderen ...

Der Sitzplatz an der Blänke bekam eine Bestuhlung. Von nun an konnten wir gemütlich unter dem Storchennest sitzen und dem Treiben unserer Störche zuschauen.
Überall, wo wir nicht mehr regelmäßig mähten, entwickelte sich eine ganz herrliche Wildstaudenflur. Und mit jeder Blüte, so schien es, kamen neue Insekten in Schwärmen. Bereits zu dieser Zeit konnten wir es nicht fassen, wie vielfältig sie sich tummeln, egal wohin man schaut. Auch die Zikaden und Grashüpfer zogen in großer Vielfalt ein und es war vorbei mit der Ruhe. Ein wirklich erstaunlich lautes Konzert begleitete uns nun erstmalig auf unseren abendlichen Spaziergängen.
Der Obstgarten machte sich auch bestens. Wir hatten eine tolle Apfelernte und zum ersten Mal konnten wir mit 80 Litern eigenem Apfelsaft von der Saftpresse nach Hause kommen. Seither haben wir unseren eigenen Saftladen und nie wieder einen Liter Obstsaft gekauft.
Im November beendeten wir das Jahr mit dem Setzen von 2500 Narzissen und weiteren 500 Prärielilien. So einmal noch richtig Muskelkater, bis der Garten in die Winterruhe ging, das musste drin sein.

Was soll ich sagen? Wir hatten jetzt einen Parkgarten! Er wuchs und gedieh und bezauberte, ebenso wie all die anderen Gartenteile, viele Busreisende. Eigentlich hätten wir »fertig« sein können. Eigentlich - aber wir wissen ja: »Ein Garten ist niemals fertig - und wer denkt, er sei es, der hat ihn nicht verdient!«

Herbst im Landgarten

Der Herbst zeigt uns als »zweiter Frühling« eine überbordende Fülle an Farben, ein unglaubliches Blütenspektakel und er überschüttet uns und die Tierwelt mit Früchten.

Septemberregen bringt Segen und Ernteglück

Nachdem es im gesamten August nicht geregnet hatte, begann am 6. September endlich eine Serie von Niederschlägen. Es regnete den gesamten restlichen Monat fast täglich, mit dem Ergebnis, dass insgesamt 82 Millimeter vom Himmel kamen. Es war unglaublich.

Bereits nach der ersten Regennacht begann sich der Garten sichtbar zu erholen. Zuerst fiel mir auf, dass die Blätter der Rhododendren sich wieder aufrichteten. Die Pflanzen atmeten regelrecht auf. Innerhalb von zwei Wochen waren die Wiesen wieder grün und alles sah plötzlich herrlich aus. Eine unglaubliche Last fiel von uns ab, als wir die Schläuche einzogen und unsere Tage nicht mehr daraus bestanden, die durstenden Pflanzen zu beobachten und dort zu gießen, wo es allergrößte Not tat. Bei all unserer Umsicht fiel uns dann - zu spät - auf, dass mehrere der Birken im Birkenwäldchen wohl doch zu trocken geworden waren. Sie scheinen abgestorben. Bei einer kann ich die unteren Äste einfach abknacken. Es gibt kein grünes Blatt mehr an diesem Baum. Andere haben zumindest noch biegsame Äste; dort haben wir noch Hoffnung. Das gesamte Ausmaß wird sich erst im nächsten Frühjahr zeigen. Aber ich hätte heulen können. Sie sind doch quasi meine Lebensbäume. Es fühlte sich an, als müsste ich nun mit ihnen zusammen früher sterben.

Alle anderen Pflanzen haben sich zum Glück enorm schnell erholt. Die Stauden haben sich wieder gestreckt, das Unkraut wuchert wie nur was, die Farben sind unglaublich intensiv. Überall blüht es, was das Zeug hält. Jetzt gehe ich wieder durch meinen geliebten Garten und kann ihn tagein, tagaus von Herzen genießen.

LINKS Wenn die Zieräpfel im Terrassengarten voller roter Früchte hängen, bekommt man ein Gefühl von Erntedank. Wir ernten die winzigen Äpfelchen jedoch nicht und die Amseln fressen sie nach dem ersten Frost mit Wonne.

Blütenschätze

Im Terrassengarten hatten die Rosen ihren »second-wind«. Und nicht nur dort. Das ist das Schöne an Rosen, ihre zweite wundervolle Blüte, die man sich leider stets durch einen zweiten, zeitaufwendigen Rückschnitt erkaufen muss. Aber es lohnt sich. Die Phloxe haben bis zum Ende des Monats nachgeblüht. Auch hier muss man ans Ausschneiden der verblühten Blütenstände denken, wenn man die Nachblüte genießen möchte. Die Aster 'Mönch' blüht und blüht und blüht - gänzlich ohne meine Hilfe. Sie scheint mir im Herbst in einem noch viel intensiveren Blau zu leuchten als im Sommer.

Von außen zum Tor in den Terrassengarten stehen jetzt die herrlichen Lossträucher (*Clerodendrum bungei*) in voller Blüte. Einen Losbaum haben wir auch (*Clerodendrum trichotomum*). Der wirklich schöne Kleinbaum, etwas früher blühend, stellt sich bei uns als winterhart dar. Die Lossträucher sind nun über zwei Meter hoch und blühen mit ihren bis zu 20 Zentimeter großen Dolden in herrlichstem Rosa. Zwar kommen alle *Clerodendrum* aus China, aber das scheinen die Insekten nicht zu wissen. Sie fliegen die Blüten stark an. Der Duft ihrer Blätter erklärt den niederländischen Namen: Pindakaasbaum. Reibt man ein wenig an den großen Blättern, riecht es enorm intensiv nach Erdnussbutter. Eine schöne, dankbare Pflanze, die ich nicht mehr missen möchte. Ein herrliches

Gewächs mit einer späten, lang andauernden Blütezeit von insgesamt 6–8 Wochen.
In den Beeten dominieren nun die Astern. Von den Totgeglaubten haben sich zum Glück eine Menge erholt. Dennoch sind viele bis zum Neuankauf verloren. Na ja, man muss ja auch mal Platz für Neues in den Beeten haben. Sonst macht es ja gar keinen Spaß. Sorten der Raublatt-Aster (*Aster novae-angliae*) haben sich von den Schnecken nicht anfressen lassen. Die Stängel und Blätter sind zu pelzig, das mögen die Schnecken anscheinend nicht so gern. Sie beginnen jetzt ebenfalls zu knospen und einige auch zu blühen. Die Sorten 'Asran' und 'Ashvi', aber auch 'Ezo Murasaki' der Wild-Aster (*Aster ageratoides*) blühen herrlich an diversen Stellen und die *Geranium*-Hybride 'Rozanne' hat sich auch wieder gut erholt. Ich habe sie hier und da zurückgeschnitten und sie kommen nun komplett mit einer neuen zweiten Blüte, uns und den Insekten zur Freude. Herrlich blüht nun auch das *Sedum* 'Matrona'. So schön wie nie zuvor, möchte ich sagen. Dem *Sedum* hat die Trockenheit zu ungeheurem Wuchs und zur Gesundheit verholfen. Wenn die Blüten durch die Blätter eines Lampenputzergrases (*Pennisetum*) spieken, ergeben sich herrliche Bilder.

Leckeres

Für die Küche findet sich jetzt auch im Parkgarten jede Menge. Es wachsen überall Pilze, viele Wiesenchampignons direkt auf den Wegen, es gibt zusammen mit den Eiern unserer Hühner sehr leckere Champignon-Omeletts. Und die ersten kleinen Parasol-Pilze beginnen, sich unter den Bäumen und in den wilden Ecken zu zeigen. Wenn sie in zwei bis drei Wochen ausgewachsen sein werden, kann man sie wunderbar panieren und als Schnitzel braten. Hmmm! Zusammen mit einem frischen grünen Salat oder Kartoffelsalat ist das eine Delikatesse. Außerdem wachsen nun wirklich überall diverse Pilze, die sicherlich nicht essbar sind, aber die Artenvielfalt natürlich auch ergänzen. Leider kenne ich mich viel zu wenig damit aus. Das nehme ich mir mal für das nächste Jahr vor.
Die Vogelbeerbäume und Büsche fruchten wie wild. Holunder, Apfelbeere (*Aronia*), Felsenbirne, Sanddorn, Weißdorn, Schlehen und Schneebälle sitzen voll mit gelben, orangefarbenen, roten, blauen und schwarzen Früchten. Hinzu kommen Unmengen von Brombeeren, die wir teils verarbeitet haben, andere jedoch bleiben an den Büschen hängen und werden sowohl von Vögeln gegessen als auch von Schmetterlingen und Wespen und Konsorten angeflogen. Überall sitzen die Rosen nun voll mit Hagebutten. Es ist eine unfassbare Vielfalt und Menge, die einem beim Gartenspaziergang entgegenleuchtet.
Viele Tiere müssen sich für die kommende Winterzeit noch ein wenig Speck auf die Rippen futtern, andere legen Vorräte an. Die Eichhörnchen haben jede Menge zu tun, die Haselnüsse und Walnüsse einzugraben, und man sieht sie jetzt überall herumflitzen. Zum Glück haben die Hunde keine Chance, sie zu erwischen. Die Katzen versuchen es gar nicht mehr. Die sind zu schlau. Nur kein falscher und unnötiger Ehrgeiz!
Die Zieräpfelchen sitzen so voll wie nie bisher, es müssen Tausende Früchtchen sein an jedem Bäumchen, überall im Garten. Sie sehen so prächtig aus und hin und wieder verschenke ich einen Zweig zur Dekoration an Freunde. Die Früchte erfreuen nicht nur unsere Augen, sondern auch die Mägen der Vögel, im Herbst und im Winter. Es ist wirklich genug von allem da.
Neulich fragte eine Frau, ob sie ein paar Vogelbeeren haben könnte. Sie wollte Marmelade kochen. Sie konnte es nicht fassen, dass wir die vielen Früchte, egal welcher Art, nicht verarbeiten würden. Und dann kam die oft gestellte Frage: »Aber ist es nicht so schade, dass sie alles verkommen lassen?« Ich erklärte ihr, dass die Natur nichts verkommen lässt. Und dass die Früchte für die Tiere sehr, sehr wichtig sind, weil sie ja in unserer ausgeräumten Natur eh kaum etwas zu futtern finden würden. Es dämmerte von weit her und ein halbwegs unverständiges: »Ach so, na ja ...« folgte. Die Menschen sind oft so entfernt von den natürlichen Regelkreisen, dass sie vergessen haben, dass die Evolution die Wildfrüchte hat entstehen lassen, um verschiedene Tierarten im Herbst zu ernähren. Dazu gehören auch wir, aber es ist nicht immer

VON LINKS OBEN IM UHRZEIGERSINN Überall im Garten haben wir darauf geachtet, dass die Bäume und Büsche für uns, aber auch für unsere Vögel im Herbst Früchte tragen. Es gibt viele Zieräpfel, hier die Sorte 'Butterball'. Sie sind weich und können auch ohne Frost gefressen werden. In der Vogelhecke wachsen jede Menge Schlehen. Dieses Gehölz treibt leicht Ausläufer und verwächst sich zu einem dicke, schwarze Früchte tragenden Dickicht. Darunter findet man die leckeren Früchte der Aronia. Aber auch das Fallobst auf der Obstwiese ernährt etliche Tiere.

und alles nur für den Menschen gedacht. Wir sind nicht das Universum, sondern wir sind ein Teil der Natur, im besten Fall in ihr. Und nichts, aber wirklich gar nichts verkommt in dieser Natur. Im Gegenteil, die Artenvielfalt wird nur so erhalten. Die Obsternte gestaltet sich so üppig wie noch nie. Es gibt zumindest Äpfel und Birnen im Übermaß. Wir haben 100 Liter sortenreinen Apfelsaft vom 'Dülmener Rosenapfel' pressen lassen, nur aus besten Früchten. Wenn ich sehe, was andere Kunden da in die Presse stecken, dann wundere ich mich nicht über den Begriff »naturtrüb« bei dem hohen »Eiweißgehalt«. Nein, das gibt es bei uns nicht. Matthias sucht für die Saftpresse nur Äpfel ohne Stellen und ohne Einwohner aus. Birnen essen wir jeden Tag, Nashi ebenfalls. Oh, was für ein Genuss! Und Äpfel ... wir ersticken in Äpfeln. Es gibt Äpfel eingelagert, es gibt Äpfel für Freunde, jede Menge für die Pferde, es gibt Äpfel als Mus und als Kompott eingekocht ... Ich kann inzwischen freihändig die leckersten Apfelkuchen backen, ohne Rezept, obwohl ich mich in der Küche ja normalerweise nicht durch Großtaten hervorhebe. Und was wir nicht pflücken, das wird zu Fallobst. Auch hier gilt: Die Tiere brauchen Fallobst, jede Menge davon, und sie bekommen Fallobst, jede Menge davon.
Es zieht eine Vielzahl von Insekten an. Vor allem Schmetterlinge, Hornissen und Wespen können nicht genug davon bekommen. Die Weichfutterfresser unter den Vögeln, etwa Amseln, Rotkehlchen und Drosseln, fressen das Fallobst, solange es nicht kompostiert ist. Und auch kleinere Säuger, wie Mäuse, Eichhörnchen und Marder, futtern sich die Bäuche daran rund.
Aber es gibt noch reichlich anderes Obst, was im September mit der Reife beginnt. Die Weintrauben hängen überreich an der Akropolis und auch die werden nun gefuttert, von uns, von den Vögeln, von den Insekten. Ich habe so viel davon geerntet, dass wir viele Liter Saft kochen konnten. Den hebe ich mir auf für die Weihnachtszeit. Würde ich Alkohol vertragen, es ginge ans Weinkeltern. So nehmen wir mit Saft vorlieb.

Über viele Wochen blühen die verschiedenen Arten des Kerzenknöterichs (*Bistorta amplexicaulis*) – und das ohne großartige Pflege. Sie gehören für mich in Sorten in alle Beete.

Herbstfreuden pflanzen

Herrlich sind in den Beeten überall die diversen Sorten des Knöterichs. Diese Staude sollte man immer ein wenig in den Hintergrund pflanzen. Sie kommt erst recht spät im Mai ins Grün. Vorher denkt man, da wüchse nichts. Aber wenn sie ab August blühen, dann ist sie unglaublich dankbar. Wir haben sie in allen Farben von Weiß über Rosa zu Pink bis hin zu tiefem Rot. Eine herrliche, äußerst pflegeleichte Pflanze, die auch mit wenig Wasser in Trockenphasen gut auskommt. Gern mit diversen Gräsern ergänzt, ergeben sich ganz wunderbare, äußerst pflegeleichte Spätsommerbilder in den Beeten.
Die Japanische Aralie (*Aralia elata*), auch Krückstock genannt, ist nun weit über drei Meter hoch und blüht in großen cremefarbenen Rispen. Die Blüten werden gern von diversen Insekten besucht. Die breiten Blätter beschatten den darunter liegenden Beetbereich. Da die Pflanze hier nur die

OBEN Die Früchte der Zwergmispeln sehen im herbstlichen Garten wunderschön aus und schmecken auch den Vögeln.

RECHTS Die seltene *Aralia elata* hat bis zu 80 cm große Blätter, die unter ihr wachsende Stauden ein wenig beschatten.

stacheligen Äste zeigt, hat man genügend Platz, mit Stauden zu unterpflanzen, die den Halbschatten lieben. Eine wirklich tolle Pflanze für den zweiten Stock.

Überall im Parkgarten fruchten nun die Bäume und Büsche in verschwenderischer Fülle. Früher bekam ich Widerwillen, wenn ich den Namen *Cotoneaster* hörte. Er war ein Synonym für eine lieblose Flächenbepflanzung, bevor man diese durch die Schottergärten des Grauens perfektionierte. Nachdem ich in England unglaubliche, voll erblühte Exemplare von mehreren Metern Breite und Höhe sah, habe ich mich ein wenig intensiver mit ihnen befasst.

Die Zwergmispeln sind total pflegeleicht und absolut trockenheitsverträglich. Schon mal zwei wichtige Punkte. Sie gedeihen sowohl in der Sonne als auch im Halbschatten. Und auch optisch sind unsere Glänzenden Zwergmispeln (*Cotoneaster lucidus*) eigentlich, einmal aus ihrer Schublade geholt, in die ich sie verbannt hatte, eine nicht zu verkennende, na ja, nicht Schönheit, aber interessante Pflanze. Sie blühen im Mai über und über und werden von ganzen Insektenschwärmen besucht. Im Herbst glühen unsere inzwischen fast zwei Meter hohen Pflanzen geradezu vor rotem Beerenbesatz. Und eine herrliche Herbstfärbung gibt es noch als Zugabe. Kann man also unbedingt pflanzen, einen *Cotoneaster*.

Jetzt ist auch die Zeit gekommen, dass die Herbst-Alpenveilchen (*Cyclamen*) sowohl im Weißen Garten als auch gegenüber der Remise am Gehölzrand blühen. Die charmanten Blümchen sind typische Herbstblüher. Dass sie dort überleben, wo über Monate kein Tropfen Wasser hinkommt, finde ich gewaltig. Die Blütenrosetten werden jedes Jahr größer und nun durchziehen die kleinen Blüten in Rosa und Pink den Efeu.

Unverzichtbar in den Beeten ist für mich die Herbstmargerite *Leucanthemella serotina*. Sie blüht viele Wochen lang, hier im weißen Garten.

Der weiße Garten

Im weißen Garten empfangen einen nun die voll aufgeblühte September-Silberkerze (*Cimicifuga ramosa* – ich weiß, die heißt jetzt *Actaea*, will ich aber nicht wissen), über zwei Meter hoch gewachsen, mit einem enormen, süßen, wundervollen Duft, der durch weite Teile des Gartens wabert. Was für eine Wahnsinnsstaude! Erst ziert das Grün das Staudenbeet, dann sind die aufstrebenden Knospen über Monate eine Freude, danach blühen sie über Wochen auf und erfreuen Hunderte von Schmetterlingen und andere Insekten mit Nahrung und uns mit Duft, um dann als abgeblühte Samenstände noch die Vögel zu nähren und ein herrliches Winterbild zu schaffen.

Aber auch der Rest dieses Gartenteils ist einfach noch immer eine wunderschön anzusehende Pracht. Die Gräser sind nun voll erblüht, fangen den Morgentau ein und durchweben die Nachbarstauden, sodass sich die herrlichsten Bilder ergeben, an denen ich mich nicht sattsehen kann. Eine Kissen-Aster (*Aster dumosus*) 'Niobe' hat es tatsächlich noch spät geschafft, sich nach dem Schneckenangriff zu erholen und zur Blüte zu kommen. Die Clematis 'Anita', die an einem Rankgerüst hochklimmt, hat sich lange Zeit in der Hitze der Blüte verweigert. Mit dem einsetzenden Regen hat sie sich jedoch besonnen und blüht nun über und über mit kleinen, nickenden cremeweißen Blüten. So schön!

Und so ganz langsam kommen auch die ersten Blüten eines letzten Höhepunktes im weißen Garten. Es ist die Herbstmargerite (*Leucanthemella serotina*), deren bis 1,5 Meter hohe, sich gut verbreiternde Tuffs jetzt und bis in den Oktober hinein die Beete beleben. Zusammen mit den verblühten Samenständen des Reitgrases 'Karl Foerster' (*Calamagrostis* x *acutiflora*) eine Augenweide.

Von Zwergmäusen ...

Vor den Benjeshecken mussten wir wieder einmal dem Brombeergestrüpp ein wenig Einhalt gebieten. Plötzlich fanden wir ganz kleine, zauberhafte, aus trockenem Gras gewebte Kügelchen, die in den Ranken hingen. So etwas kannte ich aus früheren englischen Kinderbüchern. Es sind winzige Nestkugeln von Zwergmäusen. Die Nester habe ich manches Mal schon beim Beete-Abräumen im Februar in dichtem Gräsergestrüpp gefunden, ein dazugehörendes, winziges Mäuschen aber leider noch nie gesehen.
Sie gehören zu den kleinsten Nagetieren überhaupt, mit einer maximalen Länge von fünf bis sechs Zentimetern, ausgewachsen wohlgemerkt. Ihr Gewicht liegt bei fünf bis sieben Gramm, was erklärt, dass sich die ganze Familie Maus in solch einem kleinen Kobelchen gut im Gestrüpp hängend aufhalten kann. Den langen Schwanz benutzen sie als Greifschwanz, sodass sie geschickt an Halmen hochklettern können. Zwergmäuse sind überwiegend nachtaktiv.
Ihre Bestände gehen massiv zurück in Deutschland, umso glücklicher sind wir, dass wir ihnen hier einen adäquaten Lebensraum zur Verfügung stellen können. Ich muss nicht sagen, dass wir ihnen eine ordentliche Menge Brombeerwildnis gelassen haben, nicht?

... und einem königlichen Hahn

Im Hühnergehege haben wir einen weiteren Todesfall zu beklagen. Wieder einmal kam Matthias abends zu den Hühnern und wieder einmal waren sie total verschreckt. Beim genauen Inspizieren stellten wir fest, dass es dieses Mal Hänschen-Klein erwischt hat. Dieser kleine tapfere Bub hat sich doch tatsächlich dem großen Habicht entgegengestellt, um seine Hennen zu beschützen, die ihn nie wirklich gut behandelt hatten. Es tat uns wieder einmal so sehr leid. Das arme Hänschen-Klein. Vor nur wenigen Monaten habe ich ihn vor dem Hackebeil gerettet, um ihn dann quasi dem Habicht zu opfern. Wenn er ihn wenigstens ganz gefressen hätte. Aber nur ein wenig Brustfleisch fehlte. Ach, ich weiß es ja, auch der Habicht will leben und soll es ja auch, aber dennoch, es tut jedes Mal weh, wenn man so ein kleines Wesen dann tot auffindet. Danke, Hänschen-Klein, dass du die Hennen gerettet hast.
Nun musste schnell ein neuer Hahn her. Ohne Hahn geht irgendwie gar nicht. Zum Glück bin ich Mitglied im Geflügelzuchtverein, wenn auch ohne zu züchten. So schrieb ich eine Whatsapp und zwei Stunden später wurden uns drei Hähne angeboten. Wir entschieden uns für einen Lakenfelder-Hahn. In der Beschreibung dieser alten Rasse steht: Kälteunempfindlich, schlau, robust, quirlig! Na, das hört sich doch erst einmal gut an. Es seien sehr sensible Hühner, die nicht gern Menschen in der Nähe haben, weil das zu aufregend sei. Na gut, dass unser Hahn davon nichts weiß, der sitzt mir nämlich bald auf dem Schoß, wenn ich zu ihm komme. Und erneut ging die Suche nach einem Namen los. Gerade als ich darüber nachdachte, wurde in den Nachrichten von der Proklamation

Zur Aufzucht ihrer Jungen bauen die sehr seltenen Zwergmäuse kleine Kugelnester aus trockenem Gras, die sie etwa einen Meter hoch in Gräsern oder Brombeeren anbringen.

King Charles' III. berichtet. Okay, dachte ich, das ist also der dritte King Charles - unser Hahn ist der vierte Hahn, also heißt er King Charles IV. Ganz logisch, das alles. Aber seine Freunde dürfen ihn kurz Charly nennen!

Unser Charly hat sich, obwohl er noch nicht im krähreifen Alter ist, dennoch schneller bei den Damen beliebt gemacht, als es Hänschen-Klein in all den Monaten geschafft hatte. Sie mögen ihn. Wirklich, da stimmt die Chemie! Also nun bitte, Charly, pass gut auf die Damen auf, aber auch auf dich! Der Verbrauch an Hähnen geht mir eindeutig zu geschwind.

Weniger zu tun im Herbst

Und was gab es für Arbeiten im September? - Zum Glück nicht so viele. Die Beete wachsen so wunderbar vor sich hin, man muss nur hier und dort einmal die Ränder ein wenig korrigieren. Alle Wege mussten zum dritten Mal mindestens von Unkraut befreit und der Rasen gemäht werden. Aber so richtig viel war nicht zu tun. Zeit also, mich mit meinem neuen Projekt ausgiebigst zu beschäftigen.

Ich habe eine Staudenliste mit circa sechzig verschiedenen, definitiv trockenresistenten Stauden angelegt und mit dem riesigen Angebot meines Lieblingsdealers Stauden Stade abgeglichen, ein wenig korrigiert und dann 800 Stauden bestellt. Parallel kam der Bagger und hat den großen Bereich der ehemaligen - aus dem Kraut gewachsenen - Blumenwiese circa 20 Zentimeter tief abgetragen. Danach kamen zwei Lkws mit Estrichsand in der

Körnung null bis acht Millimeter und diese vielen Kubikmeter wurden in die Senke eingebracht. Eigentlich hatte ich ja vorgehabt, den Blauglockenbaum (*Paulownia*) zu fällen.

Aber was sah ich genau eine Woche vor dem Termin, an dem der Bagger kam? Das Aas hatte gehört, dass ich es als nicht nur hässlich gewachsenes, sondern auch nicht blühendes Gehölz bezeichnet habe, das einfach über sei. Das wollte es nicht auf sich sitzen lassen. Ich schaute an ihm hoch und sah überall die Ansätze für die nächstjährige Blüte. Oh Mann! So ein Biest. Da konnte ich nicht mehr die Säge auspacken. Ich liebe blühende Blauglockenbäume. Und nun hatte ich das Bild vor Augen von einem über und über blühenden Baum und darunter eine ebenso über und über blühende Staudenwiese. Ja, ich weiß, zu dem Zeitpunkt, wenn der Baum blüht, blüht in der Staudenwiese noch nicht viel … aber egal, das stört doch meine Fantasie nicht. Jedenfalls, der Baum bleibt stehen. Erst mal. Dann sehen wir weiter.

OBEN RECHTS Nach acht Jahren gaben wir auf, die obere Blumenwiese auszumagern, und entschieden, eine Staudenwiese mit vielen Insektenpflanzen anzulegen. Die Bodendecke wurde 20 cm tief abgebaggert und mit Estrichsand (0–8 mm) verfüllt.

LINKS Ein Herbst ohne Astern ist für mich nicht möglich. Hier neigt sich die Rauhblatt-Aster 'Andenken an Alma Pötschke' zur Glattblatt-Aster 'Porzellan'. So unterschiedlich wie sie sind – alle Astern vertragen sich farblich miteinander.

Die Bereiche rund um den Terrassengarten werden im Laufe des Jahres immer üppiger. Hier blühen jetzt die prächtigen Lossträucher (*Clerodendrum bungei*) in zwei Metern Höhe, die sich erst Ende Mai überhaupt zeigen.

Die Vogelhecke

Die erste Pflanzung, mit der wir vor circa zehn Jahren begannen, war die von Hunderten Vogelgehölzen, dreireihig gepflanzt, den Garten von West nach Ost umgebend.

Einzig entlang der Außengrenze der großen Obstwiese wurden Wildrosen gepflanzt. Uns war klar, dass unser Garten durch eine solche Initialpflanzung die Chance hatte, zum Vogelparadies zu werden. Wir wollten unseren zukünftigen gefiederten Freunden wirklich etwas bieten.
Vogelgehölze zeichnen sich dadurch aus, dass sie möglichst heimisch sind. Denn nur dann passen die Mundwerkzeuge der Insekten in die Blüten wie ein Schlüssel ins Schloss. So hat es die Evolution in Millionen von Jahren geschafft, dass sich heimische Pflanzen und heimische Insekten ergänzen. Von einem Weißdorn zum Beispiel können sich 170 verschiedene Insektenarten ernähren, von einer Forsythie keine einzige.

Es hat Jahre gedauert, bis die dreireihige Vogelhecke als solche zu erkennen war. Inzwischen ist sie mehrere Meter tief und sehr dicht. Man kann kaum noch hindurchsehen.

Dann sollen die Pflanzen möglichst im Übermaß blühen, um für die Insekten viel Nahrung anzubieten. Denn von den Insekten wiederum braucht es jede Menge, wollen die Vögel ihre Brut heranziehen. Die Vogelkinder benötigen für ihr Wachstum hochwertiges Eiweiß. Später im Herbst und über den Winter sollen die Gehölze üppig fruchten, damit unsere gefiederten Freunde sich nicht nur auf unsere Futtergaben verlassen müssen, sondern sich über Monate hinweg reichlich selbst ernähren können. Und schließlich soll sich ein möglichst mehrere Meter breites, schlecht durchdringliches Durcheinander bilden, in dem die Vögel geschützt vor Fressfeinden und dem Menschen ihre Nester bauen und ihre Jungen großziehen können.

Vom Stöckchen zur Hecke

So wollten wir es haben. Wie enttäuscht war ich dann, als es hieß: Die Vogelgehölze sind angekommen! Ich stand vor einigen Bündeln mit je Hundert Hölzchen, einen halben Meter lang und gerade einmal bleistiftdick. Wollten die mich veräppeln? »Nein! Das wird die Hecke!« Nach der unglaublich schnell erledigten Pflanzung sah man schon wenige Meter entfernt nichts mehr. Ich war grenzenlos enttäuscht und dachte: »Das wird nie was!« Im nächsten Jahr waren nahezu alle vor dem Zaun stehenden Hölzchen von den Rehen abgefegt und in circa 10 Zentimeter Höhe abgestorben. »Das soll so sein. Warte ab. Aus jedem Hölzchen werden mehrere neue herauswachsen.« Im Innenbereich des Zaunes sorgte der beherzte Schnitt des Mannes für ein gleich trauriges Bild. Außerdem schienen sich die Hölzchen in unserem schrecklichen Lehmboden zusätzlich nicht

PFLANZEN FÜR VOGELFREUNDLICHE HECKEN UND EINZELPFLANZUNGEN

Acer campestre	Feld-Ahorn
Amelanchier ovalis	Gewöhnliche Felsenbirne
Carpinus betulus	Gewöhnliche Hainbuche
Cornus mas	Kornelkirsche
Cornus sanguinea	Blutroter Hartriegel
Corylus avellana	Gewöhnliche Hasel
Crataegus spec.	Weißdorn
Euonymus europaeus	Pfaffenhütchen
Hippophae rhamnoides	Sanddorn
Ligustrum vulgare	Gewöhnlicher Liguster
Lonicera xylosteum	Rote Heckenkirsche
Prunus padus	Traubenkirsche
Prunus spinosa	Schlehe, Schwarzdorn
Rhamnus cathartica	Echter Kreuzdorn
Rosa canina	Hunds-Rose
Rosa glauca	Rotblättrige Rose
Rosa multiflora	Vielblütige Rose
Rosa rubiginosa	Wein-Rose
Salix caprea	Sal-Weide
Sambucus nigra	Schwarzer Holunder
Sambucus racemosa	Roter Holunder
Sorbus aucuparia	Eberesche
Sorbus domestica	Speierling
Symphoricarpos albus	Gewöhnliche Schneebeere
Viburnum lantana	Wolliger Schneeball
Viburnum opulus	Gewöhnlicher Schneeball

Ich denke, es gibt keine Vogelart so häufig bei uns wie die Blaumeisen. Wir bieten ihnen anscheinend alles, was sie brauchen.

sehr wohlzufühlen. An meterlanges Wachstum war nicht zu denken. Wieder wurde ich beruhigt: »Gib ihnen ein paar Jahre, dann wirst du sehen … einmal richtig eingewurzelt entsteht deine Vogelhecke schneller und dichter, als du es dir denken kannst.« Nicht zu häufig, aber dennoch: Manches Mal sollte man den Fachleuten vertrauen. Spätestens im vierten Jahr explodierten die Büsche, nachdem wir sie in den ersten Jahren in mühevoller Handarbeit von Gräsern und sonstigem Wildwuchs freigehalten hatten, und verwoben sich zu einem Dickicht, das nun von Hunderten von Vögeln bewohnt wird. Es ist eine unglaubliche Freude, sie zu erleben und zu wissen, wir haben alles richtig gemacht!

Tiere im Garten

Vögel im Landgarten

Unser Ziel war es, in unserem Garten so viele verschiedene Vögel anzusiedeln wie nur irgend möglich. Heute, nach fast zehn Jahren Gartenumgestaltung, kann ich mit Stolz erklären, dass wir sehr weit gekommen sind.

Wir sehen und hören regelmäßig unglaublich viele verschiedene Singvögel. Zu Gesicht bekommt man vor allem im Winter erst einmal hauptsächlich die Körnerfresser, denn wir verfüttern täglich frisches Futter in großen Mengen. Da wir außerdem die abgeblühten Samenstände der Stauden stehen lassen, gibt es wirklich genügend Nahrung für Buchfinken, Stieglitze, Grünfinken, Kernbeißer, Bluthänflinge und seltener auch Gimpel. Die Haus- und Feldsperlinge, die unseren Hühnern ganz fleißig als Hundertschaft das Futter streitig machen, will ich natürlich auch nicht unterschlagen.

Rotkehlchen sind meine Lieblingsvögel. Kein anderer Vogel ist von Natur aus so zutraulich mit Menschen wie diese putzigen Gesellen. Dazu kommt, dass sie einfach hübsch sind.

An Insektenfressern sehen wir regelmäßig Meisen, unzählige Meisen (Blaumeisen, Kohlmeisen, Sumpf- und gelegentlich Schwanzmeisen). Wobei einzelne Blaumeisen so zahm sind, dass sie in 30 Zentimeter Entfernung sitzen bleiben, wenn Matthias die Futterstellen neu befüllt. Ebenso zutraulich sind die Rotkehlchen, die einem bei der Gartenarbeit fast auf die Schippe springen, um einen Wurm zu ergattern. Es erstaunt mich jedes Mal, dass sie auch kaum Angst vor den Hunden haben, die mich sehr häufig in den Garten begleiten. Besonders freut es mich, dass die Rotkehlchen, meine allerliebsten Lieblingsvögel, regelmäßig im Waldgarten brüten. Auf dem Hof und auf den Wegen sieht man oft Bachstelzen mit ihren wippenden Schwänzchen stolzieren. Absolut goldig finde ich auch die winzigen Gartengrasmücken, die mit einem für ihre Größe unglaublich lauten Gesang überraschen. Dann gibt es natürlich noch die Mönchsgrasmücken, beides Zugvögel, die uns nur einige Monate beglücken. Zilpzalp und Goldhähnchen tun es ihnen nach. Auch der Gartenrotschwanz brütet immer wieder hier bei uns im Garten und im Waldgarten begegnet mir regelmäßig der Kleiber.

Drosseln

Wegen des herrlichen Gesangs und weil sie schon längst keine Allerweltsvögel mehr sind, freuen wir uns überdies über alle Arten von Drosseln. Die Amseln kommen - trotz des sich ausbreitenden Usutu-Virus, dem jedes Mal viele zum Opfer fallen - dennoch recht regelmäßig vor. Die Misteldrossel begegnet mir öfter im Obstgarten und einmal sah ich sogar eine sich auf der Durchreise befindliche Ringdrossel am Futterhäuschen. Gefühlt den ganzen Tag über singen ab Mitte März gleich mehrere Singdrosseln ihr wunderschönes Lied.

Spechte

Spechte haben wir gleich drei Arten. Natürlich gibt es mehrere Buntspechte hier auf dem Grundstück. Sie haben genügend Gelegenheit, ihre Höhlen in alten Bäumen anzulegen. Regelmäßig kommen sie mit ihren Jungen auch zu den Futterplätzen und ihren Ruf erkenne ich immer. Der Grünspecht fühlt sich auf den Wiesen wohl, dort kann man ihn stets beobachten. Lange habe ich gebraucht, bis ich den Ruf des Schwarzspechts zuordnen konnte. Solch ein trauriges Wimmern hatte ich noch nie gehört. Der Ruf erinnert zudem an eine getretene Hundequietschpuppe. Inzwischen kann ich ihn sofort zuordnen und weiß, selbst wenn ich die scheuen Tiere nicht sehe, dass der Schwarzspecht wieder hier ist!

GELIEBTER GESANG

Ich liebe das Lied der Singdrossel so sehr und es wird regelmäßig nur ab Mai vom zauberhaftesten aller Gesänge, dem der Nachtigall, die regelmäßig im Wildgehölzstreifen singt, übertroffen. Man kann sich kaum vorstellen, was für ein vielstimmiges Orchester bei uns ihr Konzert darbietet. Und für mich als Frühaufsteherin kann es kaum Schöneres geben, als im Frühling und Frühsommer morgens ab vier Uhr bei geöffnetem Fenster diesem Gesang zu lauschen. Erstens erinnert er mich an meine Kindheit vor über fünfzig Jahren und zweitens habe ich jedes Mal das Gefühl, dass ich mich gerade zu dieser Zeit mitten im Paradies aufhalten darf. Und wenn ich dann ab Mitte Mai noch regelmäßig den Ruf des Kuckucks vernehme, dann ist mein Glück perfekt.

Tauben

Auch mehrere verschiedene Taubenarten haben wir hier. Sehr stolz sind wir darauf, dass die Hohltaube regelmäßig bei uns brütet. Sie nutzt dafür eine alte Steinkauzröhre. Am großen weißen Fleck an der Seite des Halses kann man leicht die Ringeltaube bestimmen, die öfter vorkommt. An ihrem farbenfrohen Gefieder erkennt man die Turteltauben und am schwarzen Ring im Nacken die Türkentauben. Nie kann ich verstehen, dass so viele Menschen keine Tauben mögen. Ich liebe ihr zartes Gurren, und da ein Pärchen direkt über dem Schlafzimmerfenster im Efeu brütet, begleitet mich dies regelmäßige, beruhigende Geräusch oft in den Schlaf.

Rabenvögel

Auch Rabenvögel haben in der Bevölkerung oft keine guten Karten, denn sie sind Räuber, die gern auch einmal ein Vogelnest plündern. Tatsächlich scheint in unserem Garten inzwischen ein ganz gutes biologisches Gleichgewicht zu bestehen, denn die vorhandenen Elstern und Dohlen können dem allgemeinen Vogelreichtum anscheinend nichts anhaben.

Regelmäßig bekommen wir den Eichelhäher zu Gesicht. Überall im Wald- und Parkgarten sehen wir ihn. Auch einige Krähen hören wir im Sommer in den hohen Bäumen. Aber es scheint mir, als würden sie sich hier nur zur Nacht einfinden. Im Sommer genieße ich das einzigartige Geräusch, das sie in den alten, hohen Eichen produzieren, wenn sie sich ihren Schlafplatz suchen. Ganz besonders freut mich, dass ich nun schon seit einigen Jahren den vereinzelten Ruf des Kolkrabens vernehmen kann. Eigentlich kommen sie nicht vor im Münsterland. Hier zu uns jedoch hat sich einer gewagt und den Ort für gut befunden.

Rauchschwalben

Leider gibt es inzwischen nur noch ein Rauchschwalbenpärchen bei uns. Als wir den Hof übernahmen, waren es zwei. Sie brüten in einem Vorbau des Eingangsbereichs an den Balken. Ganz besonders reizend ist es, die flügge gewor-

Wer die Möglichkeit hat, eine Steinkauzröhre auf einer Wiese zu installieren, hat vielleicht auch einmal die Chance, einem Steinkauz in die Augen zu blicken.

denen Jungen völlig angstfrei auf dem Tor sitzen zu sehen, wie die kleinen Hühnchen auf der Stange. Nah aneinandergedrückt erwarten sie die im Minutentakt anfliegenden Altvögel, die ihnen Insekten bringen. Kommt einer der Altvögel angeflogen, reißen alle ihre Schnäbel auf und es erscheint ein unersättlich großer Schlund. Nach der zweiten Brut, wenn ein gutes Dutzend Schwalben im Sauseflug nach Mücken jagend über den Hof fliegen und ihre typischen Schreie erklingen, dann weiß man: Es ist Hochsommer!

Eulenvögel

Sehr stolz sind wir auf unsere Eulen. Gleich nach der Anlage der Obstwiese kam der Eulenexperte des NABU zu uns und setzte eine Steinkauzröhre in einen alten großen Apfelbaum. Nur wenige Wochen später konnten wir uns über kleine Steinkauzküken freuen. Und tun dies jetzt regelmäßig, wenn nicht wie im letzten Jahr der Kasten durch ein Wespennest besetzt ist.

Ein Jahr später besuchte uns regelmäßig der Turmfalke, der sich im Eulenkasten im Dach niederließ und mehrere Jahre lang dort seine Kinder großzog. Es ist schon ein Privileg, wenn man mit einem Stück Erdbeerkuchen am Terrassentisch sitzt und der Fütterung der Falkenkinder nur wenige Meter über sich zusehen kann. Doch was sage ich ... nein, nicht zusehen, zuspinksen muss man, denn nicht nur wir beobachten die Falken, sie beobachten auch uns ganz genau. Und wenn sie merken, dass wir ihnen beim Füttern zusehen, dann fliegen sie zum nächsten Baum mit ihrer im Fünf-Minuten-Rhythmus gefangenen Maus. Erst wenn man demonstrativ fortschaut, fliegen sie wieder das Nest an.

Und was war das für eine Freude, als Matthias und ich nahezu gleichzeitig eine Schleiereule zu Gesicht bekamen. Das war mein ganz großer Traum: ein »eigenes« Schleiereulenpaar auf dem Hof. Ich liebe diese magischen und wunderschönen Vögel so sehr. Mehrfach mussten wir ein Kleines, das aus dem Eulenkasten gepurzelt war, von der Terrasse retten, um das zitternde Häuflein Elend wieder in den Kasten zu setzen. Jedes Mal dachte ich daran, es einfach zu behalten und selbst großzuziehen. Anscheinend stehen solche Gedanken auf meinem Gesicht geschrieben, denn auch jedes Mal sagt Matthias zu mir: »Denk nicht einmal dran!« – Nein, natürlich würde ich es niemals tun, aber davon träumen wird man ja wohl noch dürfen, oder?
Auf einem stillgelegten Schornstein brüten schon lange die Waldkäuze. Guter Gott, die können zetern und schimpfen mitten in der Nacht. Und im Frühling, wenn der Edgar-Wallace-Ruf über den dunklen Hof schallt, dann überkommt einen schon mal die Gänsehaut mitsamt einem mulmigen Gefühl. Dann merkt man, dass wir wirklich recht weit außerhalb wohnen, wenngleich es nur drei Kilometer bis zum Coesfelder Marktplatz sind.
Den Höhepunkt unserer Vogelschar aber stellt eindeutig das Uhu-Paar dar, das hier in der Nähe brüten muss. Den Horst habe ich noch nicht gefunden, gehe jedoch auch gar nicht auf die Suche, denn Uhus brüten gern auch einmal am Boden, und ich möchte keinesfalls, dass sie sich gestört fühlen. Vor sechs Jahren wurde mir bei einem NABU-Vortrag zum Thema »Uhus im Kreis Coesfeld« klar, dass die imposanten Vögel auch unseren Hof anfliegen. Man hatte ein Uhu-Paar, das in einem einige Kilometer entfernten Steinbruch brütet, besendert und konnte nun auf einer Karte genau zeigen, wohin die Vögel regelmäßig zur Jagd flogen. Und unser Hof war dabei. Das freute mich bereits sehr. Der Gedanke, dass der Uhu uns nachts öfter besuchen würde, war schon aufregend genug.
Als wir dann vor einigen Jahren zum ersten Mal regelmäßig seinen Ruf auch aus unmittelbarer Nähe hören konnten, waren wir unglaublich froh, glücklich und stolz. Anscheinend hatten wir es nun bereits nach solch wenigen Jahren geschafft, dass wir auch einem so großen Vogel genügend Mäuse anbieten können. Seit wir einen zweiten zarteren Uhu-Ruf vernahmen, war klar – jetzt gibt es ein weiteres Uhu-Paar im Kreis Coesfeld. Einige wenige Male durfte ich bisher diesen gewaltigen Vogel beim Flug erleben. Jedes Mal stockt mir der Atem. Und dann weiß ich, wir machen hier vielleicht noch nicht alles, aber bereits eine Menge ganz richtig.

Greifvögel

Last but not least sehen wir natürlich auch einige Greife in und über unserem Garten. Außer dem bereits erwähnten Falken setzen uns noch die Sperber und Habichte zu, wenn sie sich an Singvögeln und zum Glück nur selten an Hühnern bedienen. Anscheinend gibt es genügend Tauben,

Solch ein Foto von Turmfalken ist nicht so einfach zu fotografieren. Die Tiere beobachten uns sehr genau, und wenn sie sehen, dass wir schauen, dann ziehen sie sich zurück.

OBEN Selten haben wir das Glück, fünf kleine Rauchschwalbenkinder, die ihre Eltern erwarten, auf dem großen Tor zu sehen. In diesem Jahr haben wir vier Schwalbenjunge, kurz bevor sie flügge wurden, tot unter dem Nest aufgefunden. Warum nur?

MITTE Herr Buchfink kommt regelmäßig in unserem Garten vor, leicht zu erkennen an der rostroten Färbung des Brustgefieders. Buchfinken sind in Parks und Wäldern zu Hause, aber auch in Gärten mit großen Bäumen. Sie bleiben ganzjährig bei uns.

UNTEN Wir haben mehrere Familien Buntspechte im Garten und hören sie ständig, wenn sie auf der Suche nach Insekten ins Holz picken. Wenn ihnen das zu mühsam ist, dann geht es noch einmal schnell an die Erdnussbar, die immer gefüllt ist.

---

deren Federn wir regelmäßig an bestimmten Stellen im Parkgarten finden.
Sehr gern beobachte ich die Bussarde, die wohl im Nachbarwald brüten und gern auch in unserem Wald ansitzen. Es ist ein solch schönes Gefühl, das Bussardpaar mit meist drei Kindern im Sommer bei Hochdruckwetter in der Luft kreisen zu sehen und ihre Rufe weit, weit schallend zu hören.
Noch mehr geht mir das Herz auf, seit ich wieder ein Rotmilanpaar über unserem Garten und den benachbarten Feldern kreisen sehe. Dieser seltene Vogel hat es in unserer Gegend besonders schwer, denn das flache Münsterland ist Windkraftanlagenland. Und die Rotmilane wollen nicht lernen, dass solch ein Windrad sehr gefährlich für sie ist. Der durch die Rotation der riesigen Rotatoren entstehende Sog zieht sie immer wieder in den Tod. Da diese seltenen Vögel absolut geschützt sind, ist es in der Nähe ihrer Brutplätze verboten, eine Windkraftanlage zu bauen. Das führt leider dazu, dass es regelmäßig vorkommt, dass diese Vögel mitsamt der kostbaren Brut von Unbekannten vergiftet oder gleich abgeschossen werden. Dass sich immer wieder auch Jäger an den Tieren vergreifen, weil sie ihnen ein paar Hasen »rauben«, wird regelmäßig unter der Hand berichtet, jedoch nie bewiesen. Ein Schelm, der Böses dabei denkt.
Nun, so unbeliebt dieser herrliche Vogel auch in

bestimmten Kreisen ist, so sehr kümmern sich die hiesigen Naturschützer um sein Wohlergehen, und so hoffe ich, dass wir diesen tollen Segler nun wieder regelmäßig hier beobachten können.

Was bieten wir den Vögeln?

Oft werden wir von Besuchern gefragt, wie es uns denn gelungen sei, eine solch massive Anzahl von Vögeln hier anzusiedeln? - So schwer war es eigentlich nicht!

Zuerst einmal mussten wir pflanzen, pflanzen, pflanzen. Vor allem Vogelgehölze. Außerdem gilt es, möglichst viele heimische Wildpflanzen anzusiedeln, denn jedes Pflänzchen nährt viele Insekten und die wiederum sind notwendig, um viele Jungvögel aufzuziehen. Vor allem die blätterfressenden Maden gehören in einen Jungvogelschnabel, denn sie versprechen eine gehörige Portion gutes Eiweiß, das das Vogelkind zum Wachsen braucht. Von Vogelfutter wird kein Vogelkind groß, im Gegenteil, es sterben viele daran. Wenn es außer dem gut gemeinten Vogelfutter kein natürliches Futter gibt, dann führt eine halbe Erdnuss, die von verzweifelten Vogeleltern in den Schlund der Küken gesteckt wird, schnell zum Erstickungstod. Möchte man mit Vogelfutter den Vogeleltern bei der Aufzucht helfen, muss man schon Maden zufüttern. Dennoch, wir füttern lange noch im Frühjahr. Das scheint nun widersinnig zu sein? Ist es nicht. Denn erstens dürfen die Elternvögel zugefüttert werden, sollte es zu wenig Maden geben. Zweitens bemerken wir sehr genau, wann genügend natürliches Futter auf den Pflanzen wächst. Dann nämlich lassen die Vögel unser Futter links liegen. Sie würden niemals eine einen leckeren Wurm gegen eine Erdnuss eintauschen!

Hier einmal ein Kleiber mit dem Kopf nach oben am Futterhaus. Am Baum sieht man ihn öfter kopfüber herunterlaufen.

Der gelbgrüne Grünfink hat einen wunderschönen Gesang. Er erinnert mich an den Kanarienvogel meiner Großmutter.

Und wenn das Vogelfutter nicht mehr angenommen wird, etwa Anfang Mai, dann stellen wir das Füttern bis zum Herbst nahezu ein.
Da Matthias in jedem Januar alle 55 Nistkästen öffnet und säubert, würde er tote Vogelkinder sofort sehen. Im letzten Winter fand er eines. Das spricht dafür, dass die Brut weder durch »künstliches« Vogelfutter zu Schaden kommt noch durch unsere Katzen, die ihnen die Elternvögel wegfressen würden.

Nistmöglichkeiten

Also, 55 Vogelnistkästen gibt es und in jedem Jahr kommen fünf neue dazu. So lange, bis die ersten leer gefunden werden im Januar, sagt der Mann ...
Den Storchenhorst habe ich bereits erwähnt, ebenfalls die Aussparungen in der Holzverkleidung und die dahinter angebrachten Eulenkästen. Außerdem gibt es natürlich für die Tiere, die nicht in Höhlen brüten, die erwähnten Büsche und das viele Dickicht. So findet hier ein jedes Vögelchen seinen geeigneten Platz. Nicht zu vergessen: Wir sind glückliche Besitzer von einigen über hundert Jahre alten Bäumen. Eine gute Möglichkeit für Großvögel, einen Horst zu bauen.
Bei jedem der immer häufiger stattfindenden Stürme frage ich mich, wo die Vögel Unterschlupf finden? Anscheinend ducken sie sich in Holzstapeln, im Dickicht, auch in großen Nadelbäumen und überstehen so die Naturgewalten. Das alles sollte es in einem Garten geben. Auf Schotter findet kein Vogel Deckung. Nahrung natürlich auch nicht.

Wasser

Und zuletzt sollte man das Wasser nicht vergessen! Während heißer Trockenperioden, die uns ja dank der Klimakatastrophe Jahr für Jahr stärker bedrohen, ist es natürlich absolut wichtig, nicht nur den Vögeln überall im Garten Schüsseln mit Wasser anzubieten. Dadurch rettet man so manches Leben. Dafür braucht man weder Geld noch Platz, nur guten Willen.
Wenn man diese einfachen Regeln beherzigt, dann scheint es nicht allzu schwer zu sein, ein Vogelparadies wie das unsere zu begründen.

Und die Katzen?

Katzen stehen ja oft im Ruf, die Singvögel zu dezimieren. Auf unserem Hof leben momentan fünf Katzen. Es waren schon sieben. Ich beobachte vor allem, dass die zugelaufenen Wildlinge, die sich manches Mal von den umliegenden Höfen hierherretten, extrem jagen.
Leider kümmern sich die Landwirte sehr selten um das Katzenleid oder den Vogelschutz und kommen nicht ihrer Pflicht nach, Freigänger kastrieren zu lassen. Obwohl es eine Katzenschutzverordnung gibt und obwohl es 1000 Euro Strafe kostet, seine Tiere unkastriert herumlaufen zu lassen! Das ist ein unmöglicher Zustand.
Da es Katzensitte ist, die halbstarken Jungkatzen etwa im Alter von vier bis fünf Monaten zu vertreiben, müssen jedes Jahr wieder Tausende von jungen Kätzchen heimatlos herumirren, ohne Futter, ohne Schutz. 80 Prozent von ihnen sterben elendig im ersten Lebensjahr. Diese Katzen haben nur eine Chance zu überleben: Sie müssen sehr schnell lernen, alles zu jagen, was sie irgendwo bekommen können. Und das tun sie dann auch ein Leben lang sehr erfolgreich. Egal ob sie Futter angeboten bekommen oder nicht. Und wer einmal jagt, dem trau' ich nicht. Unsere bei uns groß gewordenen Katzen spielen lieber einmal mit einer Maus, aber sehr selten haben diese Miezen, die ihren ständig gefüllten Futternapf kennen und schätzen, die Muße, sich auf Vogeljagd zu begeben. Natürlich kann man auch bei ihnen nie nie sagen, das steht fest. Da aber, wie gesagt, höchst selten eine Bruthöhle mehrere tote Vogelkinder beherbergt, scheint mir die Gefahr, die von unseren jagenden Katzen ausgeht, doch eher gering zu sein. (Eben, wo ich diese Zeilen schreibe, liegt übrigens mein dicker Kater Ali neben mir und schreibt fleißig mit, sodass ich jedes zweite Wort korrigieren darf. Schreiben hat er längst gelernt, an der Rechtschreibung hapert es jedoch noch reichlich.)

RECHTS Die größte Meise ist die Kohlmeise. Neben der zarten Blaumeise wirkt sie plump. Sie brütet in vielen unserer angebotenen Nistkästen.

Oktober – der Herbst ist der Frühling des Winters

Dieser Satz wird Henri de Toulouse-Lautrec zugeschrieben. Der Mann hatte ja so recht! Jetzt im Oktober gibt der Garten zum zweiten Mal alles. Die Farben sind so wundervoll wie im Frühling, nur erdiger, vergehender, morbider – aber wunderschön!

Das Wetter ist beängstigend schön. Wir gehen mit gut 20 Grad und Sonnenschein in den November über. Wir können noch mit den Nachbarn draußen ein Herbstfest veranstalten. Ich gebe ja zu, ich genieße dieses Wetter sehr, wenngleich ich weiß, dass diese befremdlichen Temperaturen wieder einen neuen Rekordwert hervorbringen. Der Oktober ist drei ganze Grad wärmer als im Durchschnitt der letzten 20 Jahre. Wie soll das nur weitergehen? Geregnet hat es genau 16 Millimeter.

Farbenpracht

Dennoch hat man das Gefühl, dass die Natur einverstanden ist. Die Herbstfärbung der Gehölze scheint in diesem Jahr so spektakulär wie nie zuvor. Oder liegt es an dem weichen Licht einer nahezu täglich scheinenden Sonne? Die Lindenallee leuchtet für zwei Wochen in wundervollem Gelb, das im Sonnenschein nahezu golden anmutet. Was für ein Bild! Aber auch alle anderen Gehölze verfärben sich mit Macht und wir können unseren kleinen privaten Indian Summer genießen. Besonders angetan haben es mir die diversen Ahornsorten, die ja bekannt sind für ihren herbstlichen Farbenreichtum, aber auch die Eichen, vor allem die Scharlach-Eiche (*Quercus coccinea*) macht nun ihrem Namen Ehre. Aber auch Amberbaum (*Liquidambar*), Elsbeere (*Sorbus torminalis*), die Rote Rosskastanie (*Aesculus* x *carnea*) und vor allem die Parrotie (*Parrotia*), um nur einige meiner Lieblinge zu nennen, bringen eine solche Vielfalt an Farben in den Garten, dass man sich kaum sattsehen kann. Und es scheint, als würden sich die Farben von Tag zu Tag verändern, bis die Blätter dann zum Ende des Monats mehr und mehr auf dem Boden liegen.

Aber auch hier erfreuen sie uns noch einige Zeit. Es ist trocken und ich weigere mich einfach, sie aufzunehmen. Mehrfach am Tag gehe ich – wie ein Kind glücklich durch die Blätterberge schluffend und sie mit den Füßen aufwerfend – durch diese Pracht. Auch die Hunde lieben das Spiel mit den fallenden Blättern. Sie rennen mit großem Spaß wie die Verrückten durch die raschelnde Herrlichkeit. Bevor keine lang anhaltende Regenfront auftaucht, werde ich uns diese Freude nicht nehmen.

Es sind jedoch nicht nur die Gehölze, die diesen enormen Farbenreichtum verschenken. Natürlich blühen nun auch noch viele Stauden. Mit leuchtendem Blau ruft der Herbst-Eisenhut (*Aconitum carmichaelii*) 'Arendsii' aus mehreren Beeten, ihn anzustaunen. Was für eine Farbe hat diese nahezu zwei Meter hohe Staude! Ich habe sie in mehreren Beeten. In jeder Kombination ist sie eine Wucht.

Neben den diversen Sorten des Kerzenknöterichs, die auch seit Monaten blühend die Beete verschönern, haben jetzt die Astern ihren ganz

---

OBEN Im Herbst schenkt die Allee uns noch einmal unglaubliche Bilder, wenn sich die Blätter der Linden gelbgold verfärben. Dazu noch das warme Herbstlicht – es ist einfach zu schön.

UNTEN Mit letzter Farbe verwöhnen uns auch noch einmal die Staudenbeete. Hier sind es die Agastachen und verschiedene Astern, die im blauen Beet monochrom blühen.

Seit August sieht dieses Bild noch immer gleich aus. Die Aster 'Mönch' ist unglaublich ausdauernd, genau wie das *Sedum*.

großen Auftritt. Es müssen über hundert sein, die an allen möglichen Ecken und in allen Beeten jetzt für Farbe sorgen und bunte Vielfalt verbreiten. Karl Foerster hat gesagt, ein Garten ohne Phlox sei ein Irrtum. Ich sage, einem Garten ohne Astern fehlt der Herbstaspekt. Keine Pflanze kann es mit dieser zur jetzigen Zeit aufnehmen. Sie leuchten in der warmen Sonne in den wunderbarsten Farben von Weiß, in allen Rosa- bis Pinktönen zur unglaublichen Fülle von Violett bis hinein in tiefstes Blau. Ich liebe Astern.
Besonders erwähnen möchte ich zwei Sorten. Einmal die sehr spät, dafür bis in den späten November hinein blühende Tatarische Aster (*Aster tataricus*), eine Wildaster aus Sibirien, die mit ihrer Höhe von zwei Metern in den hinteren Bereich gepflanzt, eine davor liegende Pflanzung wunderbar ergänzt. Eine weitere geliebte Aster ist die Glattblatt-Aster (*Aster novi-belgii*) und hier die Sorte 'Porzellan'. Sie hat bei uns an jedem Standort absolut gesundes Laub und eine ganz besondere Farbe. Sie ist ganz, ganz zart violett, nahezu weiß. Aber sie leuchtet mit ihren großen Blüten auch vom extrem trockenen Platz und ihre Blüte erfreut über Wochen.
Ach, über Astern könnte man ein eigenes Buch schreiben und schwelgen, schwelgen, schwelgen in Farben, Sorten, Arten. Sie sind an so vielen Standorten ein Muss. Und wenn die Schnecken zu viele gefressen haben, kauft man sich im nächsten Jahr einfach neue. Was für ein preiswertes Vergnügen! Sie gehören in einen jeden Garten. Nur sollte man unbedingt aufpassen. Für einen kleinen Garten niemals welche kaufen, die Ausläufer bilden.
Am schönsten, so meine ich jedenfalls, wirken diese Pflanzen gemeinsam mit diversen Gräsern kombiniert, die gemeinsam zur Höchstform auflaufen. Früher dachte ich immer, der Garten sei ab Sommer nicht mehr wert, besucht zu werden. Jetzt empfinde ich ihn als absolut sehenswert. Wir gehen jetzt mehrfach am Tag durch unser Paradies. Wir arbeiten nun nicht mehr nur, sondern schauen öfter und genießen.

Der weiße Garten

Noch immer sieht der weiße Garten toll aus. Die Gräser geben noch einmal alles und rahmen sowohl verblühte Stauden als auch die noch immer herrlich blühenden ganz zauberhaft ein. Jetzt erfreuen wir uns gemeinsam mit den Insekten an der dritten Sorte der »Flaschenbürsten«. So nannte vor Kurzem ein kleiner Besucher die blühenden Oktober-Silberkerzen 'White Pearl' (*Cimicifuga simplex*). Der junge Mann hat aber auch recht. Diese dicken, puscheligen Blütenstände sehen wirklich aus wie dicke Flaschenbürsten.
Und noch immer blühen, ich würde sagen, ohne auch nur die leichtesten Vergänglichkeitsmerkmale, die Herbst-Anemonen (*Anemone hupehensis*). Wie ist es nur möglich, dass eine Pflanze soooo lange in voller Blüte stehen kann? Langsam erst entwickeln sich die Scharlach-Fuchsien (*Fuchsia magellanica*) 'Hawkshead' zu größeren Halbsträuchern. Diese Sorte zeichnet sich durch strahlend weiße Blüten aus, die an den Spitzen in ein helles Lindgrün übergehen. Sie sollen irgendwann einmal eine Größe von einem Meter erreichen und eine stattliche Breite ebenso. Ob das hier in unseren Breiten möglich ist? Ich bin gespannt.

Pilze

Dafür erfreuen uns an allen möglichen Ecken diverse Pilze. Da unser Garten als ehemalige Weihnachtsbaumplantage von absterbendem Wurzelwerk durchzogen ist, kommen die Pilze überall ihrer holzzersetzenden Aufgabe nach. Besonders natürlich in der Stumpery bedeutet Herbstzeit auch immer Pilzzeit. Hier gibt es winzige Arten, die man kaum entdeckt unter den Farnblättern, die diesem Gartenteil jetzt im Herbst erneut eine ganz zauberhafte Anmutung geben. Es entstehen märchenhafte Bilder, gemeinsam mit den vielen verschiedenen Moosen und den sich verfärbenden Wedeln der Farne.

Tiere im Herbst

Jetzt sieht man auch wieder viele Tiere im Garten. Nahezu jedes Mal, wenn ich im Garten bin, kann ich spielende Eichhörnchenkinder dabei beobachten, wie sie einander lustig um die Stämme alter Bäume jagen. Wem zaubern diese Bilder nicht ein großes Glücksgefühl mitten ins Herz?
Letzte Woche hörte ich mehrere Igelkinder auf der Terrasse nach Fressbarem suchen. Sie machen sich immer bemerkbar, wenn sie mit den Schüsseln klappern. Ich kenne Bekannte, die nun schon wieder von überall her Igelbabys aufpäppeln, die nahezu verhungert sind. Wir freuen uns über dicke, kleine Stachelbälle. Aber was für eine Zukunft haben sie, wenn sie bald von ihren Eltern in die Ferne geschickt werden? In den meisten Gärten, den ausgeräumten Wäldern oder der feindlichen Agrarlandschaft haben sie keine reelle Chance zu überleben. Aber mehr als einen guten Start in ein hoffentlich nicht zu kurzes Leben können wir ihnen nicht geben.

VORSTELLUNG: HERR LAUBFROSCH

Nachdem wir den Hof gekauft hatten, erkundeten wir unsere Umgebung und es wurde uns von NABU-Bekannten eine Führung in ein nur einen Kilometer entferntes Naturschutzgebiet angeboten. Hier sei das **größte Laubfroschvorkommen in ganz NRW**, wurden wir aufgeklärt. Das war für uns eine Sensation und wir wollten alles tun, die Laubfrösche auch bei uns im Garten anzusiedeln. Also beschlossen wir, sie mit der Anlage der Blänke einzuladen. Das ist uns, wie wir schon einige Jahre nach unserem Einzug feststellen konnten, auch bestens gelungen. Inzwischen können wir sagen, dass der kleine Froschkönig bei uns im Garten heimisch ist, denn wir finden im Herbst jede Menge kleine grüne Winzlinge in den Büschen und hohen Pflanzen.
Laubfrösche (*Hyla arborea*) machen entgegen ihren beeindruckend lauten Rufen mit nur **3–5 Zentimetern Größe** eigentlich nicht so viel her. Aber sie sehen einfach wunderschön aus, wie lackiert und wirklich sehr grün ist ihre Haut.
Ganz einmalig sind die **Haftscheiben** an ihren Fingern, die es ihnen ermöglichen, auch 90-Grad-Steigungen spielend zu erklettern. Ich fand einmal einen kleinen Laubfrosch im Wohnzimmer an der weißen Holzvertäfelung »kleben«. Ich hatte Mühe, ihn loszubekommen, ohne ihn zu verletzen.
Die kleinen Könige brauchen sonnige, vor allem fischfreie und vegetationsarme **Gewässer** zum Ablaichen. Danach ziehen sie sich in **Büsche,** am liebsten Brombeergestrüpp, und strukturreiche Hochstaudenfluren zurück, wo sie sich von vorbeifliegenden kleinen Insekten ernähren.
In Deutschland ist der kleine Frosch **weitestgehend ausgestorben**, weil er kaum noch Lebensbedingungen findet, die ihm ein Überleben ermöglichen. Umso stolzer sind wir, dass es uns gelungen ist, einen weiten Lebensraum anbieten zu können, der zunehmend gern genutzt wird. Ein jedes Mal, wenn wir den kleinen Kerl schnarrend rufen hören, hüpft unser Herz. Und wenn wir ihn sehen, läuft es geradezu über vor Freude.

Ganz besonders beglücken uns immer wieder die Konzerte der Laubfrösche. Vor allem, wenn der Rasenmäher oder eine Säge »rufen«, erwidern sie mit einer für ein solch winziges Tier unglaublichen Lautstärke die »Rufe« der Maschinen. Neulich hätte ich fast einem den Stängel unter den noch sehr unbeweglichen Beinchen weggeschnitten, als ich einige Beinwellblätter, die über den Weg zur Terrasse hingen, morgens früh zurückschnitt. Da saß so ein kleines verschlafenes und noch viel zu kaltes Exemplar und wir konnten es gut fotografieren. In der Wärme der höhersteigenden Sonne kam der kleine Kerl schnell wieder in Fahrt und verließ uns Störenfriede mit einem beleidigten Satz ins tiefe Grün der Stauden.

Jeden Tag hören wir die Gänse aufgeregt hin und her fliegen. Auch die ersten Formationsflüge werden geübt und unter viel Geschnatter vorgeführt. Noch ist es aber viel zu warm, dass sie uns in den Süden reisend wirklich verlassen würden. Aber wenn man die ersten Vs am Himmel sieht, kommt automatisch Wehmut auf.

Auffallend ist auch, dass die Vögel jetzt wieder häufiger zu sehen sind. Ihre Mauser ist beendet, sie fliegen lustig umher und schon ist die Zeit gekommen, in der die Rotkehlchen ihr freudiges Lied durch den Garten schicken.

Was für eine wunderschöne Untermalung ist dieser Gesang bei der Gartenarbeit! Neulich hörte ich das melodische Zwitschern an einem nebligen Morgen, als die ersten Sonnenstrahlen sich schräg durch die Schwaden zogen. Da bleibt - egal bei welcher Grundstimmung - nur eine tief empfundene Freude, die sich in diesem Moment breitmacht. Und der Gedanke: »Was für ein Frieden!«

TIPP IM HERBST

Bitte schneiden Sie im Herbst keine **Stauden** zurück! Die entstandenen Samenkapseln fast aller Stauden sind eine wichtige **Nahrungsquelle für unsere Singvögel**. Außerdem liefern die Stängel und Blütenreste einen schützenden Wohnraum für viele bedrohte Insekten. Als Lohn für diese kleine Unterlassung werden sie bei Reif oder Schnee zusätzlich mit **herrlichen Herbst- und Winterbildern** belohnt, die viel schöner aussehen als ein kahler, »sauberer« Garten.

Ernte

Die Obsternte konnten wir in der letzten Woche abschließen. Wir haben zwei Zentner Quitten gepflückt und sie der Solidarischen Landwirtschaft, in der wir Mitglieder sind, geschenkt. Daraus wurde dann zusammen mit zwei Zentnern Äpfel jede Menge Saft gemacht, der bei zukünftigem Beisammensein ausgegeben wird. Freunde und Bekannte haben noch viele Kisten von den riesigen Früchten abgeholt und wir bekommen im Gegenzug ein paar Gläser Quittengelee. So gefällt mir das. Ein einziges Geben und Nehmen.

Noch immer gibt es jede Menge Weintrauben, die nun so süß sind, als hätte ihnen die Sonne Spaniens den Fruchtzucker geschenkt. Aber auch hier ist die Ernte jetzt beendet. Die restlichen vielen, vielen Kilos lassen wir den Vögeln. Einige späte Äpfel werden noch geerntet, der 'Winterbananenapfel', den uns eine Freundin zum Einzug geschenkt hatte, ist zum ersten Mal wirklich lecker. Erst in diesem Jahr haben wir gelernt, dass wir ihn wirklich am Baum reifen lassen müssen. Auch den letzten 'Golden Delicious'-Baum hat Matthias abgeerntet. Ebenfalls sind die letzten Nashis jetzt in unseren Bäuchen verschwunden. Es war ein überaus opulentes Obstjahr, das uns von seinem Reichtum im Übermaß abgegeben hat.

Gartenarbeiten

An Gartenarbeiten fällt auch im Oktober noch einmal eine Menge an. Wir schneiden die Stauden zurück, die sich im Übermaß aussäen. Z.B. den Wasserdost (*Eupatorium*) oder die Weiße Wald-Aster (*Aster divaricatus*). Auch habe ich alle kranken Phloxe abgeschnitten, die auf den zu trockenen Sommer und die unregelmäßigen künstlichen Regengüsse mit Mehltau reagiert

Ende Oktober, wenn die frühen Nebel morgens der Sonne Platz machen, bekommt die Obstwiese einen ganz besonderen Charme. Nach einer guten Ernte tritt Ruhe ein.

haben. Den Rückschnitt geben wir natürlich nicht auf den Kompost. Einmal noch gehen wir alle Beete durch und entfernen Beikräuter, falls wir sie im teils undurchdringlichen Staudendickicht finden. Wir fahren die Wege mit Schotter gefüllten Schubkarren ab und verfüllen die Löcher der Wühlmäuse, die einen immer wieder zum Beinbruch animieren. Die Kiesflächen werden noch einmal von nun wieder schnell wachsendem Unkraut befreit. Wuchernde Stauden werden entnommen oder halbiert, damit sie nicht die Regie in den Beeten übernehmen. Die *Allium* 'Millenium' im Gemüsegarten werden teilweise aufgenommen und geteilt, damit weitere Beete damit umpflanzt werden können. Und es müssen in den nächsten Wochen die Zwiebeln gepflanzt werden. Einige Hundert Prärielilien (*Camassia*) sind wieder im Birkenwäldchen gelandet. Es ist mir ein Rätsel, dass ich es geschafft habe, beim Vergraben nur zwei alte zu zerteilen.
Im Waldgarten haben wir versucht, weitere Osterglocken der Sorte 'Jack Snipe' (*Narcissus cyclamineus*) zu verbuddeln. Aber wir haben nach circa 250 Stück aufgegeben. Es war einerseits zu trocken, andererseits ist der Boden viel zu durchwurzelt von den hohen Bäumen. Es wird wohl ein Traum bleiben, dass der Waldgarten eine einzige Narzissenblüte werden könnte, in irgendeinem fernen Frühjahr. Für dieses Jahr habe ich es erst einmal aufgegeben.
Auch mussten die vielen Bänke und Stühle in die Remise gebracht werden. Die Treibhäuser wurden geleert und aufgeräumt. Und ich habe nun endlich jemanden gefunden, der sich unserer riesigen, viel zu schweren Töpfe mit Schmucklilien (*Agapanthus*) angenommen und sich sehr gefreut hat. Wie schön. Nun müssen wir sie nicht mehr mit der Sackkarre in die Tenne schieben, eine Arbeit, die uns mit jedem Jahr schwerer fiel. Einige der großen und auch wirklich guten Terrakotta-Töpfe bekomme ich leer zurück. Sie werden dauerhaft

OBEN Gepflanzt wurden nur trockenheitsverträgliche Pflanzen, die gleichzeitig wichtig sind für Insekten wie dieser Salbei.

LINKS Bei der Anlage der Staudenwiese sind wir gut vorangekommen. Nach 800 gepflanzten Stauden ist die Gärtnerin froh.

bepflanzt und können dann immer an ihren Standorten bleiben. So ist es für uns zukünftig leichter.

Projekte

Diese Arbeiten waren die Pflicht. Aber ich hatte da ja auch noch die Kür! Viel Zeit habe ich damit verbracht, das neue Sandbeet, die zukünftige Staudenwiese, zu planen. Noch immer ist das Kreieren eines neuen Beetes eine aufregende Angelegenheit für mich. Ich bin ja nur »eine kleine Hobbygärtnerin«, die sich in den letzten Jahrzehnten ein wenig Wissen und Erfahrung erarbeitet hat. Also bin ich doch stets recht unsicher, ob ich alles richtig mache. Aber dennoch ist es mir die allergrößte Freude, in meiner Fantasie die zukünftigen Bilder entstehen zu lassen, danach die Pflanzen aufzustellen und dann eine nach der anderen einzupflanzen. In 20 Zentimeter Sand eine leichte Übung. Da kommt man tatsächlich flott voran. Eine Woche später kamen dann noch etwa 750 Osterglocken (*Narcissus*) 'Tresamble' und 1500 Kugel-Lauche (*Allium sphaerocephalon*) dazu.

Aber ich wollte ja nicht nur ein großes Beet anlegen, es sollte auch ein lebendig wirkender Gartenteil werden. Also habe ich allerhand »Abfall«, der hier und dort auf dem Hof zu finden war, zusammengefahren. Zuerst einmal hatte ich circa zwanzig alte Weidezaunpfähle aus Eiche in einer Ecke des Waldes gefunden. Die wurden ein wenig eingekürzt und in kleinen Gruppen in das Beet »gepflanzt«. Dies sieht ebenso dekorativ aus, wie es ökologisch sinnvoll ist. Hier können sich nun viele holzfressende Insekten bedienen. Außerdem werden sich in den Rillen eine Menge Insekten verstecken, die wiederum von den Vögeln gern aufgepickt werden.

Bei der Umbaumaßnahme des Stalles kamen jede Menge Steine ans Licht. Viele kleine runde, die wir zu kleinen Legesteinhaufen zusammengelegt haben, einige wirklich riesige Wackermänner, die nur mit Mühe von zwei kräftigen Freunden an ihren letzten Platz gehievt wurden. Ein wenig nett umpflanzt – schon hat man wieder ein eigenes kleines Biotop geschaffen.

Das ganze Beet durchzieht ein kleiner Weg, denn ich möchte ja spätestens in zwei Jahren durch ein blühendes Pflanzenparadies gehen und mich komplett darin verlieren können. Tatsächlich wäre dafür eine weitere Bank herrlich, dachte ich. Hm, da waren doch in einer Ecke, die wir bei der Neuanlage des Hofraumes von Müll befreit hatten, noch diese hässlichen Betonsteinplattenfragmente, die ich noch immer nicht zur Müllkippe transportiert hatte. Und da hinten lag auch eine alte Abdeckplatte eines Schachtes aus schrecklichem Beton. Da könnte man doch … Jüüüürgen! Kannst du mir da bitte aus den schweren Steinen eine Bank basteln? Unser Freund Jürgen kam und konnte. Für so etwas hat er erstens einen Sinn und zweitens großes Geschick, etwas so anzuordnen, wie es sein sollte. Niemals wäre ich auf die Idee gekommen, die unterschiedlich großen Abschnitte der Betonplatten genau so anzuordnen! Aber so ist es richtig. Genau richtig. Und so ist in den letzten vier Wochen ein herrlicher neuer Gartenraum entstanden, der keine Wünsche offenlässt. Nun bin ich unglaublich gespannt, wie sich dieser neue Bereich in den kommenden Jahren entwickeln wird. Das ist ein Experiment für die Zukunft. Nicht nur interessant für uns, sondern auch für andere Gartenbesitzer. Und was soll ich sagen? Einen Tag nach der Fertigstellung waren schon die Wühlmäuse eingezogen. Und auch der Maulwurf hat große Freude am neuen Beet. Dass es den Mäusen möglich sein würde, in Estrichsand Gänge zu bauen, hatte ich nicht geglaubt. Gut, der Maulwurf kann seine Erde überall werfen. Im Sand scheint es jedoch besonders viel Spaß zu machen. Nun muss ich jeden Morgen zuerst einmal schauen, ob die neu eingesetzten Pflänzchen nicht schon wieder von fleißigen Tierrücken aus dem Sand hinausbefördert wurden. Das werde ich so lange tun müssen, bis die neuen Pflänzchen tief eingewurzelt sind. Ach ja, Ende offen …

STEINHAUFEN

Steinhaufen am Rande von Äckern hat es schon immer gegeben. Zumindest, solange es Ackerbau gibt. Da sich in unseren eiszeitlichen Böden fast überall sehr viele Steine befinden, werden diese durch die Bauern herausgelesen – und so entstanden früher an allen Äckern sogenannte Lesehaufen. Ein Abtransport war zu mühsam und die Steinhaufen konnten der Natur zugutekommen, weil sie für viele Tiere einen Schutz- und Lebensraum boten.

Ein solcher Haufen bietet **Eidechsen, Schleichen und Nattern, Kröten, Lurchen und Molchen** sowie Kleinsäugern die Möglichkeit, trocken und frostfrei zu überwintern, da die tagsüber von der Sonne aufgeheizten Steine die gespeicherte Wärme abends und nachts wieder abgeben. Während der Sommerzeit verkriechen sich auch viele Insekten gern in solchen Haufen.

Mit der Zeit bilden sich Flechten an den Steinen, die auch zur Artenvielfalt beitragen. Moose beginnen, sich an schattigen Bereichen anzusiedeln. Spezialisierte Pflanzen, die extreme Trockenheit mögen, wachsen zwischen den Steinen oder besiedeln ihren Rand. So entsteht mit den Jahren ein ganz **eigenes, wunderbares Biotop**.

Da diese wichtigen Lesesteinhaufen in unserer viel zu aufgeräumten Natur immer seltener vorkommen, ist es an der Zeit, in unseren Gärten einen oder mehrere anzulegen, um der Natur ein wenig unter die immer schwächer werdenden Arme zu greifen. Optimalerweise benutzt man natürlich abgerundete Natursteine, wenn man sie hat. Aber auch andere **Materialien** können verwendet werden wie Ziegel (siehe Foto Seite 196 oben rechts), Pflastersteine oder deren Bruch. Aufgestapelte Dachziegel sind auch sehr nützlich, da sich in den Zwischenräumen herrliche »Wohnräume« von allerlei Getier anlegen lassen.

Wenn möglich, sollten Steinhaufen **vollsonnig** stehen.

TROCKENRESISTENTE PFLANZEN FÜR DIE STAUDENWIESE IM SANDBEET

BOTANISCHER NAME	DEUTSCHER NAME	FARBE	HÖHE	BLÜTE
1 *Achillea filipendulina* 'Credo'	Gold-Garbe	schwefelgelb	80 cm	7-10
Achillea millefolium 'Milly Rock Pink'	Wiesen-Schafgarbe	rosa	35 cm	6-8
Agastache x cultorum 'Beelicious Purple'	Duftnessel	violett	50 cm	6-9
Agastache foeniculum 'Purple Haze'	Anis-Duftnessel	violettblau	60 cm	6-9
Anchusa azurea 'Loddon Royalist'	Italienische Ochsenzunge	enzianblau	100 cm	6-7
Artemisia ludoviciana 'Valerie Finnis'	Weißer Beifuß	weiß	70 cm	8-9
Aster amellus 'Veilchenkönigin'	Berg-Aster	dunkelviolett	40 cm	7-9
Aster radula 'August Sky'	Raspel-Aster	lilarosa	50 cm	7-10
Aster thomsonii	Thomsons Aster	violett	60-80 cm	7-9
Calamintha nepeta 'Triumphator'	Kleinblütige Bergminze	zartblau	25 cm	7-10
4 *Campanula persicifolia* 'Grandiflora Coerulea'	Pfirsichblättrige Glockenblume	blau	80 cm	6-7
3 *Campanula rapunculoides*	Acker-Glockenblume	blauviolett	80 cm	6-7
Cistus laurifolius	Lorbeerblättrige Zistrose	weiß	120 cm	7-8
Coreopsis grandiflora 'Full Moon'	Großblumiges Mädchenauge	schwefelgelb	50 cm	6-9
2 *Eryngium alpinum* 'Blue Star'	Alpen-Mannstreu	blau	80 cm	7-8
Euphorbia cyparissias 'Tall Boy'	Zypressen-Wolfsmilch	gelb	30 cm	4-5
Euphorbia sequieriana ssp. *niciciana*	Iranische Steppen-Wolfsmilch	gelb	40-50 cm	7-10
Foenicum vulgare	Fenchel	gelb	180 cm	7-9
5 *Gaura lindheimeri*	Prachtkerze	weiß	100 cm	7-9
Geranium sanguineum 'Elsbeth'	Blutroter Storchschnabel	rot	35 cm	5-9
Laserpitum siler	Berg-Laserkraut	weiß	100 cm	7-8
Lavendula angustifolia 'Melissa Lilac'	Echter Lavendel	blau	80 cm	6-8
Nepeta x faassenii 'Dropmore'	Blaue Katzenminze	blau	40 cm	5-9

1

2

3

4

5

BOTANISCHER NAME	DEUTSCHER NAME	FARBE	HÖHE	BLÜTE
6 *Nepeta x faassenii* 'Walkers Low'	Blaue Katzenminze	violett	60–80 cm	5-10
Origanum laevigatum 'Rosenkuppel'	Blüten-Dost	rot	40 cm	7-9
Origanum vulgare 'Marchants Seedling'	Gewöhnlicher Dost	violett	50 cm	50 cm
Parthenium integrifolium	Prärieampfer	weiß	90 cm	6-9
Pycnanthemum pilosum	Behaarte Scheinbergminze	lilarosa	70 cm	8-10
9 *Salvia nemorosa* 'Caradonna'	Steppen-Salbei	lilarosa	80 cm	5-6
Salvia nemorosa 'Ostfriesland'	Steppen-Salbei	violett	30–40 cm	6-9
7 *Salvia pratensis*	Wiesen-Salbei	blau	50 cm	5-6
8 *Santolina chamaecyparissus* 'Edward Bowles'	Graues Heiligenkraut	gelb	45 cm	6-7
Teucrium hircanicum 'Paradise Delight'	Kaukasus-Gamander	rot	40 cm	7-10
Verbascum chaixii 'Wedding Candles'	Chaix-Königskerze	weiß	100 cm	7-10
Verbena hastata 'Blue Spires'	Lanzen-Verbene	lila	80 cm	7-9
Verbena hastata 'Pink Spires'	Lanzen-Verbene	rosa	80 cm	7-9
GRÄSER				
Achnatherum calamagrostis (*Stipa calamagrostis*) 'Algäu'	Silber-Ährengras	wintergrün	70 cm	7-9
Calamagrostis x *acutiflora* 'Waldenbuch'	Gartensandrohr	weiß	160 cm	7-9
Deschampsia cespitosa 'Palava'	Rasen-Schmiele	steril	50 cm	5-9
Deschampsia cespitosa 'Palava'	Rasen-Schmiele	steril	50 cm	5-9
Eragrostis spectabilis 'Purpurflirren'	Purpur-Liebesgras	rot	40 cm	8-9
10 *Stipa gigantea*	Pyrenäen-Pfriemgras	gelb	180 cm	6-8
Miscanthus sinensis 'Morning Light'	Silber-Chinaschilf	creme	100–120 cm	8-10

6

7

8

9

10

Unsere Obstwiese

Der vordringlichste Wunsch meines Mannes Matthias war es, eine Streuobstwiese anzulegen. Er hatte vor Jahrzehnten eine Ausbildung zum Obstbaumgärtner gemacht und wollte im Ruhestand aus seinem ersten Beruf ein ausgedehntes Hobby machen.

Gartenbereiche

Der Platz auf dem Gelände war schnell gefunden: Dort, wo anscheinend vor etlichen Jahrzehnten eine Streuobstwiese gestanden hatte. Bei einem ersten Rundgang fanden wir zwei riesige alte Boskoop-Bäume und einige ältere, recht krüppelige, namenlose Apfelbäumchen, die sich am äußeren Rand des Geländes verborgen hatten.
Matthias gab sich viel Mühe damit, eine Liste mit Obstsorten zusammenzustellen, die er anpflanzen wollte. Er legte großen Wert auf alte Sorten, die im modernen Erwerbsanbau schon lange keine Berücksichtigung mehr finden, weil sie nach heutigen Maßstäben nicht wirtschaftlich angebaut und vermarktet werden können. Wir können es uns jedoch leisten, solche Bäume anzupflanzen, um zum Erhalt der Sortenvielfalt auch beim Obst beizutragen. Er wählte auch einige neue Sorten, weil sie einfach lecker sind. Solange sie nicht in Monokultur angebaut werden, sondern als Einzelbäume stehen, bereichern ja auch sie die Sortenvielfalt.
Leider stellte sich nach einigen Jahren heraus, dass die Baumschulen sich weit weniger Mühe damit machen, die Bäume auszuschildern, als Matthias sich mit der Suche nach den genau richtigen Sorten gemacht hatte. Mindestens 60 Prozent der gekauften und gepflanzten Bäume waren falsch ausgezeichnet. So kam es dazu, dass wir nach Jahren sechs Bäume der Sorte 'Dülmener Rose' identifizieren konnten, die alle als andere Sorten bezeichnet worden waren. Der einzige Baum, den wir aber als 'Dülmener Rose' gekauft hatten, war wiederum ein ganz anderer. Das ist wirklich sehr, sehr ärgerlich, zumal wir ja schon in fortgeschrittenem Alter sind und eigentlich recht gern »unsere Streuobstwiese« noch großgewachsen erleben wollten.
Nun muss Matthias seit einigen Jahren alle falschen Sorten umveredeln. Damit macht er aus der Not eine Tugend, denn er liebt diese Arbeit eigentlich sehr. In jedem Jahr nimmt er sich einige Bäume vor und irgendwann, wenn wir viel zu alt sein werden, alle Früchte zu ernten und zu genießen, wird die Streuobstwiese unserer Träume vor uns liegen. So viel ist sicher.
Der Artenvielfalt jedoch sind die Sorten total egal. Die wird jährlich größer und größer. Durch das zweimalige Abmähen der Wiese in Staffelmahd

Wenn im Frühjahr die Obstbäume erblühen, denkt man, Claude Monet hätte die zauberhaften Bilder für uns gemalt. Dann ist es überirdisch schön. Jetzt bitte bloß kein Nachtfrost!

Hier hängen die reifen Äpfel des 'Rheinischen Winterramburs' griffbereit. Sie wandern vom Baum direkt in den Mund. Was wir nicht schaffen, lässt sich gut lagern.

und das spätere Abtragen des Mahdgutes entsteht eine in jedem Jahr sich verändernde Wiesenflora, die wiederum sich verändernde Insektenbestände nach sich zieht. Seit einigen Jahren haben wir begonnen, an den größeren Bäumen diverse Nisthilfen anzubringen, und es ist uns eine große Freude zu sehen, wie gut sie angenommen werden. Da wir die gesamte Obstwiese mit Wildrosen oder Vogelbeerbüschen eingefriedet haben, müssen wir uns auch keine Sorgen machen, dass die größer und größer werdende Vogelpopulation an Platz- oder Futtermangel leiden muss. Das Fallobst wird zum größten Teil liegen gelassen, so haben Insekten, Vögel und etliche Kleinsäuger noch bis weit in den Winter hinein genug Futterreserven.
Und uns geht es genauso. Wir haben auch genügend Futterreserven über den Winter, denn wir kaufen schon lange kein Obst mehr in Geschäften.
Und nicht zu unterschätzen ist auch die Freude, die ein jeder Spaziergang über unser artenreiches Biotop uns schenkt.

Sortenübersicht der besonders wertvollen Bäume auf unserer Obstwiese

Äpfel

Insgesamt gibt es 48 Apfelbäume mit 39 verschiedenen Sorten, meist als Hochstamm, selten als Halbstamm auf der »großen Wiese« sowie einen kleinen Anteil als Buschbäume im kleinen Bereich beim Hühnerstall.

Herrliche Sommeräpfel

- 'James Grieve': Sehr erfrischend, aber säuerlich.
- 'Dülmener Rosenapfel': Ähnlich wie 'James Grieve', etwas weniger säuerlich.

- 'Alkmene': Der Süßere unter den Frühsorten, sehr lecker auch für Menschen wie mich, die keine Säure im Apfel mögen.
- 'Gravensteiner': Der vielleicht beste Frühapfel überhaupt. Wird überall als besonders aromatisch hervorgehoben. Leider konnten wir noch keinen einzigen essen. Wir haben den Baum dreimal gepflanzt, jedoch immer eine andere Sorte erhalten. Jetzt hat Matthias aus zuverlässiger, privater Quelle einige Edelreiser bekommen und einen uninteressanten Baum umgepfropft. Dann werden wir uns wohl in einigen Jahren allem Unbill zum Trotz an diesem einzigartigen Aroma erfreuen können. Tipp: Den 'Roten Gravensteiner', den man öfter in Baumschulen angeboten bekommt, sollte man meiden. Der sieht zwar schön aus, hat aber kaum Aroma.

Mittelspäte Äpfel

- 'Cox Orange': Unser absoluter Lieblingsapfel. Der schmeckt nach Kinderapfel! Leider ist die Sorte sehr empfindlich und anfällig für diverse Krankheiten. Ihn zu pflanzen ergibt nur Sinn, wenn man ihn gut und fachmännisch pflegen und schneiden kann.
- Züchtungen aus 'Cox Orange' mit anderen Sorten sind 'Holsteiner Cox', 'Karmijn de Sonnaville' und 'Rubinette', ebenso die frühreife 'Alkmene': Alle sind weit weniger empfindlich als die Muttersorte und daher auch für Nicht-Fachleute im (Garten-)Anbau geeignet. Geschmacklich ähnlich der Muttersorte, eher süß als sauer. Kühl gelagert bis in das nächste Jahr hinein zu genießen.
- 'Elstar' und 'Topaz' sind neuere Sorten, die aber pflegeleicht und sehr lecker sind, wenn man ein wenig Säure mag. Sie sind gekühlt lange haltbar. Wir haben in diesem Jahr den letzten 'Topaz' im Mai gegessen.

Weitere empfehlenswerte Sorten sind: 'Goldparmäne', 'Geheimrat Dr. Oldenburg', 'Jakob Lebel', 'Roter Bellefleur', 'Graue Herbstrenette' ...

Späte Sorten

- 'Schöner von Boskoop': Einer der besten Äpfel für jedwede Verwendung. Hier kann man auch die rote Variante nehmen. Die Schale ist weniger berostet und so ist der Apfel leichter mit Schale zu genießen.
- 'Rheinischer Winterrambur': Unser liebster unter den späten Sorten. Vielseitig verwendbar, hält sich, wenn er früh geerntet und kühl gelagert wird, bis März. Besonders lecker, wenn er am Baum reifen kann. Also auf keinen Fall alle für die Lagerung abernten.
- 'Golden Delicious': Ein köstlicher Apfel, sehr süß und sehr lange haltbar.

Birnen

Wir haben neun Birnbäume, überwiegend als Hochstamm.

Frühe Sorten, August bis September

- 'Clapps Liebling': Alte, sehr wuchsfreudige Sorte, sehr große, enorm süße Früchte, die zusätzlich sehr saftig sind.
- 'Williams Christ': 250 Jahre alte Sorte, was für Schnapsdrosseln, aber auch wunderbar zu essen, große, 200 Gramm schwere Früchte, insgesamt haben wir schon an den jungen Bäumen enormen Ertrag, manche Früchte haben Schorf. Die müssen dann geschält werden.
- 'Gellerts Butterbirne': 200 Jahre alte Sorte, sehr schnell hochwachsend, eine unserer liebsten Sorten, die Früchte sind recht groß und werden in vollreifem Zustand sehr gelb. Die Schale kann recht dick werden, wir schälen sie ab. Sehr saftig und lecker, mit ein wenig Säure, aber sehr aromatisch!

Mittelspäte Sorten, bis Oktober

- 'Conference': Eine der beliebtesten Birnen in ganz Europa. Eine sehr gute Ernte ist selbst bei jungen Bäumen gegeben, die Früchte der 'Conference' sind ausgesprochen süß und saftig und haben viel Aroma.
- 'Köstliche von Charneux': Große, erst im Oktober reifende Birne, vor 100 Jahren als Bürgermeisterbirne zur »Reichsobstsorte« gewählt wegen ihrer guten Eigenschaften. Sehr wenig rostanfällig, grüne Schale kann gut gegessen werden.

Späte Sorten, Oktober bis Dezember

- 'Alexander Lucas': Junge, erst 150 Jahre alte Sorte, wurde wild wachsend an der Loire gefunden, intensiv gelbe Früchte, die – optimal kühl gelagert – bis zu sechs Monaten haltbar sind. Sehr leckere Birne!
- 'Gräfin von Paris': Eine echte Winterbirne, kann als Kleinbaum angepflanzt werden, also auch für kleine Gärten gut geeignet, die Ernte beginnt erst Ende Oktober. Die Früchte werden nach weiteren sechs Wochen Lagerzeit enorm lecker und können jede Obstschale bereichern. Wir essen sie gern noch zu Weihnachten.

Was soll ich sagen? – Lecker sind sie alle.

Die Sommerbirne 'Williams Christ' wird seit 250 Jahren angebaut. Sie ist süß und saftig und ein wirklicher Genuss.

Pflaumen/Renekloden

Es gibt acht Pflaumenbäume. Noch sind sie relativ klein und der Ertrag zwingt uns nicht in die Knie. Aber in Zukunft werden wir uns um einen Stand auf dem Markt bemühen müssen oder einfach noch viel mehr verschenken.

Frühe Sorten

- 'Bühler Frühzwetschge': 1840 in Bühl gefunden und dann nachgezogen, ist diese famose Zwetschge eine Geheimwaffe, die jeder Obstliebhaber im Garten stehen haben sollte. Man kann die dunkelblaue Frucht wunderbar frisch vom Baum essen, was der Grund dafür ist, dass wir kaum welche »ernten« müssen. Die landen alle (bisher sind es ja nicht soooo viele) vorher schon bei Gartenspaziergängen in unseren Bäuchen. Die Steine lösen sich gut aus. Sie sind schon ab Ende Juli genussreif und können über circa sechs Wochen lang geerntet werden. Sollten wir in den nächsten Jahren aber zu viele ernten können, werden wir sie zu Mus oder Marmeladen verarbeiten, Pflaumenstreusel geht auch immer ganz wunderbar. Ich mag diese Frucht sehr gern.
- 'Ontariopflaume': Eine gelbe Pflaume, die bei uns stets ein wenig trocken im Fruchtfleisch ist. Wir benutzen sie für Kuchen und zum Einfrieren.
- 'Königin Viktoria': Sehr große rundliche Früchte, gelb-rot-blau gefärbt, sehr lecker.

Spätere Sorten

- 'Hauszwetschge': reiche Ernte, lässt sich zu allem verarbeiten und auch gut einfach so essen, bis der Bauch wehtut. Hohe Erträge!
- 'Anna Späth': Nicht so reichlich fruchtend wie andere Sorten, aber interessant, weil sie sehr spät noch einmal für leckeren Pflaumenkuchen sorgt (Anfang Oktober).
- 'Mirabelle von Nancy': Wertvollste Mirabellensorte überhaupt. Zuckersüße, gelb-rötliche Früchte hängen in großer Menge am schnell wachsenden Baum. Man muss schnell genug sein, denn die Vögel haben auch ein Auge auf diese süßen Früchtchen geworfen. Wir futtern sie einfach so vom Baum, aber man kann sie auch gut einkochen oder anders verarbeiten. Diese Sorte hat sich seit über 500 Jahren erhalten. Qualität setzt sich eben durch!
- 'Oullins Reneklode': Wird auch Eierpflaume genannt. Sehr große, gelbe Früchte. Sehr saftig und weich und obendrein sehr süß und aromatisch. Fruchtet bei uns noch nicht so üppig, aber ist sehr lecker!
- 'Große grüne Reneklode': Unser absoluter Liebling. Süßer kann Steinobst wirklich nicht sein.

Wenn die Kirschen so reif sind, dann muss man schnell sein mit Pflücken, sonst erledigen das die Vögel.

Das wissen aber leider auch die Wespen. Um diesen Feinschmeckern zuvorzukommen, muss man sie im vollgrünen Zustand pflücken. Gelb werden sie eh nicht. Sie sind auch reif noch grünlich, daher wohl der Name. Da sie jedoch deutlich kleiner ist als die beiden anderen Renekloden, die wir haben, fragen wir uns, wie das Attribut »Große« in ihren Namen kommen konnte?

Kirschen

Kirschen – neben Erdbeeren und Himbeeren meine absoluten Frucht-Favoriten. Leider teile ich diese Leidenschaft mit circa 12.633 Vögeln in unserem Garten. Ich liebe ja unsere Vögel, aber manches Mal ... da könnte ich sie aber wirklich. So kommt es tatsächlich vor, dass wir trotz sieben schon einigermaßen großen Kirschbäumen in manchem Jahr nur ein paar Kirschen abbekommen. Aber ich würde niemals Netze über die Bäume spannen, unter denen sich die Vögel verfangen und sterben könnten. Das geht gar nicht. Ich hoffe darauf, dass die Bäume schnell größer werden und die Vögel es dann nicht mehr schaffen werden, die Ernte vor uns aufzufuttern.

Süßkirschen

- Die 'Große Schwarze Knorpelkirsche': Wunderbare, sehr süße Früchte trägt dieser schnell wachsende Baum, der schon seit 500 Jahren angebaut wird. Außerdem hat er keinerlei pflegerische Ansprüche. Wer einigermaßen Platz hat im Garten, sollte sich auf jeden Fall solch einen Schatz hineinholen.
- 'Büttners Rote Knorpelkirsche': Da die Vögel sich mit großem Erfolg auf die schwarzen Früchte stürzen, versuchen wir, sie mit der rotfruchtigen Schwester abzulenken. Es mangelt diesen Kirschen zwar an Farbe, aber keinesfalls am vollsüßen Geschmack.
- 'Kordia': Gute Sorte für Marmeladen, aber auch frisch verzehrt sehr lecker. Nicht ganz so süß wie die vorher genannten.
- 'Burlat': Schon im Juni sind die ersten Früchte reif. Sehr rote Bilderbuchkirschen, die sich leicht pflücken lassen.
- 'Dönissens Gelbe Knorpelkirsche': Ha! Die perfekte Vögel-Verwirrungskirsche! Sie wird nicht im Ansatz rot. Also vermeintlich auch nicht reif. Wird sie aber doch! Sehr süße und fruchtige, wunderbare Kirsche. Späte Reife. Leider haben wir nur einen Halbstamm.
- 'Regina': Wunderbare, spät reifende, dicke rote Kirschen, auch ein wenig süß-säuerlich, aber sehr lecker! Wird auch gern »Vogelkirsche« genannt. Ein Schelm, der Übles dabei denkt! Für kleinere Gärten auch als Hochstamm geeignet, da der Baum mit circa vier Metern nicht ganz so groß wird. Wir machen die Früchte ein und benutzen sie als Kuchenkirsche.

Sauerkirschen

'Schattenmorelle', 'Morina', 'Morellenfeuer', 'Safir' und 'Köröser Weichsel'. Alle sind – jedenfalls nach meinem Geschmack – so sauer, dass man sich nicht sorgen muss, dass die Vögel sie alle verputzen. Aber sie sind sehr saftig und haben enorm viele Früchte, auch an einem jungen, kleinen Baum. Wir machen ganz tolle Marmeladen davon. Andere werden entsteint und eingefroren für Obstkuchen oder für diverse Desserts. Und den Rest lassen wir für die Vögel und wen auch immer hängen. Irgendwann nach dem Sommer sieht man keine Kirsche mehr am Baum. Also hat sich irgendwer erbarmt.

Streuobstwiesen

Es gibt kaum einen anderen Biotoptyp, auf dem sich auf kleiner Fläche eine vergleichbar große Artenvielfalt findet wie in Streuobstwiesen, die dadurch zu den ökologisch wichtigsten Naturräumen in Deutschland gehören.

Streuobstwiesen sind wertvolle Habitate und Rückzugsgebiete für Tier- und Pflanzenarten, die in den Agrarlandschaften sonst keinen Lebensraum finden. Zu den vielfältigen Lebensbereichen gehören die Baumstämme, Blätter, Knospen, Blüten und Früchte, die unterschiedlich ausgeprägten Kronenbereiche in verschiedenen Höhen sowie Spalten, Höhlen, Tot- und Moderholz.

Es kommen vor:

- eine große Vielfalt an Gräsern und Wildkräutern, manches Mal sogar Orchideen,
- eine vielfältige Säugetier-Fauna, etwa Fledermäuse, Haselmäuse, Wiesel, Hasen, Maulwürfe ...
- seltene Vögel, z. B. Steinkauz (auch in zur Verfügung gestellten Höhlen), Spechte, aber natürlich auch unzählige Singvögel,
- ungezählte Insekten. Während der Blütezeit gibt es reichlich Nahrung für Bienen und andere Insekten, aber auch der vielfältige Bewuchs unter den Bäumen sorgt für ein reiches Nahrungsangebot für andere bedrohte Tiere.
- Während der Obstreife stellt das Fallobst eine unglaublich große Ressource für viele hungrige Tiere dar. Deshalb sammeln wir es auch nicht auf, sondern lassen es liegen. Im Frühling findet man davon keinen Rest mehr. Besonders im Winter ernähren sich die Vögel gern von den Obstresten, wenn es wenig Futter gibt.

Unabhängig von diesem herausragenden Wert für die Biodiversität finde ich, dass Streuobstwiesen die Landschaft ganz wunderbar gestalten und kulturell wichtige Landschaftsbilder kreieren. Nicht zu unterschätzen ist der große Wert, den Streuobstwiesen bei der langfristigen Erhaltung der genetischen Ressourcen alter Obstsorten leisten können. Verzichtet man auf sie, wird es bald nur noch sehr wenige einheitliche Obstsorten zu kaufen geben.

Außerdem hat jeder Besitzer von Obstbäumen, die ohne den Einsatz von Chemie gepflegt werden, die Möglichkeit, über gesundes, unbelastetes Obst und eigene Säfte zu verfügen.

Wer gern eine eigene kleine Streuobstwiese anlegen möchte, muss nicht Tausende von Quadratmetern zur Verfügung haben. Oft reicht schon ein Rasenstück aus, das einigen wenigen Bäumen Platz schenken kann. Ein jeder Obstbaum zählt und hilft der Natur!

Den wirklich uralten Boskop fanden wir in der Weihnachtsbaumplantage. Er trägt nach der Freistellung wieder sehr gut.

OBEN Wie alle Wiesen wird auch die Obstwiese in Staffelmahd mit dem Balkenmäher Stück für Stück gemäht, das Mahdgut zusammengerecht und abgetragen, um die Entstehung einer artenreichen Wiese zu fördern. Das ist die für Insekten schonendste Art.

RECHTS Ein alter Reneklodenbaum kam zum Vorschein, nachdem die Weihnachtsbäume gefallen waren. Er trägt kaum Früchte, aber es ist ein herrlicher Baum für die Vögel. Jetzt trägt er Nistkästen für Meisen, die mitten im Nahrunsangebot brüten.

Naturgarten

Laub – ein Geschenk der Natur an den Gärtner!

Vor zwei Wochen schrieb ich noch über den prächtigen Farbenrausch, den uns das bunte Laub im Garten beschert. Nun haben viele Bäume ihr Laub bereits abgeworfen und überall hört man, wie die Gartenbesitzer ihm mit Laubsaugern und -bläsern zu Leibe rücken.

Warum machen wir das anders? Tatsächlich haben wir wirklich sehr, sehr viel Laub. Es gibt etliche mehr als hundertjährige Bäume auf unserem Grundstück und auch die von uns in Hundertschaften gepflanzten, nun zehnjährigen Exemplare erfreuen uns mit großen Bergen von Laub. Da könnte man schon mal Angst bekommen. Auch gibt es auf unserem Grundstück mehrere Hundert Meter Wege, Zufahrten und etwa 1000 Quadratmeter gepflasterte Flächen. Dennoch benutzen wir keine anderen Hilfsmittel als Rechen und Schubkarre. Denn: Mit dem Einsatz von Laubsaugern werden alle Blätter inklusive der sich unter ihnen verkriechenden Kleinlebewesen eingesaugt, geschreddert und getötet. Das kann nicht in unserem Sinne sein. Bliebe noch der Laubbläser. Motorbetriebene Exemplare sind laut und blasen vorne Blätter und hinten Schadstoffe. Also kämen auch sie nicht infrage. Aber selbst akkubetriebene Geräte möchten wir nicht benutzen. Erstens habe ich nicht das Gefühl, dass sie wirklich viel schneller arbeiten als ein großer breiter Rechen, und zweitens werden mit solchen Teilen die Blätter mit hoher Geschwindigkeit bewegt und die sich unter ihnen aufhaltenden Tierchen können sich nicht mehr halten und verlieren so ihren überlebenswichtigen Schutz. Auch das wollen wir natürlich nicht. Also: Wir rechen. Und das mit großer Freude. Man muss es ja nicht bei Regenwetter tun. Bei warmem Sonnenschein ist es eine wirklich herrliche Möglichkeit, sich draußen an der frischen Luft ein wenig sportlich zu betätigen. Nimmt man sich ein paar Freunde und Nachbarn hinzu, macht es noch mehr Spaß.

Sieht man diese herrlichen Spitzahornblätter, kann man doch verstehen, warum ich das Laub eine Weile liegen lasse, oder?

Kostenloser Dünger und Lebensraum

Alle anderen Blätter dürfen liegen bleiben. In allen Beeten, unter Sträuchern und Bäumen, in den wilden Ecken eh. Das zusammengerechte Laub wird noch zusätzlich in den Beeten verteilt, unbedingt als dicke Schicht am Fuß der Bäume oder unter den Hecken gesammelt. So machen wir der Bodenökologie eine große Freude. Was für eine preiswerte Lösung, unsere Pflanzen zu düngen, und was für eine geschickte Lösung, Lebensraum für Millionen von Kleinstlebewesen bereitzustellen. Außerdem verhindert eine dicke Schicht

Der Waldgarten verliert mindestens 20 Schubkarren voll Blätter, die sich auf den Wegen verteilen. Es ist uns eine Freude, alles mit großen Rechen zusammenzufegen.

Blattwerk auf dem Boden dessen Austrocknung. Zu Zeiten großer Trockenheit auch im Winter ist das nicht zu unterschätzen. Und ganz abgesehen vom Wert für die Pflanzen haben wir zusätzlich noch große Freude daran, viele Vögel beim ständigen Suchen und Picken nach Insekten in der dicken Laubschicht zu beobachten, einen ganzen Winter lang. So schließt sich der Kreislauf. Vergangenes wird zu Zukünftigem.

Manchmal muss es doch weg

Die Blätter müssen nur an bestimmten Stellen entfernt werden.

- Wege, Terrassen und Holzbereiche sollten unbedingt von Laub befreit werden, weil die Böden darunter nicht trocknen und bei Bodenfrost kann es so zu beinbrechenden Rutschpartien kommen, die besonders in unserem Alter schnell mal zu einer Operation des Oberschenkelhalses führen. Also hier muss alles Laub entfernt werden. Dringend und akribisch.
- Rasenflächen mögen kein Laub über Winter. Auch hier werden größere Mengen Laub von uns entfernt. Ein dichter Laubteppich würde verhindern, dass das Gras Licht und Luft bekommt, und den Rasen schädigen.
- Alle gekieselten oder geschotterten Flächen müssen ebenfalls vom Laub befreit werden, denn die verrottenden Blätter würden eine Kompostschicht bilden, die man nie wieder entfernt bekäme.
- Die Blätter der Walnussbäume, aber auch von Eichen und Platanen sollte man ebenfalls entfernen, da sie Gerbstoffe enthalten, die ihre Kompostierung verlangsamen und den Boden ansäuern. Allerdings gibt es im Garten Moorgehölze wie Rhododendren, Hortensien und Heidegewächse, die sich über genau solche Blätter freuen. Bei uns fallen alle Blätter der Nussbäume ins Hühnergehege. Dort dürfen sie erst einmal liegen bleiben, denn den Hühnern macht das Durchstöbern von trockenem Laub großen Spaß.

Entstehung des Parkgartens 2019–2021

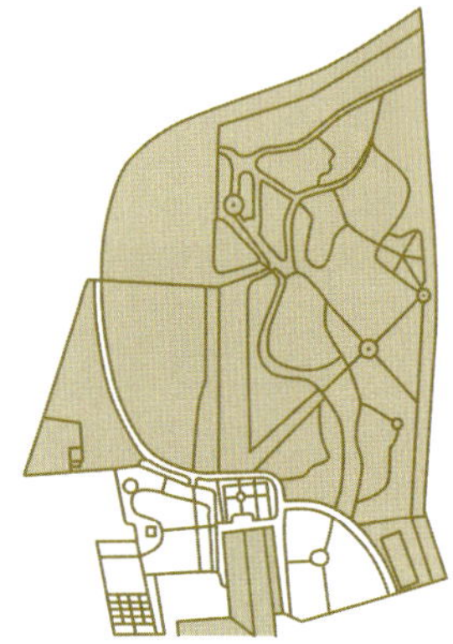

Gartenbereiche

In diesen Jahren wurde der Parkgarten zu einer wunderbaren Parkanlage. Die inzwischen hohen Bäume fügen sich gemeinsam mit den vielen Beeten und den Wiesen zu einem paradiesischen Ganzen zusammen.

2019 – Vita wäre wohl zufrieden mit uns

Bereits Ende Februar begann die Narzissenblüte. Und es hatte sich wirklich gelohnt, noch einmal kräftig nachzupflanzen. Wir beschlossen, das die nächsten Jahre beizubehalten. Im Februar und März leuchteten diverse Gelbtöne aus dem Birkenwäldchen, später kamen dann die Dichternarzissen dazu und hellten das Bild auf. Im April war das Blau der Prärielilien (*Camassia*) einfach nur wunderbar. So in etwa hatte ich mir das Ganze vorgestellt.

Im Mai zogen unsere Hühner ein. Seither haben wir ein lustiges Völkchen bei uns wohnen, das uns relativ zuverlässig mit frischen Eiern versorgt. Dafür zerstören sie das eine oder andere Pflänzchen, wenn sie scharrend durch den Garten wandern. Aber wir haben sie im Nu lieb gewonnen, auch wenn ich manches Mal schimpfe.

Der weiße Garten wurde nun endlich im Frühjahr bepflanzt. In Windeseile haben sich die Stauden entwickelt und es ergaben sich bereits nach maximal zwei Monaten die ersten wunderschönen Bilder. Was hatten wir da für eine tolle Idee gehabt. Dieser Garten wurde vom Moment der Pflanzung an ein wahres Juwel. Ich liebe ihn sehr und verbringe hier gern meine Zeit. Im Herbst wurden ungezählte Zwiebeln zwischen den Stauden vergraben, denn im nächsten Frühling sollten schnell wunderbare Bilder entstehen.

Wir mussten uns von einigen Bäumen, die beim Sturm umgeworfen oder schief gestellt wurden, trennen. Wohin nur mit all dem vielen Holz? Matthias hatte die Idee, sie in Meter-Abschnitten unter die Tannen, die für die Beschattung der Stumpery sorgen, zu stapeln. Das sieht wunderschön aus – und wir lieben ja Totholz als Nahrung und Lebensraum für diverse Tiere sehr.

Die Obstwiese erfreute uns mit einer geradezu überbordenden Blüte. Diese versprach eine große Menge an Früchten von unseren noch recht jungen Bäumen und im Herbst stellte sich heraus, dass die Blüte nicht zu viel versprochen hatte. Wir haben wirklich jede Menge Obst geerntet, auch zum Verschenken.

Ab Mai herrschte eine furchtbare Hitze und die Dürre hielt an bis November. Wie es möglich ist, dass noch immer einige Unverbesserliche die Klimakatastrophe leugnen können, ist mir unerklärlich. Sicherlich wohnen diejenigen im 4. Stock in irgendeiner Innenstadt und sind eh völlig denaturiert. Uns überkam jedenfalls zum ersten Mal eine große Bedrückung, wie wir es schaffen sollen, den Garten als Ganzes auch in die Zukunft tragen zu können. Wir waren sehr froh, genügend Wasser zu haben, um gießen zu können. Wenngleich man nicht genug gießen kann, um Beete gesund und gut aussehend zu erhalten. Den vielen gekauften Astern jedoch gefiel das Wetter anscheinend und so ergaben sich ganz herrliche Spätsommerbeete.

Den Steinhaufen neben der Stumpery wollte ich nun auch bepflanzen. Dafür wurden einige absolut trockenheitsverträgliche Stauden erstanden und in den Sand sowie unter die Mergelbrocken gepflanzt.

Bei genügend Feuchtigkeit haben sich alle Beete im Parkgarten inzwischen zu Besucher- wie Insektenmagneten entwickelt und erfreuen Zwei- und Sechsbeiner.

Mit der Entwicklung der fetten Blumenwiese durch reines Ausmagern waren wir nicht zufrieden. Im Gegenzug aber sahen wir, was aus einem reinen Steinhaufen alles wunderbar wuchs, ohne jemals einen zusätzlichen Tropfen Wasser zu bekommen, auch nicht bei 40 Grad. Und so entschied ich mich, im Herbst wieder einmal nach unserem Jürgen zu rufen. Der Plan: Er sollte im Warmen U die gesamte Mutterbodendecke 35 Zentimeter tief abtragen und die dadurch entstehende Mulde mit Schotter belegen. Im nächsten Jahr würden wir dann eine Samenmischung von Rieger-Hofmann einbringen und schauen, wie sich das im maximal abgemagerten Gelände entwickeln würde.
Der Aushub dieser zukünftigen Magerwiese wurde vor die aufgeschichteten Baumstämme gefahren. Matthias hatte vor, eine weitere Stumpery anzulegen, denn wie ja nahezu ein jeder weiß: Eine Stumpery kommt nicht gern allein.
Der Parkgarten schritt um einige Projekte seiner Vollendung entgegen. Der weiße Garten wurde zum Magneten für uns und unsere Besucher und weitere neue Projekte konnten angeschoben werden. Wenn wir nun aus dem Obergeschoss unseres Hauses aus dem Fenster blickten, sahen wir auf einen sich auswachsenden Garten hinaus, der sich wirklich sehen lassen konnte.

2020 – Wer meint, sein Garten sei fertig, der hat ihn nicht verdient!

Wir hatten so lange so viel gepflanzt, jetzt ernteten wir überreich die allerschönsten Gartenbilder bei einem jeden Spaziergang. Die Zwiebelblüte im Birkenwäldchen hat uns seither in jedem Jahr stets glücklicher gemacht, die Beete wurden er-

VON LINKS OBEN IM UHRZEIGERSINN Während der letzten Jahre hält unser Parkgarten, was sein Name verspricht. Er ist zu einem Paradies für unglaublich viele Tiere geworden und auch wir Menschen können uns genügend an ihm erfreuen. Der Baumkreis ist zum schönen Strukturgeber geworden, der weiße Garten hat mich dazu erzogen, nicht zu kleinlich zu sein und für kurze Zeit ein wenig Blau zu tolerieren, die vielen Beete laden uns ein zu erleben, wie es ist, Herz und Seele bei einem Besuch aufzufüllen, und die neue Magerwiese hatte ihren ersten Blütenrausch.

wachsen und umwerfend schön, der Parkcharakter war nicht mehr zu verkennen. Es war eine Freude, das Geschaffene mit Stolz zu betrachten und mit unsagbarem Genuss und immer wiederkehrenden Glücksgefühlen. Die Arbeit im Garten war immer weniger eine schwere. Wir durften uns ständig aufhalten in unserem Paradies, während andere für einen Besuch in einem solchen Garten Geld bezahlen müssen. Was für ein Privileg. Wer denkt da an das schnöde Wort Arbeit. Wir gärtnern, und das mit Leidenschaft!

Die zweite Stumpery

In diesem Jahr widmete sich Matthias der zweiten Stumpery, jetzt mit mehr Erfahrung und großem Elan. Sie ist für meine Begriffe noch schöner geworden als die erste. Aber was sage ich, die beiden zusammen ergänzen sich zu einem herrlichen kleinen Gartensalon, der seinesgleichen sucht.

Die Magerwiese

Die Magerwiese wurde eingesät, und nachdem ich zuerst gedacht hatte, dass ich jede Menge Geld für teuren Samen zum Fenster herausgeworfen hätte, ging es dann plötzlich wahnsinnig schnell. Zuerst einmal kam viel Mohn (*Papaver*), Leimkraut (*Silene*), Kamille (*Matricaria*), Kornblumen (*Centaurea cyanus*) und diverse Kleesorten. Aber es entstanden ganz herrliche Bilder, die uns vorbereiten sollten auf hoffentlich viele Jahre reicher Blütenträume.

Blau und weiß und mädchenrosa

Der weiße Garten hat gehalten, was wir uns von ihm im Jahr zuvor versprochen hatten. Die Zwiebelblüte war überwältigend. Die Stauden entwickelten sich geradezu unglaublich schnell. Weil das mit dem weißen Garten so gut geklappt hatte, wollten meine Freundin Petra und ich gern noch ein reines Mädchenbeet in Rosa. Also: »Jürgen! Bitte einmal abbaggern.« Zwischen dem sich in jedem Jahr besser definierenden Baumkreis und dem Birkenwäldchen fanden wir noch ein Plätzchen für ein kleines Beet von circa 50 Quadratmetern und konnten es auch schnell im Frühling bepflanzen. Wir erlebten ein weiteres Mal, in welch unglaublicher Geschwindigkeit sich aus ein paar winzigen eingesetzten Pflänzchen ein ganz und gar herrliches Beet entwickelt.

Obstgarten

Im Obstgarten hatte Matthias es langsam satt. Mindestens jeder zweite Baum, den er bestellt hatte, stellte sich als eine andere Sorte heraus, als bei der Bestellung angegeben war. Anscheinend werden die Beschriftungsschildchen nach dem Trial-and-Error-Prinzip an die kleinen Bäumchen gehängt. Frei nach dem Motto: »Der doofe Gartenbesitzer hat ja eh keine Ahnung. Und außerdem merkt er es ja auch erst in vier bis fünf Jahren. Dann hat er schon ganz sicher vergessen, was bestellt wurde.« Jetzt begann Matthias Stück für Stück, die Sorten, die sich als uninteressant herausstellten, neu zu veredeln. Dieses Mal mit Edelreisern vom Pomologenverband oder von Freunden. Das war hoffentlich erfolgversprechender. – Okay. Wir sprechen uns in fünf Jahren wieder.

Dennoch, bei all den kleinen Rückschritten, die die Anlage eines solch großen Gartens mit sich bringt, konnten wir insgesamt sagen, dass wir ein tolles Zwischenziel erreicht hatten. Es zogen ständig neue Arten bei uns ein, tierische und auch botanische Raritäten wurden zu normalen Begleitern in unserem kleinen Paradies. Ob die Freude über den Uhu oder die Entdeckung der Orchidee mit dem wunderhübschen Namen Bleiches Waldvögelein (*Cephalanthera damasonium*) größer war? Ich kann es nicht sagen. Über beide Neuzugänge waren wir jedenfalls außer uns vor Glück.

2021 – Erntezeit!

Dieses Jahr war das schönste, das wir in und mit unserem Garten je erleben durften. Wir haben uns ein wenig erholt von den vielen Projekten und tatsächlich zum ersten Mal keinerlei weitere Neuanlage in Angriff genommen. Außerdem war es ein Jahr mit einem – heute würde man sagen – nassen Sommer. Früher hätte man gesagt, mit einem normalen Sommer. Wir hatten das ganze Jahr über

Ein Jahr nach ihrer Anlage hatte die Magerwiese im Schotterbett gleich mehrere blütenreiche Höhepunkte. Hier das Modell Färberkamille in insektenfreundlichem Gelb mit ein wenig Blau.

Wenn ein Baum so erntereif ist, wird es Zeit, eine der hölzernen Obstleitern anzustellen und die besten Früchte herauszuernten. Die Leitern sind zwar etwas schwer, aber sehr standfest.

reichlich Niederschläge, mussten niemals künstlich bewässern. Und der ganze Garten war von März bis November eine einzige Pracht. Okay, zwei klimatische Notsituationen hat es gegeben: Bei einem späten Schnee- und Kälteeinbruch Mitte Februar, mit Tiefstwerten bis zu -18 Grad über eine Woche lang sind fast alle Rosen bis auf den Boden zurückgefroren. Aber die meisten haben sich im Laufe des Jahres durch besonders starken Aufwuchs wieder zu Wort und Blüte gemeldet. Dramatisch war die Wetterlage allerdings für unsere Storchenkinder, die während schlimmster Starkregenereignisse im Mai unterkühlt gestorben sind.

Augenschmaus

Davon abgesehen konnten wir täglich die Früchte unserer Arbeit erleben und genießen. Das Birkenwäldchen erstrahlte mit seinen Tausenden von Narzissen und Prärielilien in einem Farbrausch und alle Beete taten es ihm über ein dreiviertel Jahr gleich. Unsere mehrmals täglichen Gartenspaziergänge waren eine solche Freude. Und dank dieses herrlichen Gartens haben wir von der Coronakrise nicht viel mitbekommen, denn mit Freunden und Besuchern konnten wir uns gemeinsam draußen aufhalten und das Paradies erleben.
Das rosa Beet war im Herbst zuvor mit Hunderten Zwiebeln der Tulpensorte 'Merlot' bestückt worden und auch mit einigen Hundert *Allium* 'Gladiator'. Beides Zwiebelsorten, die absolut zu empfehlen sind. Was für unglaublich schöne Bilder ergaben sich damit über Wochen und wie viele Insekten konnten wir damit satt und froh machen. Aber auch die restlichen Stauden und Gehölze hatten sich herrlich entwickelt, sodass das Beet zu einem absoluten Eyecatcher im Garten wurde.

Der weiße Garten wurde zur Prachtanlage. Er war vom ersten Schneeglöckchen an bis in den späten Herbst eine Wohltat fürs Auge und die Nerven. Wie wunderbar hatte sich dieses Stück Garten, das sich tief in mein Herz und meine Seele eingegraben hat, entwickelt. Kein Wunder, dass die Besucher sich nicht sattsehen konnten an diesem kleinen Gartenbereich.
Die Magerwiese zeigt sich nun erstmals als Wiese. Der Blütentraum begann im frühen Mai mit Lichtnelken (*Silene*) und Wundklee (*Anthyllis*) und veränderte im Laufe des Sommers mehrmals die Farbe, bis er im Spätsommer in einem sonnengelben Blütenrausch von Tausenden von Färber-Hundskamillen (*Anthemis tinctoria*) sein jähes Ende fand. Wie es hier summte und brummte, das hatte ich seit Kindertagen nicht erleben dürfen. Um das Spektakel ausgiebig aufnehmen zu können, haben wir eine Gartenbank an den Rand gestellt, an dem wir außerdem die Abendsonne perfekt genießen können. Ein Aufenthalt an dieser Wiese ist wie ein Kurzurlaub in den Bergen an einer Blumenwiese. Ein Seelenlabsal der ganz besonderen Art.

Magenschmaus

Beeren- und Obstgarten bedachten uns mit einer Fülle von herrlichen Früchten. Viele Kilo Äpfel konnten zu leckerstem Saft verarbeitet werden, von dem wir ein ganzes Jahr lang trinken konnten. Circa 300 Kilogramm Äpfel wurden eingelagert und sie ergänzten über mehr als ein halbes Jahr unseren Speiseplan. Und den von Freunden obendrein.

Lina

Ein weiterer Gartenhelfer zog ein. Unsere Zweithündin Lina kam aus schlechter Haltung als ein Bündel Angst zu uns und zu ihrem neuen Hunde-Kumpel Mondo. Seither macht sie große Fortschritte, hat den Garten schnell erkundet und genießt ihn fast mehr noch als Mondo. Stundenlang mag sie es, uns zu helfen, wenn wir in den Beeten arbeiten. Lief sie anfangs noch schreiend davon, wenn sie eine Schubkarre von Weitem sah, bleibt sie nun komplett ignorant liegen, wenn man mit dem Rasenmäher kommt, und man muss quasi um sie herummähen. Sie ist eine große Bereicherung. Natürlich nicht nur im Garten, aber auch hier. Denn für uns macht Gartenarbeit noch viel mehr Freude, wenn unsere Vierbeiner dabei sind.

In diesem Jahr machte der Parkgarten seinem Namen wirklich alle Ehre. Er war zu einem blühenden, Unmengen von Tieren und Pflanzen aufnehmenden, artenreichen und vielfältigen Park geworden. Wir waren erstmalig sehr zufrieden und hatten das Gefühl, etwas Großes geschafft und auch geschaffen zu haben. Etwas, was uns täglich so viel mehr zurückgab, als wir investiert hatten. Eine unglaubliche Verzinsung war hier entstanden. So viel Freude - so viel Glück!

2021 kam unser Linchen zu uns. Sie ist ein sehr ängstlicher und unsicherer Hund, der wohl nicht nur gute Erfahrungen in seinem Leben gemacht hat. Bei uns erholt sie sich langsam.

Winter im Landgarten

Im Winter zeigt es sich, ob ein Garten mehr als Oberflächliches zu bieten hat. Wir versuchen, fürs Auge und für die Natur vielfältig Interessantes zu schaffen.

Ab November – rein in die Winterpause!

Im wärmsten November aller Zeiten haben wir den Garten auf den Winter vorbereitet. Sooo viel gibt es eigentlich nicht zu tun, da wir ja die Stauden nicht zurückschneiden, aber dennoch – man wundert sich.

Es dauert seine Zeit, bis man in einem so großen Garten wie unserem alle Gartenmöbel einsammelt und gut unterbringt, die nicht ganz winterharten Pflanzen frostfrei in diversen Räumen verstaut, die Wasserschläuche und Gießkannen einsammelt, die Wasserleitung leer laufen lässt, die sehr empfindlichen Pflanzen mit einer dicken Lage Laub bedeckt, die letzten Laubberge von Wegen und Wiesen entfernt und so vieles anderes mehr. Aber bei bis zu 15 Grad und Sonnenschein hatten wir noch nie in unserem Leben so viel Freude am Tun. Wenngleich man sich nur angstvoll wundern kann über diese Wetterentwicklungen.
Wenn das alles erledigt ist, ist der November zur Hälfte beendet und meine »Winterruhe« beginnt. Vom 15. November bis zum 15. Februar arbeite ich normalerweise nicht im Garten. In dieser Zeit erhole ich mich und putze und räume das Haus auf, bügele, flicke und bereite das Weihnachtsfest vor. Und ich lese alles, wozu ich in den Hochzeiten des Gartens nicht komme. Außerdem werden endlich die Gartenzeitschriften studiert, Webseiten von Staudenhändlern durchforstet, Listen mit »Must-haves« und »Would-like-to-haves« geschrieben, Notizen gemacht in diversen Merkbüchern ... und spätestens ab Weihnachten neue Gartenbücher gelesen und studiert, Pläne gemacht für Gartenreisen im nächsten Jahr, recherchiert, welche Gärten dann unbedingt besucht werden müssten und welche könnten. Und ich treffe mich – nicht nur, aber meist – mit Gartenfreunden zum Kaffee. Also auch in dieser Zeit lässt das Thema Garten mich nicht los. Ich weigere mich lediglich innerhalb dieser drei Monate, die ich über alle Maßen genieße, draußen zu arbeiten. Was nicht bedeutet, dass ich nicht nahezu an jedem Tag einen oder gar mehrere Gartenspaziergänge unternehme, einfach nur, um zu schauen.

Novemberfarben, -gerüche und -geräusche

Denn noch immer gibt es so viel zu sehen, zu beobachten, zu hören, zu riechen, zu genießen in unserem Garten. Inzwischen vergehen die letzten Blüten und bereits viele weiche Pflanzenteile.
Wo gerade noch ein Feuerwerk von warmen Erdtönen das Auge nicht ruhen ließ, haben die ersten November-Nachtfröste dem farbigen Schauspiel ein jähes Ende gesetzt. Zurück bleibt überwiegend eine Farbpalette in Grün und Braun.
Jetzt begebe ich mich auf die Suche nach letzten Farbresten. Da sind die herrlich weißen Stämme der Birken, die im Sonnenlicht wunderbar leuchten. Die bunten Triebe der verschiedenen Hartriegel-Arten (*Cornus*) schimmern aus der Ferne wie ein Regenbogen in Rot, Orange und Gelb-Grün und der Jahresaustrieb der Kopfweiden beginnt sich gelb zu färben. Der Winterschneeball (*Viburnum* x *bodnantense*) wollte gerade seine rosa Blüten öffnen, leider sind sie jedoch im schlimmsten Nachtfrost vergangen. Also, allzu viel Farbe gibt es nun nicht mehr.

LINKS Das Pinetum pflanzten wir als Windblocker, um die stärksten Winde von der Terrasse abzuhalten. Das klappt wunderbar, wenngleich es kaum noch nötig ist, da die anderen groß gewordenen Gehölze diesen Job jetzt schon übernehmen.

OBEN Eine ganz tolle und vielfältig nutzbare Wildpflanze ist die Karde. Wenig bekannt ist, dass ihre Blätter die Stängel so umwachsen, dass kleine wasseraufnehmende Becken entstehen, aus denen Tiere noch lange nach einem Regen trinken können.

MITTE Über Herbst und Winter schmücken längst verblichene Blütenstände der Rispenhortensien die Pflanzen. In ihnen können viele kleine Krabbler wunderbar überwintern. Das wissen auch die Vögel. Und wir erfreuen uns an den schönen Bildern.

UNTEN Solch ein stattlicher *Miscanthus* verzaubert die Winterlandschaft im Garten ungemein. Und mit Raureif bedeckt sieht er unglaublich schön aus. In seinem Blattdickicht habe ich im Frühjahr auch kleine Schlafzimmer der Zwergmäuse entdeckt.

Aber andere Sinne werden jetzt bedient. Wenn ich im häufigen Morgennebel durch den Garten spaziere, rieche ich den späten Herbst. Die absterbenden Pflanzenteile und vergehenden Blätter haben ihren ganz eigenen morbiden Duft. Und ich höre die Vögel. Die Kraniche sind erst kurz vor den ersten Frostnächten Mitte November losgezogen. Wie jedes Mal im Herbst sehe ich ihnen voller Wehmut hinterher. Ihre aufgeregten Rufe erscheinen mir so wie ein Abschiedslied vom Leben und ich schaue ihnen mit Tränen in den Augen nach. Dafür rufen jetzt die Krähen und die wenigen Raben anscheinend vermehrt oder kommt es mir nur so vor? Kaum ein Ruf passt so gut in einen Nebelgarten wie der der Krähen. Morbid und ein bisschen schaurig.

Frostiges

Mitte Dezember überzog – für diese Zeit eigentlich sehr ungewöhnlich – zweistelliger Frost für etwa zehn Tage das Land. Was für ein Schauspiel! Der Raureif schien sich täglich dichter und dicker auf alles zu legen, was im Garten wächst. Sowohl im dichten Nebel als auch in gleißendem Sonnenlicht entstanden dadurch unglaublich intensive Bilder. Alles, die noch so zarten Äste der Gehölze, die nicht abgeschnittenen Pflanzengerippe, vor allem die Gräser, alle leuchteten jetzt. Wenn nach solch

eisigen Nächten alles ehemals Grüne mit Eiskristallen belegt in der Morgensonne glitzert, dann begibt man sich auf einmal und ganz von allein in eine mystische Zauberwelt.
Immer und immer wieder musste ich mich durch den Garten bewegen und einfach nur schauen und staunen und genießen, versuchen, die Bilder für immer in mir aufzunehmen. Die Stimmung erlaubte, dass die Fantasie mit mir durchging. Hätte ich die Eiskönigin gesehen, wie sie auf einem weißen Einhorn um die nächste Ecke reitet, ich hätte mich nicht gewundert. Was für ein intensives Erleben schenkt einem der Garten auch im Winter!
Man muss nur die Sinne und das Herz öffnen und die wunderbarsten Gefühle durchströmen einen. Nicht nur uns geht das so. Auch die vielen Besucher waren nach einem solchen Spaziergang in unserem Winter-Wonderland stumm und beseelt vor Staunen und Glück.

Vögel im Winter

Bei dem Eis hatten es die Vögel schwer. Sogar der große Teich war komplett zugefroren, so gab es überhaupt kein Trinkwasser für die Tiere. Umso wichtiger ist es in solch einer Kälte, dass man kleine, mit Grabkerzen erwärmte Wasserstellen im Garten einrichtet. Einfach ein paar Ziegelsteine aufstellen. In der Mitte eine Grabkerze anzünden oder auch ein Teelicht zweimal am Tag reicht aus. Dann einen tiefen Untersetzer mit Wasser oben auf die Steine stellen. Voilà - ein Trinkplatz und gleichzeitig auch eine Badestelle. Die Freude, die man beim Beobachten der glücklichen Vogelschar hat, gibt es gratis dazu.

IM UHRZEIGERSINN Kommt der Frost, beginnen die Amseln die mürben Zieräpfelchen zu fressen. Wir stellen die Windlichter unter die Wasserstellen, damit sie frostfrei bleiben, und die Futterhäuschen werden mit Sonnenblumenkernen und Fettfutter bestückt. Dann genießen wir es im Warmen, die zufriedenen Vögel zu beobachten.

OBEN Einfach nur zauberhaft, ein mit Raureif überzogenes *Pennisetum*. So sind Beete auch im Winter spannend und schön.

LINKS Verblühte Blütenstände der Sonnenhüte ergeben mit einem verzierten Halteeisen eine vereiste Winterskulptur.

Ebensolche Freude bereitet das Beobachten der unendlich vielen Amseln, die sich bei Frost über die dann mürben Zieräpfelchen hermachen. Dafür lassen sie das schönste ausgelegte Futter, von dem es wirklich reichlich gibt bei uns, achtlos stehen. Schade ist allerdings, dass die meisten Früchte an den Vogelbeerbüschen und sonstigen Wildgehölzen ihre Farbe verloren haben oder gar matschig geworden sind. So kam ich traurig aus dem Garten zurück, als ich Hagebuttensträuße pflücken wollte für einen kleinen Weihnachtskranz. Was für Vogelschnäbel und Mägen passt, gefällt uns leider noch lange nicht. Das gab es auch noch nie. Ich war einfach zu spät gekommen. Aber wer rechnet denn auch mit 11 Grad minus Mitte Dezember?

Formen und Strukturen

Jetzt im Winter zeigt es sich, ob ein Garten in allen zwölf Monaten prachtvoll ist. Während der Garten im Sommer einen Blütenrausch feiert, monatelang, und damit seine Besucher bezirzt, geht es im winterlichen Garten ganz um Räume, Strukturen und Formen. Besonders mit Eiskristallen oder auch mit Schnee bedeckt führen nun Hecken und Mauern, Formgehölze, aber auch die Büschel großer Gräser und stehen gelassene Stauden das Auge durch einen ansonsten »reizarmen« Garten. Jetzt ist er ganz auf das Wesentliche reduziert. Nichts lenkt ab. Nun erst erkennt man das Skelett des Gartens, das ihn in den anderen Monaten so fest trägt.

Wenn es stimmig ist, wenn genügend Immergrüne und Formschnittelemente vorhanden sind, genügend Blütenstände von Strukturpflanzen in den Beeten stehen gelassen wurden, wird es ganz sicher keine winterliche Ödnis geben. Dann wird auch in den kalten Monaten ein Spaziergang zum ganz besonderen Erlebnis.

Wie froh bin ich besonders jetzt im Winter, dass wir einige hohe Tannen stehen ließen, aber ebenso glücklich machen uns die gepflanzten Koniferen, die nun eine stattliche Größe erreicht haben. Und die Tiere freut es auch. Vögel und Eichhörnchen lieben die Immergrünen. Sie nutzen sie als Schutzraum gegen schlechtes Wetter und in kalten Nächten und finden unermüdlich kleine Lebewesen zwischen den Ästen und Nadeln. Wunderschön sieht jetzt auch die Stechpalme (*Ilex*) aus. Leider nahezu ohne Fruchtschmuck, aber meterhoch gewachsen und sehr dicht, leben auch in dem größten Ilex, der im Übergang vom Hausgarten zum Terrassengarten wächst, Dutzende von Vögelchen.
In den Vogelhecken hat der Liguster noch immer seine Blätter nicht verloren und auch die Hainbuchenhecken mit ihren braunen Blattskeletten sind ungemein reizvoll. Viele immergrüne Stauden und Farne kommen jetzt groß raus. Die zweite Stumpery, die Matthias angelegt hat, wurde fast nur mit immergrünen Farnen bepflanzt und sieht jetzt noch sehr frisch und lebendig aus. Eine große immergrüne Berberitze an der Brücke der Blänke erfreut die Vögel mit reichem Fruchtschmuck.
Die vielen Eibenhecken und auch geschnittene Einzelexemplare sind ein Glück für Vögel und eine Freude für unsere Augen.
Und natürlich sind da die Horste der Gräser.
Die großen Büschel der diversen Chinaschilfe (*Miscanthus*) stehen wie Soldaten in den Beeten und bewachen die winterliche Ruhe. Die diversen Lampenputzergräser (*Pennisetum*) sehen sowohl als kugeliger Formgeber aus der Entfernung als auch mit ihren zarten, bogig überhängenden Blät-

Bei Schnee wird unser Garten zu einem wirklichen Winter-Wonderland. Und wenn einem der Himmel dann noch solche Bilder schenkt, wird man ganz andächtig.

tern aus der Nähe ganz bezaubernd aus. Immer überzeugen die Blütenstände, die sich unversehrt als »Flaschenbürsten« bis in den Frühling hinein halten. Auch eines meiner liebsten Gräser, das Gartensandrohr (*Calamagrostis* x *acutiflora*) 'Karl Foerster', überzeugt schmal-säulig und noch immer aufrecht im weißen Garten als Strukturgeber. Diverse Seggen sind eh immergrün und müssen nie geschnitten werden. Wie praktisch – wie schön! Sie beleben die Beete noch im tiefsten Januar. Und wie herrlich sehen die vergangenen Blütenstände gerade jetzt aus, wenn sie wie von Zauberhand ganz leicht überzuckert in den Beeten stehen. Fast wirken sie nun wie erneut aufgeblüht. Dieses Mal in Braun-Weiß. Wer solche Ansichten täglich bewundern darf, dem stellt sich nicht die Frage, ob er im Herbst die Beete abräumen soll. Und so verstehe ich Beth Chatto so gut, die gesagt hat: »Wer seine Beete im Herbst abräumt – soll sich nicht Gärtner nennen!«

MIKROPILZCHEN

Bei einem Gartenspaziergang fand Matthias einen schön bemoosten Stamm einer alten Birne. Genauer hingesehen, gab es im Moos ganz winzige kleine gelbliche Gebilde, kaum 3–5 Millimeter groß. Er holte die Kamera und machte ein paar Fotos und so entdeckten wir einen neuen kleinen Kosmos. Zarte, winzig kleine Pilzchen, die dennoch so perfekt gebaut ihren großen Vettern in nichts nachstehen, leben mitten im Mooswald. Wir waren ganz verzaubert, als wir diese Entdeckung machten. Was für Geschenke dieser Garten immer und immer wieder für uns bereithält. Wir nehmen uns vor, im nächsten Jahr dem Thema Moose und Flechten hier im Garten mehr Aufmerksamkeit zu schenken. Ganz sicher gibt es noch einige Entdeckungen zu machen ...

Wetterkapriolen

Leider begleitete uns dieses Zauberwetter nicht bis in die Weihnachtstage. In der letzten Dekade des Monats wurde es wieder wärmer und begann zu regnen, nein zu schütten. Das so dringlich gebrauchte Wasser von oben bedachte uns nun mehr als reichlich. Allein im Dezember hatten wir 111 Millimeter Regen und schafften so circa 630 Millimeter Jahresniederschläge. Somit erreichten wir 20 Millimeter mehr als im bisher schlimmsten Dürrejahr.

Den Jahreswechsel erlebten wir dann im Frühling, nämlich bei 14 Grad. Diese Temperaturen begleiteten uns durch die erste Januarhälfte. Und oft genug schien sogar die Sonne. Was jetzt geschah, haben wir auch noch niemals erlebt. In Köln blühte am Neujahrstag eine erste Osterglocke am Straßenrand. Okay, so weit ging es bei uns nicht mit der Frühlingsblüte. Aber viele Schneeglöckchen erblühten, die frühlingsblühenden Alpenveilchen (*Cyclamen*) erfreuten uns sowohl im weißen Garten als auch neben der Remise im Karstbeet, das allererste Horn-Veilchen (*Viola cornuta*) blühte in einem Topf, die Wolfsmilchgewächse im Beet an der Terrasse knospen und stehen in den Startlöchern. Von den vielen mehr oder weniger blühenden Christrosen (*Helleborus niger*) ganz zu schweigen.

Das ist einfach nicht möglich, möchte man immer wieder sagen! Und ein solch milder Januar geht natürlich auch nicht spurlos an den Vögeln vorbei. Die ersten Gesänge der Amseln lassen sich seither in der Morgendämmerung vernehmen, und sosehr ich mich stets über diese melodischen Klänge freue, machen sie mir dieses Mal denn doch auch Angst. Die aufgeregten Rufe der Meisen hören sich schon sehr nach Balzen an und sogar »Familie Schwanzmeise« ist schon wieder angekommen. Matthias meinte, er müsse nun ganz schnell die

OBEN Schnee und Reif bringen die Strukturen eines Gartens besonders gut zur Geltung; hier die schneebedeckten Buchse.

RECHTS Die zart überpuderten Buchse begleiten uns auf dem Nord-Süd-Weg und lassen ihn gleichzeitig lebendig wirken.

Nistkästen reinigen und nahm sich eine kleine Auszeit vom Obstgehölzschnitt, um diese Arbeit schnell zu erledigen.

Mitte Januar kam unser Kater Ali nachts durch die Katzenklappe mit Indianergeheul ins Bett. Ich streichelte ihn und bemerkte, dass er ganz nass und voller Schneeflocken war. Es hatte sich mein Wunsch erfüllt. Ein Winter ohne Schnee ist kein Winter. Auch wenn das leicht pappige Weiß nur wenige Tage liegen blieb. Was ist schöner? Raureif oder Schnee? Ich kann mich nicht entscheiden. Die Hunde sind eindeutig für Schnee. Sie toben über die schneebedeckten Wiesen wie die Verrückten. Wieder geht einem das Herz auf bei den herrlichen Bildern, die den Bilderreigen eines ganzen Jahres nun vervollkommnen.

Nun aber schnell die Futterplätze für die Vögel gefüllt und in die Bäume überall Kokosnüsse mit Fettfutter gehängt! Denn bei einer geschlossenen Schneedecke ist es schwierig für die winzigen Körperchen, sich mit genügend energiereichem Futter warm zu halten. Unser Rotkehlchen weiß, es braucht nur zu warten, dann kommen die Würmchen in Mengen an »geheime Stellen unter den Büschen«, damit die anderen Vögel das kleine rote Bällchen nicht verdrängen. Es ist so zahm, dass es sich kaum einen Meter entfernt, wenn wir mit dem Futter kommen. Es ist immer wieder schön zu wissen, dass wir helfen können.

Eine kurze Weile noch, dann ist die faule Zeit vorüber. Ganz ehrlich? Jetzt reicht es auch mit der Pause. Die Batterien sind wieder aufgeladen, die Lust, den Garten für die nächste Vegetationsperiode vorzubereiten, wächst täglich. Mit jedem kleinen Wachstumsschub, den eine Staude macht, möchte ich jetzt schleunigst raus an die Arbeit gehen. Ein kleines Weilchen noch ... dann geht's wieder los. Ich freue mich so!

Was für eine wildromantische Aussicht darf ich auch im Winter genießen. Das herrliche viktorianische Glashaus ist umgeben von einer Lebendigkeit, die man im Winter nicht erwarten würde. Hier fühlen sich unsere Vögel wohl.

Naturgarten

Schnittgut tut dem Garten gut

Januar ist der Monat des Gehölzschnitts. Zuerst schneidet Matthias seine geliebten Obstbäume. Danach alle anderen Gehölze. Da fällt eine Menge Schnittgut an. Wohin damit?

Viele Gärtner sammeln das Geschnittene und bringen es zum Wertstoffhof. Das ist aufwendig und, ich finde, auch viel zu schade. Wir sind der Meinung, dass alles organische Material, das in unserem Garten wächst, auch dort bleiben sollte. So funktioniert das Arbeiten in Regelkreisen und es entwickelt sich alles in einem natürlichen Kreislauf der Nährstoffe. Möglichst wenig kommt in unseren Garten hinein und wenig auch wieder heraus.

Eine Totholzhecke wächst in einem Vormittag zu stattlicher Größe heran. Sie nimmt Unmengen von Schnittgut auf und ist ein Lebensraum für jede Menge Tiere. Besser geht nicht.

Häckseln

Menschen mit viel Geduld häckseln das Schnittgut und verteilen das zerkleinerte Material als Mulch, um es als Wegbelag zu benutzen oder es unter Sträuchern und auf den Beeten auszubringen. So geschieht es in unserem Gemüsegarten. Alle Erdwege werden mit Häckselgut belegt, denn hier möchten wir keinen gekauften Rindenmulch verwenden. Wer weiß, was da alles verarbeitet wurde? Da gehen wir lieber auf Nummer sicher.

Totholzhecke

Mit dem restlichen Schnittgut lassen sich herrliche Totholzhecken anlegen. Diese Technik ist uralt und wird schon seit Jahrhunderten benutzt, um den Gehölzschnitt sinnvoll zu verarbeiten. Solche Hecken kann man in einem Tag aufbauen. Sie sehen in einem Naturgarten wunderschön aus, brechen den Wind, begrünen sich von allein, indem Vögel Samen ausscheiden und diese im Wetterschutz gut austreiben können. So wird oft über die Jahre aus einer toten Hecke eine sehr lebendige mit heimischen Gehölzen, eine sogenannte Benjeshecke.

Ökologisch sind sie äußerst sinnvoll. Kaum hat man einen neuen Teil aufgeschichtet, kommt schon der Zaunkönig, der es liebt, in ihr sein Nest anzulegen. Aber nicht nur er. Auch Rotkehlchen und andere Vögel suchen hier Schutz vor Wind und Wetter und einen Platz zum Brüten. Wo finden sie den denn sonst in unseren oft viel zu

Eine kleine Beetabgrenzung ist mit ein wenig Geschick selbst sehr leicht herzustellen. Man braucht nur ein paar Weiden- oder Haselruten, einen Hammer und Nägel.

aufgeräumten Gärten? Hier können sich auch die Jungvögel aufhalten und finden dort sehr viele Insekten. Es ist kein Zufall, dass wir zahlreiche Brutpaare von selten gewordenen Vögeln in unserem Garten haben. Außerdem sind diese Hecken beliebte Verstecke für Igel, Erdkröten und Blindschleichen. Sie können sich wunderbar tagsüber im Dickicht aufhalten, überstehen so auch einen heißen Sommer, geschützt und beschattet.
Für die Herstellung einer solchen Hecke werden im Abstand von 1–2 Metern angespitzte Pflanzstöcke in den Boden geschlagen, doppelreihig hintereinander. In die entstehende Lücke legt man nun möglichst dicht das Schnittgut ein. Auch Laub kann im Herbst daraufgeschichtet oder gleich zwischen die Gehölze eingearbeitet werden. Mit der Zeit verrottet alles und sackt nach unten. Dann ist es Zeit, neues Material aufzulegen. So hat man viele Jahre lang Freude an seiner Hecke.
Wir haben eine Wildrose an eine Seite der Hecke gepflanzt. Leider steht sie ein wenig zu schattig und mag nicht so recht gedeihen. Wenn man den Anblick einer solchen Hecke jedoch überhaupt nicht mag, dann kann man sie gut mit einem Rambler oder einer Clematis zuranken lassen.
Mit anderem, nicht so gerade gewachsenem Schnittgut gehen wir ähnlich um. Es wird zu lockeren Haufen aufgeschichtet und in wilderen Ecken verteilt. Mit ähnlich großem ökologischen Wert.

Weidenschnitt

Für das Schnittgut der Kopfweiden stehen immer schon mehrere Freunde und Nachbarn bereit. Sie zaubern daraus wunderschöne kleine Weidezäune, mit denen Beete eingefasst werden. Einzelne dicke Zweige kann man außerdem benutzen, um herrliche, kleine »Zweig-Obeliske« zu bauen, an denen dann Wicken oder andere Kletterpflanzen hochranken können. So zaubert man schnell eine dritte Dimension ins Beet. Andere Stecken werden im Gemüsegarten in Reihen gesteckt, damit die Erbsen sich daran festhalten können.

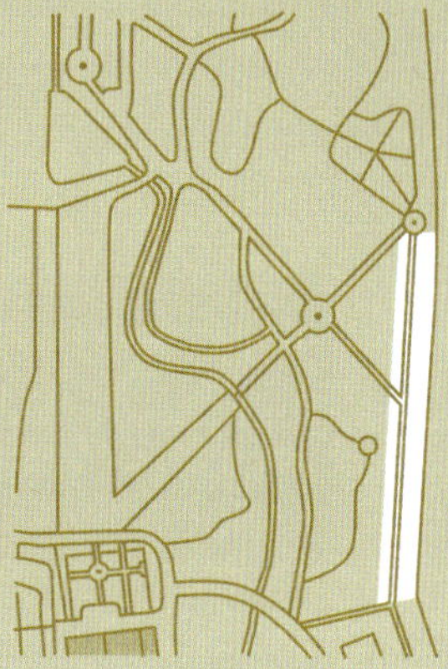
Gartenbereiche

Der Haselnussweg

Jeder, der einmal in Sissinghurst Garden war, kennt den Hazelnut Walk. Wer jedoch einmal im frühen April dort war, wird ihn nie wieder vergessen.

Nussgärten sind ein uraltes, bis weit ins Mittelalter hineingehendes südenglisches Gartenphänomen. Man fand und findet in jedem größeren Anwesen einen. Einerseits dienen sie natürlich der Nussernte, anderseits werden regelmäßig die dreijährigen Ruten geschnitten und zu Flechtzäunen und Rankhilfen im Staudengarten verarbeitet. Also wollte auch ich diese ökologisch wichtige Pflanze großzügig in unseren Garten integrieren.

Im Sommer ist es erholsam, im kühlen Schatten des Haselnusswegs zum weißen Garten zu gehen. Die Vase weist den Weg.

Was macht die Hasel so besonders?

Die Gewöhnliche Hasel (*Corylus avellana*) ist ein sommergrüner, bis zu fünf Meter hoher Strauch. Seine Stockausschläge an der Stammbasis können schon im ersten Jahr mehrere Meter hoch werden. Die Kätzchen blühen im Februar/März vor dem Laubaustrieb und sind ein wichtiger Pollenlieferant für unsere Bienen. Die Früchte werden von vielen Kleinsäugern (Eichhörnchen, Bilche und Mäuse), aber natürlich auch Vögeln wie Eichelhäher und Kleiber gefressen oder als Nahrungsvorräte vergessen und dadurch im Garten verbreitet. So kommt eine Haselnuss selten allein. Ökologisch besonders interessant ist die Tatsache, dass es eine Vielzahl von Insekten gibt, die sich von den Blättern, Früchten und dem Saft der Hasel ernähren; einige Arten leben ausschließlich von ihr. Zum Beispiel der Haselnussbohrer und einige Zikadenarten. So vermehrt bereits ein Haselnussstrauch die Artenvielfalt im Garten enorm.

Unser Haselnussweg

Also genügend Argumente für uns, diese wunderbaren Sträucher anzupflanzen. Wir lehnten uns einfach an einen Teil der Vogelgehölzhecke an und pflanzten als dritte Reihe auf etwa 80 Metern nur Haseln und im Abstand von vier Metern eine weitere Reihe. So entstand unser wirklich langer Haselnussweg. Im heißen Sommer liebe ich es hindurchzugehen. Der Weg ist stets schattig und kühl und man kommt geschützt vor zu viel Hitze zum Beispiel zum weißen Garten. Den Endpunkt des Weges haben wir mit einer großen Amphore betont, die von einer halbrund geschnittenen Eibenhecke umgeben und zur Vogelhecke abgegrenzt wurde. Sie wirkt hier als optischer Zielpunkt.

Igel in Not

Seit meiner Kindheit gibt es im Garten einige Lieblingstiere für mich. Bei den Vögeln fällt mir immer zuerst das Rotkehlchen ein und bei den Säugetieren gilt meine besondere Liebe den Igeln.

Etwas ganz Besonderes war es stets, wenn wir im späten August eine kleine Prozession mit Mama-Igel und drei bis fünf Baby-Igeln im Schlepptau über die Wiese ziehen sahen. Dann war die Zeit gekommen, bis zum Frost Igelfutter rauszustellen, Igelburgen zu bauen, Reisighaufen und Berge mit Laub anzuhäufen. So war unser Garten immer ein Refugium für diese wichtigen und wunderschönen Tiere, die uns manches Mal halb zahm vertrauten.
In den letzten Jahren wird es leider für die kleinen Stachelritter immer schwerer zu überleben, es wird immer wahrscheinlicher, dass wir sie aus unseren Gärten verlieren. In Bayern wurden sie schon 2017 auf die Rote Liste der vom Aussterben bedrohten Tiere gesetzt.

Klimaveränderung und Artensterben

Ein Grund dafür ist die Klimaveränderung. Die oft viel zu warmen Winter bewirken, dass die Tiere aus dem Winterschlaf aufwachen. Die wachen Igel irren dann auf der vergeblichen Suche nach Nahrung durch unsere Gärten und vergeuden so ihre für ein Überstehen des Winters dringend benötigten Fettereserven. Zusätzlich sorgt die ständig zunehmende Verarmung der Artenvielfalt inklusive Insektensterben auch und besonders in den sogenannten »pflegeleichten Gärten« dafür, dass Igel einfach keinen Lebensraum mehr finden, der sie ernährt und in dem sie überhaupt noch Nist-, Schlaf- und Überwinterungsplätze finden können.
Wenn wir möchten, dass die kleinen stacheligen Freunde weiterhin unsere Gärten bewohnen, müssen wir ihnen helfen! Unsere Gärten müssen igelfreundlich werden.

WAS KÖNNEN WIR TUN?

- Neben den bereits erwähnten Reisig- und Laubhaufen hilft auch ein Komposthaufen beim Überwintern. Außerdem gibt es dort für die kleinen Kerle jede Menge Tierchen zu futtern.
- Als Tagesschlafplatz eignen sich Hecken aus heimischen Gehölzen, wie Holunder, Pfaffenhütchen, Liguster.
- Es muss nicht immer Rasen sein, ein Stück Blumenwiese ist eine geeignete und mit Insekten gefüllte Spielwiese für Igelbabys. Und überhaupt, je bunter und vielfältiger das Leben im Garten ist, desto glücklicher sind die Tiere.
- Unbedingt muss darauf geachtet werden, dass bei länger andauernder Trockenheit flache, Schalen bereitstehen, die stets mit frischem Wasser gefüllt sind, damit die Tiere keinen Durst leiden müssen.
- Im Garten lauern aber leider auch Gefahren. Vor allem die neu in Mode gekommenen Rasenmähroboter fügen Igeln immense Verwundungen zu. Es wurden in diesem Jahr Hunderte Igel mit schlimmen Schnittverletzungen und Amputationen in Igelstationen aufgenommen.
- Sollte man im Herbst Igelkinder finden, die unter 500 Gramm wiegen, dann wäre es sehr hilfreich, sie mit regelmäßigen Futtergaben dick und rund zu füttern.
- Wenn man verletzte Tiere findet, vor allem tagsüber, sollte man sie besser in fachkundige Hände geben. Die nächste Igelstation wird nicht allzu weit entfernt sein, Adressen finden sich im Internet. Dort werden die schwachen und kranken Tiere selbstlos aufgepäppelt und auf ihr weiteres Leben in Freiheit vorbereitet.

Eine gärtnerische Weihnachtsgeschichte

Während der Garten für viele Menschen in der Winterzeit kein Thema ist, sehen wir als naturnahe Gärtner das anders. Denn in unserem Garten ist auch zu Weihnachten noch schwer was los!

Staudenbeete aufgeräumt und abgeschnitten? Nein, in den Beeten dürfen viele Wildbienen und andere Insekten in den hohlen Stängeln von Stauden und auch Einjährigen überwintern. Inzwischen weiß ja ein jedes Kind, dass unsere Insekten schneller »(aus)sterben als die Fliegen« – also werden wir ihnen ganz sicher nicht die letzten Überwinterungsmöglichkeiten nehmen. Und die nicht abgeräumten Beete im Raureif oder Schnee zu sehen, ist von ganz besonderer Schönheit.

Tiere im Winter

Unsere Igel, die wir im Herbst noch schnell mit Extra-Futtergaben für ihre lange Winterpause stärkten, liegen fest im Winterschlaf in einem extra für sie geschaffenen Reisighaufen oder unter einem gemütlich warmen Laubhaufen. Dort warten sie auf die ersten warmen Tage des Frühlings, um uns dann wieder in der Dämmerung zu besuchen.

Auch die vielen Fledermäuse haben sich ein Winterquartier für ihren Winterschlaf gesucht. Wenn sie sich nicht in einem nahe gelegenen Unterschlupf, z. B. in einem Holzhaufen, aufhalten, machen sie es sich in geeigneten Baumhöhlen bequem. Dank der vielen Pflanzen in den Beeten und zahlreichen Wildpflanzen überall sonst gibt es im Naturgarten noch genügend Nahrung für Insekten, die dann wiederum als Überlebensgrundlage dieser mystischen Tiere dienen.
In die Trockenmauern, Steinhaufen und ins aufgeschichtete Totholz haben sich Eidechsen, Kröten und Frösche zurückgezogen. Als wechselwarme Tiere sind sie in der Lage, ihren Stoffwechsel so herunterzufahren, dass die Körpertemperatur auf nahe null Grad fällt und sie nur einmal in der Stunde atmen müssen. Fänden sie keine geeigneten Spalten und Höhlen, müssten sie erfrieren.

LINKS OBEN Im Winter präsentiert sich der weiße Garten passenderweise in Weiß, aber nur bei Schnee oder Raureif natürlich. Da wir keine Pflanzen zurückschneiden, bleibt er stets für den Betrachter interessant. Und für Tiere ein Lebensraum.

LINKS UNTEN Im Winter erwarten uns bei Sonnenaufgang oft die schönsten Bilder. Da wird schon der erste Weg zu den Hühnern zu einem genussvollen Erlebnis. Ich mag den Winter sehr.

RECHTS Wir haben sehr viele Erdkröten im Garten. Sie finden etliche Möglichkeiten zu überwintern, können im Teich ablaichen und fressen unsere Nacktschnecken auf. Ich mag sie gern.

Dem kleinen Rotkehlchen ist es kalt. Es plustert sich auf und sein Gefieder wird zum wärmenden Mantel. Jetzt muss es viel Futter finden, sonst stirbt es in kurzer Zeit.

Nicht jedes Tier kann sich im Winter so zurückziehen. Daher sind nun viele Tiere auf der Suche nach Nahrung. Während der Kälte brauchen besonders die Singvögel viel Energie, um sich warm zu halten und auf Nahrungssuche zu gehen. Darum gilt es, sie regelmäßig und artgerecht zu füttern. Wegen der rapide abnehmenden Populationen und des ständig sinkenden natürlichen Nahrungsangebotes ist ein tägliches Füttern für uns seit Jahren selbstverständlich. Und das, obwohl in unserem Garten die vielen stehen gelassenen Samenstände, die liegen gelassenen Äpfel im Obstgarten, die unendlich vielen Hagebutten der Wildrosen und verschiedenste Beeren im Vogelgehölz eine Menge Futterreserven bieten. Wie kläglich sieht es dagegen in manch anderen Gärten aus?

Wintergenuss

Und was haben wir nun von alldem, außer einem guten Gefühl, alles Mögliche getan zu haben, eine täglich schwindende Natur zu unterstützen?
Wir gehen und bewegen uns in einem lebendigen, niemals langweiligen Garten und beobachten die bei uns unglaublich große Vogelvielfalt an den diversen Futterhäuschen. Wir freuen uns an der selbst gebastelten Weihnachtsdekoration, die giftfrei unser Haus schmückt: hier ein Kranz aus Tannengrün mit eingearbeiteten Hagebutten, dort ein Schälchen mit Zieräpfelchen. Und alle Zimmer duften, denn wir stellen überall Schalen mit wunderbaren Quitten auf.
Und wir nutzen die geruhsame Weihnachtszeit, um bei einer Tasse Kräutertee aus dem Garten neue Pläne zu schmieden für das nächste Jahr.

RECHTS Der Waldgarten präsentiert sich nun im schönsten Winterkleid. Bei diesem Blick direkt vor der Haustür braucht man keinen Winterurlaub. Wir haben jeden Tag Urlaub in unserem Gartenparadies. Und mit uns unsere Hunde und Katzen.

OBEN Wie gut, dass wir einige Weihnachtsbäume haben stehen lassen. Da möchte man doch gleich lossingen: »Oh Tannenbaum, oh Tannenbaum ….

UNTEN Während sich alle anderen Katzen bei Kälte und Schnee am warmen Kaminofen ihr Plätzchen suchen, begleitet uns unser Gretchen tapfer durch den Schnee und ist fasziniert.

LINKS Nie ist der Waldgarten so lichtdurchflutet wie im Winter. Die Morgensonne spiegelt sich im Teich und alles wird zu einem Märchenland.

Vor allem während regenarmer Perioden, aber auch im Winter bei Frost sollten wir unseren Vögeln Wasser anbieten. Ein Blumentopfuntersetzer, bei Frost mit einem Teelicht darunter, rettet vielen Vögeln das Leben. Auch auf dem Balkon.

Artenvielfalt »pflanzen« – so geht`s ganz einfach!

Wir haben mit der Umsetzung der folgenden 30 Naturgartenmodule eine unglaubliche Artenvielfalt in unseren Garten gelockt. Dafür muss man keinen Garten von 25.000 m² haben, es klappt auch in einem kleinen Garten.

1. Wasser im Garten – ein Muss! Ob riesiger Schwimmteich, kleiner Gartenteich, Speißtröge mit Wasser darin oder Vogel- oder/und Insektentränken – Wasser gehört in jeden Garten und auch auf den Balkon. Bitte ohne Fische! Gern ein wenig mit geeigneten Pflanzen bestücken. Schnell finden sich Wasserinsekten und Amphibien ein.

2. Heimische Bäume: Z.B. eine Zitterpappel. Die Blätter sind ganz wichtige Nahrung für Insektenlarven (in diesem Fall sind es vierzig verschiedene Raupen von heimischen Schmetterlingen). Vielleicht einmal eine Kopfweide an einen Gartenteich oder in eine Gartenecke pflanzen! Sie füttern damit mit der Zeit bis zu neunzig Käferarten. Eine alte Kopfweide ist ein eigenes Biotop und zudem eine Augenweide.

3. Vogelgehölze statt Forsythien und Co. Damit schaffen Sie wichtigen Lebensraum für Vögel, aber auch Nahrung für Insekten (Blüten) und Winternahrung für Vögel in Form von

Früchten. Außerdem bieten sie Unterschlupf für Igel und andere Kleinsäuger.
Beispiel Weißdorn *(Crataegus)*: Für 170 Insektenarten bedeutet er Nahrung. Im Gegensatz dazu Deutzie (*Deutzia*), Weigelie (*Weigela*) und Forsythie (*Forsythia* x *intermedia*) nur zwei, Kirschlorbeer (*Prunus laurocerasus*) null!
Pflege: Die dreijährigen Äste unten absägen und unter den Busch legen. So entstehen eigene Lebensräume für Kleinsäuger, Käfer werden angezogen und Vögel finden Nahrung.

4. Hecken: Bitte heimische Gehölze nutzen, am besten Eiben oder Hainbuchen. Ja, Eiben sind giftig, aber Kirschlorbeer auch! Und bitte niemals auf die Idee kommen, die Hecken während der Brutperiode zu schneiden, Sie legen so Nester frei und zerstören Lebensräume.

5. Haseln: Ein paar davon passen in jeden Garten. Es ist ein wichtiges Gehölz mit sehr früher Blüte und vielen Früchten. Wenn Sie schnell genug sind, bekommen Sie auch welche!

6. Totholzhecke: Der Gehölzschnitt ist viel zu schade, um ihn zu schreddern oder zu entsorgen. Einfach aufschichten. Die Käfer freuen sich, die Vögel mit ihnen und es gibt wieder wichtige Unterschlupfmöglichkeiten für Kleinsäuger.

7. Streuobstwiesen, Obstbäume: Platz für zumindest einen Obstbaum wird es sicherlich geben in ihrem Garten. Man kann ihn auch gut mit Stauden unterpflanzen, da die Bäume locker im Aufbau sind. Sie bieten Nahrung für Insekten und nach einigen Jahren ist ein großer Obstbaum ein eigenes Biotop mit unendlich vielen Lebensräumen. In einer alten Obstwiese finden sich bis zu 3000 Arten! Fallobst können Sie gern auch mal liegen lassen, viele Tiere freuen sich daran. Unter den Bäumen sollten Sie die Wiese stehen lassen. Wenn Sie sie nur zweimal im Jahr mähen und abtragen, entsteht eine Staudenwiese von ganz allein. Hängen Sie Vogel- und Fledermauskästen in die Bäume. Wildbienen bekommen in einem Obstbaum sehr viel Futter, andere Insekten natürlich auch.
Sollten Sie nur sehr wenig Platz haben, dann pflanzen Sie einen Zierapfel. Meine Lieblingssorte: 'Red Sentinel'! Sie bekommen einen herrlich blühenden Baum, der bis in den Februar die wunderbarsten Früchte trägt. Futter für Amseln, aber auch schön als Dekoration.

8. Wildobstgehölze: Felsenbirnen (*Amelanchier*), Mispeln (*Mespilus germanica*), Zierquitten (*Chaenomeles*), Apfelbeeren (*Aronia*) ... für jeden wird sich etwas finden, sie brauchen nicht viel Platz, bieten Insekten und Vögeln genügend Futter und uns ggf. auch.

9. Beerenbüsche: Erinnern Sie sich an Ihre Kindheit? – Pflanzen Sie einige Beerenbüsche! Sie bekommen einen echten Naschgarten und bitte lassen Sie auch etwas über für die Vögel. Es muss nicht immer alles verarbeitet werden! Wenn die Beeren reifen, haben die Vögel Nachkommen und dürfen ein wenig verwöhnt werden!

Die Japanische Weinbeere ist eng mit unseren Himbeeren und Brombeeren verwandt. Sie lässt sich leicht anbauen und ihre Früchte haben einen ganz besonderen süßsauren Geschmack.

10. Naturnahe Rosen: Naturnahe Rosen haben offene, ungefüllte, höchstens halbgefüllte Blüten mit Staubgefäßen und sie bilden Pollen als Insektennahrung. Später im Jahr entstehen Hagebutten als Vogelfutter. In Form von Marmelade auch als Menschenfutter. Außerdem sind naturnahe Rosen viel pflegeleichter. Rückschnitt gern bei üppig wachsenden Rosen mit der Heckenschere. Schädlingsbefall gibt es seltener.

11. Totholzanlagen: Entweder legen Sie einen Totholzhaufen an oder legen Sie einzelne Stücke von altem Holz in die Beete oder auf die Wiese. Egal wo, Totholz ist Gutholz! Käferfutter!!! Auch einmal einen toten Baum stehen lassen, zumindest den Stumpf. Egal, ob in der Sonne oder im Schatten, er ist noch lange Futterlieferant und Lebensraum für allerhand Tiere. Es werden unzählige Asseln, Springschwänze usw. angelockt, die das Holz mit den Jahren zersetzen, und das wiederum ist eine wichtige Nahrungsgrundlage für unsere Vögel.

In jedem Garten sollte es vielfältigstes Totholz geben. Ob als alter Baumstamm oder als Totholzhecke ernährt es Armeen von Käfern, die auf zersetzte Zellulose angewiesen sind.

12. Steinhaufen im Garten: Legen Sie einzelne Steine aufeinander – große, kleine, alte, neue, egal. Es entstehen immer Verstecke, die gern genutzt werden. Sie werden unzähligen Bewohnern ein neues Zuhause anbieten, was diese gern annehmen werden. Tipp: Ebay-Kleinanzeigen! Viele Leute räumen ihre Gärten auf und verschenken große Mengen Steine. Selbst ein Schotterhaufen in einer Ecke ist ein neuer Lebensraum!

13. Trockenmauern: Anstelle von Betonsteinen oder Pylonen bitte Natursteinmauern aufschichten, nicht mit Mörtel. Es sieht viel (!!!)schöner aus und bietet reichlich Wohnungen für allerhand Krabbler. Sie werden wieder Eidechsen einen Lebensraum anbieten können! Die Fugen dürfen gern mit Trockenkünstlern bepflanzt werden: Fingerkraut (*Potentilla*), Mauerpfeffer (*Sedum*), kleine Glockenblumen (*Campanula*), kleine Wolfsmilchgewächse (Euphorbia), Grasnelken (*Armeria*) ... Trockenmauern müssen nicht hoch sein. Auch ein Beet kann mit kleinen Mäuerchen eingefasst werden.

14. Darf es ein Schottergarten sein? Ja, gern, wenn es einer ist, der mit sonnenhungrigen Trockenkünstlern bepflanzt wurde. Davon gibt es viele! Vorteil: Es sieht wunderbar aus, braucht nur ganz wenig Zeit und Arbeit, ist also pflegeleicht! Und es wachsen jede Menge wunderbare Insektenmagneten. Siehe Liste Seite 232f.!

15. Vom Golfrasen zur Blumenwiese! Beenden Sie das unselige Düngen Ihres Rasens und Sie werden von ganz alleine eine Blumenwiese bekommen. Pflanzen Sie jede Menge frühe Blumenzwiebeln in den Rasen, wie Schneeglöckchen (*Galanthus*) und Wildkrokusse (*Crocus* spec.), gern auch Schachbrettblumen (*Fritillaria meleagris*) und Wildtulpen (*Tulipa* spec.). Wenn Sie den richtigen Boden und keine Wühlmäuse haben, werden sie sich mit der Zeit zu herrlichen Blumenwiesen vermehren. Mähen Sie den Rasen nur noch alle paar Wochen. Ändern Sie Ihre Einstellung. Von: »Oh Gott, ein Unkraut im Rasen!« Zu: »Oh, wie schön, eine Blüte mit Insekt!« Mit der Zeit werden sich bei Ihnen wieder heimische Wiesenblumen ansiedeln. Die Gräser werden abnehmen, die Stauden zu. Sie können versuchen, den Rasen mit diversen Stauden zu impfen, dann geht es schneller.

16. Eine »richtige« Blumenwiese: Sie können jedoch auch die schnelle und sichere, aber arbeitsintensivere Variante wählen. Sie legen eine richtige Blumenwiese aus mehrjährigen Wildkräutern an! Dafür müssen Sie die obere Mutterbodenschicht abtragen, tief wurzelnde »Unkräuter«, die sie nicht in der Wiese haben möchten, ausgraben, dann sanden Sie den Bereich ab und säen autochthones (heimisches) Saatgut von einem guten Samenhändler wie z.B. Rieger-Hofmann aus. Nach spätestens zwei Jahren haben Sie eine herrlich bunte, artenreicher und artenreicher werdende Blumenwiese, die Sie ein- bis zweimal im Jahr mähen und das Mahdgut abtragen müssen.
Wenn Sie es gern noch artenreicher hätten, dann baggern Sie 35 Zentimeter Boden ab, schichten Muschelkalkschotter ein und säen Sie dann aus. Sie werden Ihr buntes Wunder erleben!!! Und kaufen Sie sich schon mal ein Bestimmungsbuch für Schmetterlinge, Sie werden es bald brauchen!

17. Summende und brummende Staudenbeete: Wenn Sie bei der Auswahl der Pflanzen, die Sie bei Ihrem Staudengärtner kaufen, darauf achten, dass es Insektenpflanzen sind, dann sind Sie auf der sicheren Seite. Wählen Sie unbedingt so etwas wie Spornblumen (*Centranthus*), Astern (*Aster*), Verbenen (*Verbena*), Katzenminze (*Nepeta*), Duftnesseln (*Agastache*), Wilden Storchschnabel (etwa Sorten von *Geranium phaeum*), Telekien (*Telekia*), Zierlauch (*Allium*), Indianernessel (*Monarda*), Rudbeckien (*Rudbeckia*), Knautien (*Knautia*), Königskerzen (*Verbascum*) und es gibt noch viele, viele mehr. Wenn sie nicht wissen, welche Stauden Insektenstauden sind, dann fragen Sie Ihren Staudenhändler.
Überhaupt: Kaufen Sie möglichst keine überteuerten, schlecht angezogenen Stauden in Gartencentern. Sie bezahlen oft viel zu viel Geld für viel zu schlechte Ware.

Wildpflanzen können wunderschön und besonders sein. Hier der Teufelsabbiss in seltenem Weiß, beliebt bei Mistbienen.

18. Wildblumen: Die Natur bietet uns ein großes Angebot an Pflanzen, die sich in unseren Beeten sehr wohl fühlen. Kaufen Sie einmal ein Päckchen Samen der wilden Möhre (*Daucus carota*) - sooo schön! Und sie wird immer weiter durch ihre Beete mäandern. Das Gleiche gilt für Mohn (*Papaver*), Lerchensporn (*Corydalis*), Knoblauchsrauke (*Alliaria*), eine wichtige Raupenfutterpflanze, Verbenen (*Verbena*), Bergenien (*Bergenia*), Schafgarben (*Achillea*), Karden (*Dipsacus*) und viele andere mehr. Denken Sie daran: Über Tausende von Jahren haben sich Blüten und Insekten in der Evolution aneinander angepasst. Viele Insekten sind auf »ihre« Wildpflanze angewiesen. Je mehr davon in Ihrem Garten stehen, umso mehr Chancen haben Sie, dem Insektensterben ein Schnippchen zu schlagen.

Alle Doldenblütler zeichnen sich dadurch aus, dass sie absolut trockenresistent sind und wahre Insektenweiden. Oft sieht man viele verschiedene Käfer auf einer Blüte.

19. Doldenblütler: Kaum eine Blütenart, die dermaßen viele Insekten anlockt wie die Familie der Apiaceen, auch Umbellifera genannt. Es sind allesamt Insektenmagneten! Darunter viele Gewürze wie Kerbel (*Anthriscus*), Petersilie (*Petroselinum*), Möhre (*Daucus*), Fenchel (*Foeniculum vulgare*), aber auch der viel gehasste Giersch (*Aegopodium podagraria*). Sie finden irgendwo bestimmt eine Ecke, in der er wachsen und blühen darf. Eine Flut von Insekten, die er anzieht, wird es Ihnen danken.

20. Die wilde Ecke! In jedem Garten sollte es irgendwo eine Ecke geben, die Sie sich selbst überlassen. Dort darf wachsen, was möchte, dort darf es unaufgeräumt sein und dort haben viele Tiere eine ungestörte Möglichkeit auf ein wenig Lebensraum für sich. Lassen Sie unbedingt ein paar Brennnesseln stehen. Sie können Sie nutzen als Grundlage für düngende und stärkende Brennnesseljauche. Außerdem gibt es keine Pflanze, die so viele verschiedene Insekten füttert wie diese, nämlich über 120. Lassen Sie auch einmal ein Stück Wiese ganzjährig stehen. Schon werden sich ein paar Grashüpfer einfinden, ganz bestimmt.

21. Nachtfalter: Es gibt nicht nur tagaktive Schmetterlinge. Viel mehr Arten sind Nachtfalter, die nur nachts fliegen. Sie brauchen nektarproduzierende Pflanzen wie Nachtviolen (*Hesperis*), Lichtnelken (*Silene*), Nachtkerzen (*Oenothera*), Levkojen (*Matthiola*), Seifenkraut (*Saponaria*) usw. Viele Nachtfalter sind eine wichtige Nahrung für Fledermäuse.

22. Fledermäuse: Noch gibt es in Deutschland 25 Arten von Fledermäusen. Sie benötigen neben Nahrung und Wasser auch Verstecke für den Tag, zum Überwintern und als Wochenstuben. Lassen Sie Öffnungen an Dachböden, damit sie dort hineinkönnen. Auch Vorsprünge im Mauerwerk, Holzverkleidungen, Verschalungen usw. helfen ihnen zu überleben. Eigentlich brauchen sie alte Bäume mit Höhlen. Aber wo gibt es die noch? Hängen Sie gern einen Fledermauskasten auf als Nisthilfe, wenn Sie diese faszinierenden Tieren unterstützen wollen.

23. Vögel im Garten brauchen:
- genügend Maden und Insekten, um ihre Kinder großzuziehen
- genügend Futterpflanzen (Früchte) für den Winter
- Möglichkeiten zum Brüten (hängen Sie Nistkästen in die Bäume oder an Hauswände in den Halbschatten)
- Unterschlupfmöglichkeiten wie Holzstapel, immergrüne Gehölze, Stechpalme (*Ilex*), Hausbegrünung
- Wildgehölze, in denen Nester gebaut werden können
- Wasserschüsseln rund ums Jahr, unbedingt im Sommer!
- Winterfütterung, besser Ganzjahresfütterung

24. Maulwürfe: Ja, Maulwürfe schieben ihren Erdaushub an die Oberfläche und bescheren uns Maulwurfhügel! Aber im Gegensatz zu Wühlmäusen fressen sie Larven und vor allem Schnecken und sogar kleine Wühlmäuse. Außerdem lockern und durchlüften sie den Boden. Ich freue mich über die Hügel. Die Erde ist wunderbar feinkrümelig und locker und eignet sich gut als Aussaaterde. Wenn man die Erde etwas auf dem Rasen verteilt, kann man auch gut Blumenwiesensamen hineingeben und so die Entwicklung zur erträumten Blumenwiese beschleunigen.

25. Igel: Igel im Garten sind ein Muss! Leider sterben sie mehr und mehr aus und werden immer seltener, weil sie schlicht verhungern oder von unseligen Rasenmährobotern schwer verletzt oder getötet werden. Igel sind Insektenfresser. Sie vertragen weder Obst noch Milch. Sie brauchen vor allem im Frühling und im Herbst, aber auch in warmen Wintern unsere Unterstützung in Form von Futter (gern Katzenfutter) und Wasser. Schaffen Sie bitte Durchgänge in Zäumen, denn Igel brauchen mehr als einen Garten, um satt zu werden. Und lassen Sie ihnen Möglichkeiten, sich einen sicheren und warmen Platz für den Winterschlaf zu suchen. Sie benötigen Laubhaufen und unaufgeräumte Ecken mit viel Reisig oder undurchdringliche Hecken.

26. Fassadenbegrünung: Efeu im Putz ist keine gute Idee, aber es gibt sehr viele verschiedene Möglichkeiten, die Fassaden zu begrünen. Sie schaffen so unzählige Nistplätze für Vögel, aber auch Nachtplätze. Wenn die Pflanzen blühen, füttern sie damit Insekten, und wenn sie im Herbst

Wenn irgend möglich, sollten Hauswände mit geeigneten Pflanzen bewachsen sein. Hier eine toll blühende Kletterhortensie.

und im Winter fruchten, füttern sie die Vögel. Außerdem bekommen Sie ein angenehmeres Mikroklima rund um Ihr Haus.
Und der Efeu kann gern an den Bäumen hochwachsen. Nein, er erwürgt keine Bäume. Das ist ein Märchen, das absolut widerlegt ist. Im Gegenteil, er schützt die Bäume vor Witterung und bietet Nahrung in Mengen und Schutz für Tiere.

27. Gemüsegarten: Verändern Sie Ihre Einstellung zum Thema Schädlinge. Benötigen Sie wirklich ein jedes Stück Gemüse, das Sie anbauen? Oder ließe sich auch ein wenig davon abgeben?
Kaufen Sie ein Tütchen Kohlsamen und ziehen Sie Pflänzchen hoch, die nur für die Kohlweißlinge sein werden. Sie werden sich wundern, wie viele davon im nächsten Jahr durch Ihren Garten fliegen. Pflanzen Sie gern alles durcheinander und Sie brauchen vor Schädlingen viel weniger Angst zu haben. Mulchen Sie zwischen den kleinen Pflanzen, dadurch haben Sie gleichzeitig weniger »Unkräuter« und brauchen weniger Wasser. Pflanzen Sie überall Doldenblütler dazwischen. Lassen Sie einige Exemplare von jeder Gemüsesorte stehen und zur Blüte kommen. Sie bekommen viel Insektenbesuch und können gleichzeitig noch Ihr eigenes Saatgut produzieren. Stellen Sie Ihren Schädlingsbegriff infrage ... es entspannt ungemein!

Je mehr Sorten Blumen und Gemüse auch auf geringem Platz durcheinanderwachsen, desto besser ist es für die Vielfalt der tierischen Bewohner, die sich gegenseitig regulieren.

28. Kompost: Verzichten Sie niemals in Ihrem Garten auf einen eigenen Komposthaufen. Er ist bares Geld wert. Sie brauchen keine Biotonne, denn Sie werfen alle organischen Abfälle auf den Kompost und produzieren gleichzeitig eine große Menge guter Erde, die Sie später auf Ihre Beete geben. So können Sie auf jegliche Zugabe von zugekauftem Dünger verzichten. Der Kompost ist, wie man so schön sagt, das Gold des Gärtners!

29. Rückschnitt und Flächenkompostierung: Schneiden Sie niemals im Herbst Ihre abgeblühten Stauden zurück. Das Frühjahr ist der richtige Zeitpunkt. So haben Ihre Vögel reichlich Nahrung in den abgeblühten Samenständen. Außerdem wird Ihr Boden bedeckt und im vergehenden Grün tummeln sich Insekten und deren Larven, um zu überwintern. Diese können den ganzen Winter über wiederum von Ihren Vögeln gefunden und gefressen werden.
Beim Rückschnitt dürfen Sie gern grob vorgehen. Die im Frühling morsch gewordenen Stauden lassen sich leicht umtreten und klein knicken. Lassen Sie die zerkleinerten Pflanzenreste gleich an Ort und Stelle liegen. Sie werden in sehr kurzer Zeit von den neu austreibenden Stauden überwachsen. Dadurch bleiben die Nährstoffe gleich dort, wo sie hingehören, und Sie brauchen weniger Kompost für die Beete.

30. Pflanzen Sie Geophyten: Noch halb im Winter sind Zwiebelblumen eine wichtige Nahrungsquelle für erste Insekten. Kaufen Sie möglichst wilde, auch in der Natur vorkommende Zwiebeln

Geophyten zu pflanzen macht großen Spaß. Man gestaltet mit ihnen ein Buffet für frühe Insekten und Freude für unsere im Winter blütenhungrig gewordene Seele.

wie Schneeglöckchen, Wildkrokusse, Wildtulpen, Dichternarzissen, Milchsterne, *Scilla* usw. Wenn es ihnen an den richtigen Stellen gefällt, vermehren sie sich »wie wild« und Sie können beobachten, wie spätestens im Februar das große Summen und Brummen in Ihrem Garten beginnt.

Naturnahes Gärtnern ist so einfach!

- Sie benutzen niemals Gifte oder nicht-organischen Dünger, denn es würde die Tiere in Ihrem Garten schädigen.
- Sie pflanzen am besten von allem etwas! Nach dem Motto: Viel Artenvielfalt führt zu noch viel mehr Artenvielfalt!
- Sie pflanzen alles, was Insekten anzieht und ihnen Nahrung bietet. Mit einem reichen Angebot bekommen Sie eine reiche und vielfältige Insektenfauna und infolgedessen auch viele Vögel und Kleinsäuger sowie Amphibien.
- Pflanzen Sie möglichst heimische Gehölze, die im Herbst reichlich Früchte tragen.
- Sie lassen in Ihrem Garten Platz für Lebensräume und schaffen auch neue, so viele und so verschiedene wie irgend möglich.

Wenn Sie das alles beherzigen und eine Prise gestalterisches Können dazutun, dann bekommen Sie keinen Messi-Garten, sondern einen naturnahen Garten, in dem es summt und brummt und singt und durcheinanderlebt, dass es nur so eine Freude ist, und der gleichzeitig eine Freude fürs Auge sein wird. Und Sie tun wirklich etwas für die Natur damit. Erfreuen Sie sich daran! Es wird Sie glücklich machen.

Register

Fett gedruckte Zahlen verweisen auf Abbildungen

A

Achillea filipendula 'Credo' **233**
Achillea millefolium 64, 143, **143**, 156, 277
Aconitum carmichaelii 225
Agastache **144**, **193**, **224**
Akelei 78, **79**
Akropolis **100**, 101, **101**
Allium 70, 71, 78
- 'Millenium' **84**, **149**, 229
- 'Purple Sensation' 80
- sphaerocephalon 112, 184, **185**, 230

Alpenveilchen 29, **29**, 207
Amelanchier **195**
Amsel **257**
Anemone hupehensis 175
Anemone japonica 'Wirbelwind' 165
Anthemis tinctoria 250
Anthriscus 278
Anthriscus sylvestris **76**, 77, 137
Apfel **205**
- 'Rheinischer Winterrambur' **237**
- Sortenübersicht 237
- 'Topaz' **181**
- 'Winterbananenapfel' 228

Apfelbeere **205**, 275
Aquilegia 78, **79**
Aralie
- Japanische **207**

Aralia elata 206, **207**
Aronia **205**, 275
Astern 168, 175, **193**, **196**, 197, 204, **210**, **224**, 225, **226**
Astrantia major 71, **115**
- 'White Giant' **165**

Athyrium niponicum 188, **188**

B

Bauernbeet 112, **113**, **156**, 168
Baumkreis 94, **95**, 100, **248**
Beerenobstgarten 73, **73**, 95, 111, 125, 147, 251
Beinwell 33, 52, 64
Beth-Chatto-Beet 110, **111**, 143, 182f., **182f.**
Birkenwäldchen 22, 42f., 94, 80
Birne
- 'Conference' **181**
- Sortenübersicht 238
- 'Williams Christ' **239**

Bistorta 206
Bistorta amplexicaulis **154**, **206**
Bistorta amplexicaulis 'Album' **165**
Blänke 63f., 72, 97, 122, **187**
Blaues Beet 116, **132**, **193**
Blaumeise **215**
Blechnum spicant **128**, 188
Bogengangbeete **130**, 145, 154, 194
Braunelle
- Großblütige 64, 143

Brennnesseln 50, 278
Brombeeren **126**, **148**, **179**
Bruchsteinmauer 114, **114**, 172, 276
Brunnenkresse 63
- Echte 64, 97

Buchsbaum 68, 94, 162, **261**
Buchsbaumzünsler 68
Buchfink **220**
Buntspecht **220**

C

Calamagrostis x acutiflora **115**, 260
Caltha palustris 64, **65**
Camassia 43, **43**, 78, **80**
Campanula lactiflora 'Alba' **165**
Campanula persicifolia 'Grandiflora Coerulea' **233**
Campanula rapunculoides 184, **233**
Campanula trachelium 154
Cardamine pratensis 37, **76**, 77, 137, 172
Centaurea 122, **123**
Centaurea jacea **135**, 136
Centranthus **114**, 277
Chelsea Chop 145
Chinaschilf 256
Cimicifuga 153
Cimicifuga ramosa 208
Cimicifuga simplex 'White Pearl' **167**, 226
Clematis **131**, 153, **162**, 190,
Clerodendrum 203, **212**
Cotoneaster 207, **207**
Cyclamen **24**, 29, **29**, 207

D

Dactylorhiza majalis 64, **65**
Dahlia **84**
Dahlien **84**
Dipsacus **256**, 277

Dotterblume
- Sumpf- 64, **65**

Dreiblattspiere
- Nördliche **166**

Duftnessel **144**

E

Echinacea purpurea 'Alba' **167**
Efeu 129, **129**, 279
Ehrenpreis
- Teppich- 'Blauteppich' **184**

Eibe **57**, 58, 68, **161**, 171, 173, 195, **196**, 197, 275
Eisenhut
- Herbst- **193**, 225

Eisvogel **138**
Epilobium 153
Epipactis helleborine 64, 145
Erdkröte **269**
Eryngium alpinum 'Blue Star' **185**, **233**
Eryngium x zabelli 'Big Blue' **142**
Eupatorium **125**
Euphorbia 260, 276

F

Farn
- Königs- **155**, 189
- Regenbogen- 188, **188**
- Rippen- **128**, 188

Färber-Hundskamille **250**
Federgras
- Mexikanisches **111**, **112**, 183, **185**
- Riesen- 235

Felsenbirne **195**, 215, 275
Filipendula ulmaria 64, 99

Fledermaus 63, 121, 122, 241, 269, 278
-kästen 275, 279
Flockenblume 122, **123**
- Wiesen- **135**
Fritillaria 37, **37**, 276
Fugenpflanzen 68, **69**, 74

G
Gamander
- Kaukasus- **176**
Garbe
- Gold- 'Credo' **233**
Gaura lindheimeri 233
Gemüsegarten 35, 73, **74**, 83f., **83f.**, **84**, 125, 280
Geranium 53, 73, 113, **116**
Geranium maculatum 'Album' 71, **165**
Geranium nodosum **66**, 68
Geranium phaeum 52, 71, **72**
Geranium renardii 'Philippe Vapelle' **110**
Geranium sanguineum
- 'Elke' 183
- 'Tiny Monster' 183
Geranium wallichianum 'Rozanne' 117, **133**, 172
Gilbweiderich 122, **123**
Gilennia trifoliata **166**
Glockenblume **144**
- Acker- 184, **233**
- Nesselblättrige 154, **155**
- Pfirsichblättrige **233**
- Riesen-Dolden- 'Alba' **165**
Grünfink **221**

H
Hahnenfuß
- Wasser- 64, **65**, 118
Hasenglöckchen 33, **66**, 67, **69**
Haselnussweg 266, **266**
Hausgarten 112, **113**, 156, **156**, 168f., **168f.**
Hauhechel-Bläuling **134**, **178**
Hedera helix 129, **129**, 279
Heiligenkraut
- Graues **235**
Helleborus orientalis 'Conny' **167**
Hemerocallis 127, **127**, 131, 144, **144**, 154, 192, **198**
Herbst-Anemone **162**, 164, **165**, 175
- Japanische 'Wirbelwind' **165**
Herbstmargerite 208, **208**
Honigbiene **138**
Hortensien 150
- Kletter- **279**
- Rispen- **151**, **154**, **256**
Hottonia palustris 64, **65**
Hühner 85f., **85f.**, 111, 177, **177**, 209
Hunde **55**, 86, **115**, 148, 177, 194, **195**, 251, **251**
Hundszahnlilie **40**
Hyacinthoides hispanica 33, **66**, 67, **69**

I
Igel 121, 227, 267, **267**, 269, 279
Igelkolben 63
- Ästiger 64
Ilex 259, 279
Ilex crenata 58, 84, **84**
Iris pseudacorus 30, 63, 64, **65**, 122
Iris sibirica- 64
- 'White Swirl' **167**

K
Kaisermantel **125**
Kalimeris 153
Karde **256**, 277
Katzen 52, **54**, **55**, **61**, 97, 222, **273**
Katzenminze 113, 171
- Blaue **235**
Kerbel 278
- Wiesen- **76**, 77, 137
Kernbeißer **257**
Kirschpflaume **48**, 49,
Klappertopf **136**, 137
Kleiber **221**
Knabenkraut 64
- Breitblättriges 64, **65**
Knautia 69, 122, 136, 143, 277
Knautia arvensis 69
Knautie **68**, 121, 122, 136, 138, **138**, **139**, 143, 277
Knöterich 206
- Kerzen-Wiesen- **154**, **206**
- Kerzen-Wiesen- 'Album' **165**
Kohlmeise **223**
Kompost 99, 280
-, Flächen- 20, **20**, 23, 280
- im Beet 21
Krokusse 21, **21**
Küchenschelle **41**, 50, **50**

L
Lampenputzergras **258**, 259
Lathyrus pratensis 63, 64, **143**
Laub 244f., **244f.**, 265
Laubfrosch **120**, **186**, 227, **227**
Lauch
- Kugel- **112**, 184, **185**, 230
Leucanthemella serotina 208, **208**
Losbaum/-strauch 203, **212**
Lysimachia punctata 122, **123**
Lythrum salicaria 64, 186

M
Mädesüß
- Echtes 64, 99
Mahd 117, 136, 155, **242**
Mannstreu
- Alpen- 'Blue Star' **233**
- Garten- 'Big Blue' **142**
Mauerpfeffer **226**, **276**
Miscanthus **256**
Mistbiene **277**

N
Narcissus 22, **22**, 33, 35, 37, **42**, 43, **43**, 197, 230
Narcissus poeticus **42**, 43, 246, 281
Narzisse
- Dichter- **42**, 43, 246, 281
Nasturtium officinale 63, 64, 97
Nelkenrose 'Pink Grootendorst' 116, **116**
Nepeta x *faassenii* 'Walkers Low' **235**
Nieswurz
- Orientalische 'Conny' **167**

O
Obst, Sortenübersicht 237
Obstgarten 73, 125, 178, 249, 251
Oenanthe aquatica 118, **118**
Osmunda regalis **155**, 189
Osterglocke 22, **22**, 33, 35, 37, **42**, 43, 43, 197, 230
Otternkopf 178, **180**

P
Parkgarten **90**, 92f., **92f.**, 192f., **192f.**, 246f., **246f.**
Pennisetum **258**, 259
Pflanzliste
- Blänke 64
- Staudenwiese im Sandbeet 232
- Vogelhecke 215
- weißer Garten 164
Phlox **144**, 151, **152**, 203, 228
- Stauden- 'Jade' **167**
Phlox paniculata 'Jade' **167**
Pilze 204, 226, 260, **260**
Pimpernuss 145, **146**
Pinetum 67, 97, **254**
Pinselkäfer **138**
Platterbse
Wiesen- 63, 64, 142
Prachtkerze **233**
Prärielilie 43, **43**, 78, **80**
Prunella grandiflora 64, 143
Prunus spinosa 205, 215
Pulsatilla **41**, 50, **50**

R
Ranunculus aquatilis 64, **65**, 118
Ranunculus ficaria **36**, 37
Raubritterbeete 96, **196**, 197
Rauchschwalbe 150, 217, **220**
Reitgras
- 'Karl Foerster' **115**, 260
Rhinanthus minor **136**, 137
Rohrkolben 63
- Breitblättriger 64
Rosa Beet 70, 154, 176, 249
Rosen **104**, 105, **107**, **109**, 112, 140f., **140f.**, 154, 176, 203
- 'Apple Blossom' **141**
- 'Aspirin' **57**, 59, 108
- 'Christine Helene' **106**, 107
-gang 194
- 'Guirlande d'Amour' **115**
- 'Hella' 59, **109**
- 'Hugonis' **140**
- 'Jasmina' 106, **106**
- 'Kiftsgate' 61, **61**, **141**
- Kletter- 105, **109**
- naturnahe 276
- Nelkenrose 'Pink Grootendorst' 116, **116**
- 'Perennial Blue' 106, **130**, **141**
- Rambler- 19, **60**, 105, **106**, 170
- 'Raubritter' **107**
Rotkehlchen **216**, **270**
Rubus **126**, **148**, **179**
Rubus phoenicolasius 147, **275**
Rudbeckia **277**
Rudbeckia fulgida var. *deamii* **174**, 175
Rudbeckia nitida 'Herbstsonne' **174**
Rudbeckien **174**

S
Salbei **111**, 184, **230**
- Steppen- 'Caradonna' **235**
- Wiesen- **139**, **235**
Salvia **111**, 184, **230**
Salvia nemorosa 'Caradonna' **235**
Salvia pratensis **139**, **235**
Santolina chamaecyparissus 'Edward Bowles' **235**
Schachbrettblume 37, **37**, 276
Schafgarbe
- Wiesen- 64, **142**, 143, 156, 277
Scharbockskraut 36, 37
Schaumkraut
- Wiesen- 37, **76**, 77, 137, 172
Scheinsonnenhut 'Alba' 164, **167**
Schlehe **205**, 215
Schleiereulen 39, **39**, 219
Schmetterlinge 50, 124, **125**, **134**, **138**, 145, **178**, 278
- Eisvogel **138**
- Hauhechel-Bläuling **134**, **178**
- Kaisermantel **125**
- Waldvögelchen **138**
- Zitronenfalter 138
Schnecken 70, 75, 110
Schneeglöckchen **24**, 26f., **26f.**
Schnitt 121
- Chelsea Chop 145
- Gehölz- 19, 23, 275
-gut 23, 264f., **264f.**
- Rosen- 19, **20**, 140, 203
- Rück- 228, 280
Schnittlauch 75, **75**
Schönaster 153
Schwertlilie 122
- Sumpf- 30, 63, 64, **65**, 122
- Wiesen- 'White Swirl' **167**
Sedum **226**, **276**
Silberkerze 153
- Oktober- 'White Pearl' **167**, 226
- September- 208
Sissinghurst 157, 160, 197, 266
Sonnenhut **258**
- Glänzender 'Herbstsonne' **174**
- Prärie- **174**, 175
Spatz **257**, **274**
Spornblumen **114**, 277
Ständelwurz
- Breitblättrige 64, 145
Staphylea 145, **146**
Staudenbeete **101**, 144, **224**, 277
- Wild- 71, 126
Stechpalme 259, 279
- Japanische 58, 84, **84**
Steinhaufen **196**, 231, 276
Steinkauz 117, **117**, 218, **218**, 241
Sterndolde 71, **115**
- Große 'White Giant' **165**
Stipa gigantea **235**
Stipa tenuissima **111**, **112**, 183, **185**
Störche 22, **23**, 38, **38**, 44f., **44f.**, 51, 53, 81, **82**, 98, 118, **119**, 149, 156, 177, 194, 250
Storchschnabel 53, 73, 113, 116
- Amerikanischer 'Album' 71, **165**
- Blutroter 'Elke' 184
- Blutroter 'Tiny Monster' 184
- Brauner 52, 71, **72**
- Kaukasus- 'Philippe Vapelle' **110**
- Knotiger **66**, 68
- Wallich- 'Rozanne' 117, **133**, 172
Strobilanthes atropurpureus 178, **180**
Stumpery 8, 69, **69**, 127, **128**, 154, **155**, 188f., **188f.**, 194, **195**, 249
Symphytum officinale 33, 52, 64

T
Taglilie 127, **127**, 131, 144, **144**, 154, 192, **198**
Tannenmeise **257**
Tannenwedel
- Gewöhnlicher 64, 186
Telekia **138**
Telekia speciosa 127
Telekie **138**
- Große 127
Terrassengarten **18**, **48**, 53, 56f., **56f.**, 61
Teucrium hircanicum 'Paradise Delight' **176**, 234
Teufelsabbiss **277**

Thalictrum aquilegiifolium 'Album' 71
Thalictrum delavayi 'Splendide White' **152**, **166**, 177
Tiere im Winter 269
Totenkopfschwärmer 63
Totholz 23, 62f., **62f.**, 70, 188, 194, 276, **276**
-hecke 198, 264, **264**, 275
Trockenheit 31, 37, 94, 121, 128, 151, 157, 175
Turmfalke 218, **219**
Typha latifolia 63, 64

U
Uhu 63, 122, 219

V
Veronica spicata 'Blauteppich' **184**
Vicia cracca 63, 64
Vögel 216f., **216f.**
- Amsel **257**
- Anflugtraumen 121
- auf der Streuobstwiese 241
- Blaumeise **215**
- Buchfink **220**
- Buntspecht **220**
- Efeu als Schlafplatz 129
- Grünfink **221**
- im Winter 257, **257**, 261
- Kernbeißer **257**
- Kleiber **221**
- Kohlmeise **223**
- Rauchschwalbe 150, 217, **220**
- Rotkehlchen **216**, **270**
- Spatz **257**, **274**
- Steinkauz 117, **117**, 218, **218**, 241
- Tannenmeise **257**
- Turmfalke 218, **219**
- und Schnittgut 23, 264, 275
- Vogelgehölze 274
- Was Vögel im Garten brauchen 279
Vogelhecke 19, **205**, 214f., **214f.**

W
Waldgarten 30f., **30f.**, 67, **69**, 122, **123**, **245**, **271**, **272**
Waldsee 51, **51**, 118
Waldvögelchen **138**
Warmes U 52, 193
Wasser 121, 186f., **186f.**, **187**, 222, 257, **257**, 267, 274
Wasserdost **125**
Wasserfeder
- Europäische 64, **65**
Wasserfenchel 118, **118**
Weidenröschen 153
Weiderich
- Blut- 64, 186
Weinbeeren 147, **275**
Weißer Garten 70, **71**, 114, **115**, **144**, 153, 160f., 160f., 176, 208, 226, 246, 249, **268**
Wicke 265
- Vogel- 63, 64
Wiesen 134f., **134f.**, 136, **142**, 143, 172
- Blumen- 121, 276, 277
- Mager- 70, 121, **123**, 143, 155, 194, 247, 249, **250**, 251
- Obst- 156, **229**, 236f., **236f.**, **242**
- Stauden- 137, 178, **211**, 230, **230**
- Streuobst- 241f., **241f.**, 275
Wiesenraute
- Akeleiblättrige 'Album' 71
- Chinesische 'Splendide White' **152**, **166**, 177
Wilde Ecken 124, 154, 278
Wildstaudenbeet 71, 126
Wildtiere 121
Witwenblume, Wiesen- 69
Wolfsmilch 260, 276
- Esels- 183
- Zypressen- 183

Z
Zierapfel **202**, 204, **257**, 258, 270, 275
- 'Butterball' **205**
- 'Professor Spenger' 96
- 'Red Sentinel' **48**, 56
Zierkirsche **34**, 36, **36**, 168, 172,
Zierlauch 149
Zitronenfalter **138**
Zwergmäuse 209, **209**,
Zwergmispel 207, **207**

Literatur

Lepple, Annette: **Genießen statt Gießen**. Trockenheitstolerante Gärten gestalten. Verlag Eugen Ulmer, Stuttgart

Lugerbauer, Katrin: **Blütenreich**. Ausdauernde und außergewöhnliche Gestaltungsideen mit Blumenzwiebeln und Stauden. BLV, Imprint von Gräfe und Unzer, München

Lucenc, Manfred & Bender, Klaus: **Ein Garten ist niemals fertig**. Ideen und Erfahrungen aus einem immerblühenden Garten. Callwey Verlag, München

Birne, Anja & Nickig, Marion: **Gärtnerinnen & Gärtner**. Das gesammelte Gartenwissen aus 100 interessanten Gärtnereien. Callwey Verlag, München

Kern, Simone: **Der neue Naturgarten**. Von Chinaschilf bis Sonnenhut. Kosmos Verlag, Stuttgart

Lugerbauer, Katrin & Hegemann, Joachim: **Wilde Wiesen gestalte**n. Naturalistische Staudenbeete für den Garten. Ulmer Verlag, Stuttgart

Segerer, Andreas & Rosenkranz, Eva: **Das große Insektensterben**. Was es bedeutet und was wir jetzt tun müssen. Oecom Verlag, München

Richardson, Tim: **Sissinghurst. Der Traumgarten**. Gerstenberg Verlag, Hildesheim

Chatto, Beth: **Beth Chattos Kiesgarten.** Gärtnern auf trockenem Standort. Ulmer Verlag, Stuttgart

Adressen und Bezugsquellen

Saatgut
Rieger-Hofmann GmbH
D-74572 Blaufelden-Raboldshausen
www.rieger-hofmann.de

Dreschflegel GbR
D-37213 Witzenhausen
www.dreschflegel-saatgut.de

Jelitto Staudensamen GmbH
D-29690 Schwarmstedt
www.jelitto.com

Staudengärtnereien
Syringa Kräutergärtnerei und Samen
D-78247 Hilzingen
www.syringa-pflanzen.de

Stauden Stade
D-Borken-Marbeck
www.stauden-stade.de

Die Staudengärtnerei
Till Hofmann & Fine Molz GbR
D-97348 Rödelsee
www.die-staudengaertnerei.de

Sarastro-Stauden
A-4974 Ort im Innkreis
www.sarastro-stauden.com

Staudengärtnerei Gaißmayer
GmbH & Co.KG
D-89257 Illertissen
www.gaissmayer.de

Kwerkerij 'De Hessehof'
Miranda en Hans Kramer
Hessenweg 41
NL-6718 TC Ede
www.hessenhof.nl

Gärtnerei Blütenreich
Röderstraße 12
D-01454 Wachau OT Leppersdorf
www.gaertnerei-bluetenreich.de

Gärtnerei für Freilandfarne
Dirk Wiederstein
Hauptstraße 9
D-56237 Sessenbach
www.farn-gaertnerei.de

Rosen
W. Kordes' Söhne
Rosenstraße 54
D-25365 Klein Offenseth-Sparrieshoop
www.kordes-rosen.com

Keltjens
(mehr als 1000 Sorten
zu sehr günstigen Preisen)
Grubbenvorsterweg 26
NL-5973 NB Lottum
www.tuiscentrumlottum.nl

Blumenzwiebeln
Horst Gewiehs GmbH
Italienischer Weg 1
D-37287 Wehretal
www.gewiehs-blumenzwiebeln.de

Green Garden VOF
Leidestraat 170
NL-2182 DS Hillegom
www.greengardenflowerbulbs.nl

Die Autorin

Cristine Bendix bekam als Tochter leidenschaftlicher Gärtner das Gartenvirus mit in die Wiege gelegt. Mit zehn Jahren lernte sie bei ihrer englischen Verwandtschaft die britische Gartenkultur kennen und lieben. Kurz vor dem Ruhestand erwarb sie mit ihrem Ehemann eine große Hofanlage im Münsterland. Seitdem verwirklichen beide ihren Traum, ein einzigartiges Naturrefugium zu erschaffen, das gleichzeitig einem englischen Garten möglichst nahekommt.

Dank

Die Liste der Menschen, die mitgeholfen haben, dass unser Garten zu dem geworden ist, was er ist, ist lang. Ich kann nur die wichtigsten Menschen erwähnen.
Jürgen Vormann, der beste und leidenschaftlichste Garten-Alleskönner und -Wisser, den es geben kann. Ohne deine immerwährende Unterstützung gäbe es unseren Gartenschatz nicht.
Petra Sander, die mir bei gemeinsamer Gartenarbeit zu einer Freundin geworden ist. Danke für deine Hilfe, wann immer ich dich brauche, für deinen Optimismus, wenn es einmal schwer oder schwierig wird, dafür, dass Gartenarbeit mit dir halb so schwer ist und doppelt so viel Spaß macht.
Bedanken möchte ich mich auch bei meiner Redakteurin Cornelia Nunn und meiner Lektorin Dr. Ruthild Kropp. Ihr beide habt mit so viel Sensibilität und geradezu liebevoll meine Wünsche beachtet, euch in mich und meine Gedanken eingefühlt und mich vorsichtig geleitet, sodass dieses Buch zu dem werden konnte, was es letztlich ist.
Last but not least möchte ich mich bei meinem Mann, Dr. Matthias Wasserschaff, bedanken, für seinen unermüdlichen Fleiß, mit dem er den Garten zusammen mit mir am Leben erhält und für seine wunderbaren Fotos, mit denen er nicht nur die Schönheit, sondern auch die Stimmung unseres Paradieses regelmäßig einfängt und ohne die es dieses Buch nicht geben könnte.

DIE KÖNNTEN SIE AUCH INTERESSIEREN.

ISBN 978-3-96747-030-7

ISBN 978-3-96747-115-1

ISBN 978-3-96747-112-0

ISBN 978-3-96747-004-8

ISBN 978-3-96747-064-2

ISBN 978-3-96747-062-8

e Alle hier vorgestellten Bücher sind auch als eBook erhältlich.

Mehr von BLV auf **www.blv.de**

Impressum

BLV ist eine eingetragene Marke der GRÄFE UND UNZER VERLAG GmbH, www.blv.de

ISBN 978-3-96747-113-7

1. Auflage 2023

Projektleitung: Cornelia Nunn
Lektorat: Dr. Ruthild Kropp
Korrektorat: Andrea Lazarovici
Bildredaktion: Barbara Renner, Cornelia Nunn; Petra Ender, Natascha Klebl (Cover)
Umschlaggestaltung und Layout: kral & kral design, Dießen a. Ammersee
Herstellung: Susanne Fuhrmann
Satz: Anton Walter, Gundelfingen
Repro: Longo AG, Bozen
Druck: aprinta GmbH, Wemding
Bindung: Conzella, Pfarrkirchen

Umwelthinweis:
Nachhaltigkeit ist uns sehr wichtig. Der Rohstoff Papier ist in der Buchproduktion hierfür von entscheidender Bedeutung. Daher ist dieses Buch auf PEFC-zertifiziertem Papier gedruckt. PEFC garantiert, dass ökologische, soziale und ökonomische Aspekte in der Verarbeitungskette unabhängig überwacht werden und lückenlos nachvollziehbar sind.

Bildnachweis

Alle Bilder, inkl. **Cover**, von **Matthias Wasserschaff**, mit Ausnahme von:
Johannes Haas: S. 288; **Marion Nickig**: S. 10-1.

Alle Illustrationen von Lars Baus, mit Ausnahme von:
Shutterstock: S. 44., S. 85, S. 267.
Syndication: www.seasons.agency

Der Fotograf

Mattthias Wasserschaff absolvierte eine Gärtnerlehre im Obstbau. Dann studierte er Medizin, promovierte und wurde ein erfolgreicher Augenarzt. Das Interesse an Gärten hat seine Frau auf ihren zahlreichen Gartenreisen in ihm geweckt. Auf dem gemeinsamen Hof im Münsterland kümmert er sich um alle Gehölze, vor allem aber um die Obstwiese. Der prachtvolle Garten bietet ihm zudem eine Vielfalt an Motiven für seine zweite große Leidenschaft, die Fotografie.

Wichtiger Hinweis
Die Gedanken, Methoden und Anregungen in diesem Buch stellen die Meinung bzw. Erfahrung der Verfasserin dar. Sie wurden von der Autorin nach bestem Wissen erstellt und mit größtmöglicher Sorgfalt geprüft. Jede Leserin, jeder Leser ist für das eigene Tun und Lassen auch weiterhin selbst verantwortlich. Weder Autorin noch Verlag können für eventuelle Nachteile oder Schäden, die aus den im Buch gegebenen praktischen Hinweisen resultieren, eine Haftung übernehmen.

Liebe Leserin und lieber Leser,
wir freuen uns, dass Sie sich für ein BLV-Buch entschieden haben. Mit Ihrem Kauf setzen Sie auf die Qualität, Kompetenz und Aktualität unserer Bücher. Dafür sagen wir Danke! Ihre Meinung ist uns wichtig, daher senden Sie uns bitte Ihre Anregungen, Kritik oder Lob zu unseren Büchern. Haben Sie Fragen oder benötigen Sie weiteren Rat zum Thema? Wir freuen uns auf Ihre Nachricht!

GRÄFE UND UNZER Verlag
Grillparzerstraße 12
81675 München
www.graefe-und-unzer.de

GRÄFE UND UNZER
Ein Unternehmen der
GANSKE VERLAGSGRUPPE